Revit 建筑设计基础操作培训教程

张学辉　陈建伟　主　编

闫文赏　解咏平　副主编

中国建筑工业出版社

图书在版编目（CIP）数据

Revit 建筑设计基础操作培训教程/张学辉，陈建伟
主编. —北京：中国建筑工业出版社，2018.6
ISBN 978-7-112-22094-6

Ⅰ.①R… Ⅱ.①张… ②陈… Ⅲ.①建筑设计-计
算机辅助设计-应用软件-教材 Ⅳ.①TU201.4

中国版本图书馆 CIP 数据核字（2018）第 077359 号

    Revit 作为一款三维参数化建筑设计软件，其具有强大的可视化功能，所有视图与视图、视图与构件、构件与明细表、构件与构件之间具有相关性联系，真正实现了"一处修改，处处更新"，极大地提高了建筑设计质量和效率。

    围绕 Revit 软件中的建筑模块，全书共分为三大部分，通过工程案例的引入详细介绍了 Revit Architecture 的基础操作和设计流程。第一部分以软件基础操作为主，详细介绍了软件的功能特点、工作界面以及各种工具、命令的使用。第二部分以具体的小别墅案例为核心，讲解如何在 Revit Architecture 中完成从创建三维模型到施工图布图输出的设计过程，其中还涉及模型渲染与漫游视频的制作。第三部分以个体小案例作为出发点，详细介绍了 Revit 2016 中各类族文件的创建和载入。

    本书可作为高等院校专业师生、在职人员的自学用书，也可作为中国图学学会、中国建设教育协会 BIM 认证考试的辅导教材。

责任编辑：杨 杰 范业庶
责任校对：王雪竹

Revit 建筑设计基础操作培训教程
张学辉 陈建伟 主 编
闫文赏 解咏平 副主编
*
中国建筑工业出版社出版、发行（北京海淀三里河路 9 号）
各地新华书店、建筑书店经销
霸州市顺浩图文科技发展有限公司制版
北京建筑工业印刷厂印刷
*
开本：787×1092 毫米 1/16 印张：22 字数：544 千字
2018 年 7 月第一版   2018 年 7 月第一次印刷
定价：**58.00** 元
ISBN 978-7-112-22094-6
（31983）

前　言

随着现代科学技术在各行各业的应用不断深入，建筑信息模型（Building Information Modeling，BIM）作为促进建筑行业发展与革新的全新理念和技术，逐渐受到国内外学者和业界的普遍关注。从图板到 CAD 的转变是建筑工程领域的第一次革命，从二维跨入多维的 BIM 技术将成为整个工程建设行业的第二次革命。

BIM 技术最早在美国产生，随后逐步被引入欧洲、亚洲的发达国家中，经过十几年的发展，国外的研究人员对 BIM 技术有了更深层次的研究。在我国，BIM 技术的发展较晚，2002 年 BIM 技术引进中国，国内的建筑师开始接触 BIM 技术理念，到"十一五"期间，BIM 技术被评为"建筑信息化的最佳解决方案"，列为国家科技支撑计划重点项目。随后，北京、沈阳、深圳、上海等一线城市开始了 BIM 技术的研究，并不断推出有利于BIM 技术发展的政策，至此，BIM 技术在我国飞速发展。随着我国政府对 BIM 技术发展的重点关注，在很多大型项目中都应用了 BIM 技术，比如成都环球金融中心、北京天坛医院、中国尊、上海中心等项目。国家在大力推行 BIM 技术的同时也制定了一些相关标准、政策来激励企业研究应用 BIM 技术，但是目前我国的 BIM 技术并没有大众化，主要还是依靠国家政策以及高校、大型企业在推动。因此，BIM 技术在我国的发展具有较大的潜力。

华北理工大学及河北科技大学长期致力于 BIM 技术的推广，并均取得了中国图学学会举办的"全国 BIM 技能等级考试"的考点资格；张学辉老师和陈建伟老师均具有丰富的 BIM 软件培训经验，了解软件学习者的确切需求，能够切中要点。

张学辉、陈建伟拟定本书写作大纲，书稿审阅、定稿。张学辉执笔本书的第 1 章 Revit 基本介绍、第 8 章系统族、第 9 章标准构件族。陈建伟执笔本书的第 2 章 Revit 基本编辑命令和标高轴网、第 3 章基本构件、第 4 章房间和面积。

解咏平执笔第 5 章体量、第 6 章场地及构件，闫文赏执笔第 7 章"小别墅"案例讲解。王占文等研究生进行了本书的格式编辑工作。

著者的书稿相互审读，互相切磋，多次修改，各个章节都属于合作研究。

感谢中国建筑工业出版社建筑施工图书中心主任范业庶精心审阅，提出宝贵建议。

因撰稿人水平有限，书中难免存在疏漏之处，还请广大读者谅解并指正。

目　　录

第一部分　Revit 基础操作

4

第二部分 "小别墅"案例讲解

第三部分　族 的 创 建

第一部分　Revit 基础操作

第 1 章　Revit 基本介绍

1.1　Revit Architecture 的 5 种图元要素

1.1.1　主体图元

可以在模型中承纳其他模型图元对象的模型图元，代表着建筑物中建造在主体结构中的构件，如墙、楼板、屋顶和天花板、楼梯、坡道、场地等。

主体图元的参数设置由软件系统预先设置，用户不能自由添加参数，只能修改原有的参数设置，编制创建出新的主体类型。

1.1.2　构件图元

除主体图元之外的所有图元，一般在模型中不能够独立存在，必须依附主体图元才可以存在，如门、窗、家具、上下水管道、植物等三维模型构件。构件图元的参数设置相对灵活，变化较多，用户可以自行定制构件图元，设置各种需要的参数类型，以满足参数化设计修改的需要。

构件图元和主体图元具有相对的依附关系，如门窗构件是安装在墙上的，如删除墙体，则墙体上的门窗也同时被删除。

主体图元和构件图元统称为模型图元，模型图元生成建筑物几何模型，表示物理对象，代表着建筑物的各类构件，是构成 Revit 信息模型最基本的图元，也是模型的物质基础。

1.1.3　注释图元

属于二维图元，其保持一定的图纸比例，只出现在二维的特定制图中，如尺寸标注、文字注释、荷载标注、标记和符号等。注释图元的样式可以由用户自行定制，以满足各种本地化设计应用的需要。

Revit 的注释图元与其标注、标记的模型图元之间具有某种特定的关联，当模型图元发生改变时，注释图元跟着会发生相应的改变，如门窗定位尺寸标注，若修改门窗的位置或大小，其尺寸标注会根据实际变化情况自动修改；若修改墙体材料，则墙体材料的材质标记也会自动变化。反之，用户也可以通过改变注释图元的属性，从而改变模型的信息。但注释图元属于一种视图信息，仅仅用于显示，并非建筑物实体的一部分。

1.1.4　基准图元

属于建立项目场景的非物理项，如柱网、标高、参照平面等。由于 Revit 是一款三维设计软件，而三维建模的工作平面设置是其中非常重要的环节，因此标高、轴网、参照平面等基准图元为三维模型设计提供了重要的基准面。

1.1.5　视图图元

是模型图元的图形表达，它向用户提供了直接观察建筑信息模型与模型互动的手段，如楼层平面视图、天花板视图、立面视图、剖面视图、三维视图、图纸、明细表以及报告等都属于视图图元，其决定了对模型的观察方式以及不同图元的表示方法。其中明细表和报告，采用了比较简单的方式来描述材料的性质和数量而不是图元的方式。

视图图元与其他任何图元是相互影响的，会及时根据其他图元进行更新，是"活"的信息。如可以通过软件对象样式的设置来统一控制各个视图的对象显示，而每一个平面、立面、剖面视图又具有相对的独立性，每一个视图都可以设置其独有的构件可见性、详细程度、出图比例、视图范围等。

Revit Architecture 软件的基本构架就是由以上 5 种图元要素构成的，对以上图元要素的设置、修改及定制等操作都有相类似的规律。

1.2　Revit 基本术语

1.2.1　构件

一个建筑物是由许多构件组成的，如墙、楼板、梁、柱、门窗等，在 Revit 中称之为图元。构件不仅仅指墙、楼板、梁、柱、门窗等具体的建筑构件，还包括文字注释、尺寸标注、标高等属于某种具体的图元类型，也就是说主体图元、构件图元、注释图元都称为构件。

与 CAD 软件的不同之处在于放置在建筑模型中的所有对象都属于某一种类别，这种广泛的类别可以进一步细分为"族"，对象类型还可以分解成子类型，例如项目中所有的门属于"门类型"，在 Revit 中每一个对象都附带有自己的属性参数。

1.2.2　族

Autodesk Revit Architecture 软件作为一种参数化设计软件，族的概念需要深入理解和掌握。通过族的创建和定制，使软件具备了参数化设计的特点及实现本地化项目定制的可能性。族是一个包含通用属性（称作参数）集和相关图形表示的图元组，所有添加到 Revit 项目中的图元，无论是用于构成建筑模型的结构构件、墙、屋顶、门窗，还是用于记录该模型的详图索引、装置、标记和详图构件，都是使用族创建的。

在 Autodesk Revit Architecture 中，有以下三种族：

（1）内建族：在当前项目为专有的特殊构件所创建的族，可以是特定项目中的模型构件，也可以是注释构件，不需要重复利用。内建族仅存在于此项目中，不能载入其他项目，因此它们仅可用于该项目特定的对象，例如，自定义墙的处理。创建内建族时，可以选择类别，且使用的类别将决定构件在项目中的外观和显示控制。

（2）系统族：在 Autodesk Revit 中预定义的族，包含基本建筑构件，包括墙、屋顶、天花板、楼板及其他要在施工场地使用的图元。例如，基本墙系统族可以定义内墙、外墙、基础墙、常规墙和隔断墙样式的墙类型，可以复制和修改现有系统族，但不能创建新系统族，可以通过指定新参数定义新的族类型。标高、轴网、图纸和视口类型的项目和系统设置也属于系统族。

（3）标准构件族：在建筑设计中使用的建筑构件、标准尺寸、注释图元和符号，如窗、门、橱柜、装置、家具、植物和一些常规自定义的注释图元（如符号、标题栏等），可在项目样板中载入标准构件族，但更多标准构件族存储在构件库中，也可使用族编辑器复制和修改现有构件族，也可以根据各种族样板创建新的构件族。族样板可以是基于主体的样板，也可以是独立的样板。基于主体的族包括需要主体的构件，例如以墙族为主体的门族；独立族包括柱、树和家具。族样板有助于创建和操作构件族，标准构件族可以位于项目环境外，且具有 .rfa 扩展名，可以将它们载入项目，从一个项目传递到另一个项目，而且如果需要还可以从项目文件保存到库中。

标准构件族有别于系统族的不同之处在于：

☆ 标准构件族可以作为独立文件存在于建筑模型之外，且具有 .rfa 扩展名；

☆ 可以将标准构件族载入项目中；

☆ 标准构件族可以在项目之前进行传递；

☆ 可以把标准构件族保存到用户的族库中；

☆ 对标准构件族的修改，将会在整个项目中传递，并自动在本项目中该族或该类型的每个实例中反映出来。

1.2.3 类型

族是相关类型的集合，是类似几何图形的编组，类型可以看作成族的一种特定尺寸，也可看成一种样式。各个族可以拥有不同的类型，一个族可以拥有多个类型，每个不同的尺寸都可以是同一族内的新类型。

1.2.4 实例

实例是放置在项目中的实际项，在建筑（模型实例）或图纸（注释实例）中有特定的位置。实例是族中类型的具体例证，是类型模型的具体化。实例是唯一的，但任何类型可以有许多相同的实例，在设计中定义在不同的部位。

"族"可以理解成模具，"实例"理解成由模具生成的一个产品。

1.2.5 对象和参数

Revit 信息模型中的对象由两方面组成：对象的属性和可以执行它们的操作。

构件的参数也包括两个方面：构件的属性参数和行为参数，其中构件的属性参数描述构件的具体特征。

1.2.6 属性

描述一个构件的属性有许多项，其属性值也有多种类型，如门包含：类型名、高度、材质、标高等等；而有的是数值型、字符型、布尔型等等，通常一个构件有两类属性：

（1）类型属性：同一个族中的多个类型所通用的属性称为类型属性。

（2）实例属性：随着构件在建筑中或在项目中的位置变化而改变的属性称为实例属性。

实例属性与类型属性的区别：

（1）类型属性影响全部在项目中该族的实例和任何要在项目中放置的实例。

（2）类型属性的参数确定了一个类型全部实例所继承的共享值，并提供了一次改变多个端独实例的方法。

（3）实例属性只能影响已选择的构件，或者要放置的构件。

（4）类型参数是对类型的单独实例之间共同的所有东西进行定义；实例参数是对实例与实例之间不同的所有东西进行定义。

1.2.7　样板

Revit 视图样板是一系列视图属性，例如，视图比例、规程、详细程度以及可见性设置。使用视图样板可以为视图应用标准设置，使用视图样板可以帮助确保遵守公司标准，并实现施工图文档集的一致性。

在创建视图样板之前，首先考虑如何使用视图，对于每种类型的视图（楼层平面、立面、剖面、三维视图等等），要使用哪些样式？例如，设计师可以使用许多样式的楼板平面视图，如电力和信号、分区、拆除、家具，然后进行放大。可以为每种样式创建视图样板来控制以下设置：类别的可见性/图形替代、视图比例、详细程度、图形显示选项等等。

可以通过以下方法使用视图样板来控制视图：

（1）将视图样板中的属性应用于某个视图，以后对视图样板所做的修改不会影响该视图。

（2）将视图样板指定给某个视图，从而在样板和视图之间建立链接，以后对视图样板所做的修改会自动应用于任何链接的视图。

可以将视图样板从一个项目传递到另一个项目。

Revit 项目样板为新项目提供了起点，包括 Revit 视图样板、已载入的 Revit 族、已定义的设置（如单位、填充样式、线样式、线宽、视图比例等）和几何图形（如果需要）。

安装后 Revit 中提供了若干默认样板，用于不同的规程和建筑项目类型；也可以创建自定义样板，以满足特定的需要，或确保遵守办公标准，项目样板使用文件扩展名 .RTE。

1.3　Revit 工作界面

Revit 2013 之后的版本有别于之前软件在于其将建筑、结构、MEP 三个模块合而为一，集成了三个模块的所有功能，更加便于模型设计，Revit 工作界面如图 1-1 所示，Revit 2013 继续使用"罗宾"界面，由图 1-1 可见在选项卡依次有建筑、结构、系统等选项，如果仅进行 Architecture 模型设计，则 Structure 和 MEP 功能是不需要的，用户可以根据需要设置在工作界面中不再显示结构和系统模块。用户可鼠标单击左上角**应用程序菜单按钮**，然后单击选项按钮，打开选项对话框如图 1-2 所示，选择用户界面选项，根据需要勾选、取消"建筑"、"结构"、"系统（机电、电气、管道）"等选项，则工作界面将仅显示勾选选项。

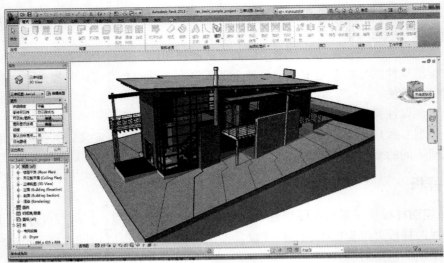

图 1-1

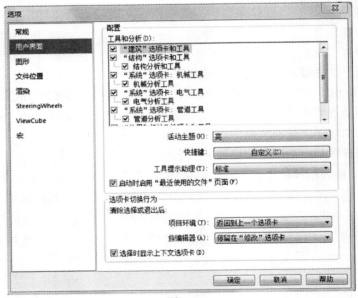

图 1-2

下面将工作界面中各部分名称简单介绍如下：

1.3.1　快捷访问工具栏

单击快速访问工具栏后的下拉按钮，将弹出工具列表，若要向快速访问工具栏中添加面板的按钮，可在面板中单击鼠标右键，在弹出的快捷菜单中选择"添加到快速访问工具栏"命令，按钮会添加到快速访问工具栏中默认命令的右侧。

可以通过快速访问工具栏中的"自定义快速访问工具栏"命令进行向上或向下移动命令、添加分隔符、删除命令等操作，如图 1-3 所示。

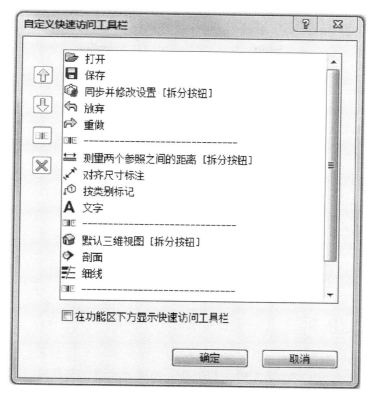

图 1-3

1.3.2　选项卡

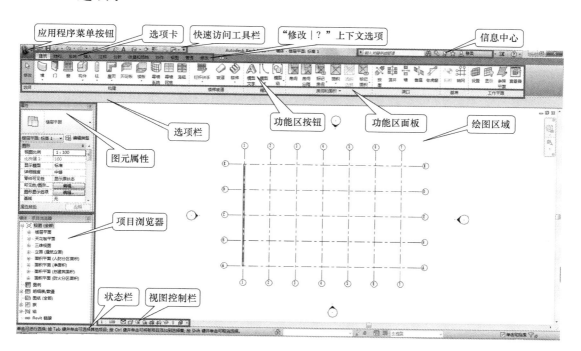

| 建筑 | 结构 | 系统 | 插入 | 注释 | 分析 | 体量和场地 | 协作 | 视图 | 管理 | 修改 |

点击选项卡内不同的按钮，在面板将出现该按钮所对应的各项功能。

◇ 建筑、结构、系统选项卡——用于建筑、结构、系统模型建立；

◇ 插入选项卡——用于添加和管理次级项目（如光栅图像和 CAD 文件）的工具；

◇ 注释选项卡——用于将二维系信息添加到设计中的工具；

◇ 分析选项卡——用于结构、系统各项功能烦分析的工具；

◇ 体量和场地选项卡——用于建模和修改概念体量族和场地图元的工具；

◇ 协作选项卡——用于与内部和外部项目团队成员协作的工具；

◇ 视图选项卡——用于管理和修改当前视图以及切换视图的工具；

◇ 管理选项卡——项目和系统参数及设置；

◇ 修改选项卡——用于编辑现有图元、数据和系统的工具。

1.3.3　功能区

选择不同的"选项卡"，面板内显示该选项卡对应的功能也就不同。

1.3.4　上下文选项卡

激活某些工具或者选择图元时，会自动增加并切换到一个"上下文选项卡"，其中包含一组只与该工具或图元的上下文相关的工具，如单击"墙"工具时，将显示"修改|放置墙"的上下文选项卡。

1.3.5　信息中心

信息中心工具栏是一个工具集合，它可以帮助用户查找有关 Revit 的信息。信息中心包含"搜索"、"通讯中心"、"速博应用—Subscription 中心"、"收藏夹"、"Autodesk 360 登录"、"启动 Exchange Apps 网站"和"帮助"工具。

1.3.6　图元属性

如图 1-4 所示，通常在执行 Revit 任务期间应使图元属性保持打开状态，以便用户可以执行下列操作：

◇ 选择要放置在绘图区域中的图元的类型，或者修改已经放置的图元的类型。

◇ 查看和修改要放置的或者已经在绘图区域中选择的图元的属性。

◇ 查看和修改活动视图的属性。

◇ 访问适用于某个图元类型的所有实例的类型属性。

1.3.7　项目浏览器

如图 1-5 所示，项目浏览器包括各种视图、图例、明细表、图纸、族、组、Revit 连接等内容。

如果上述图元"属性"或"项目浏览器"误操作被关闭，可在"视图"选项卡→"窗口"面板→"用户界面"下拉菜单勾选显示，同样方法也可控制视图中"导航栏"、"状态

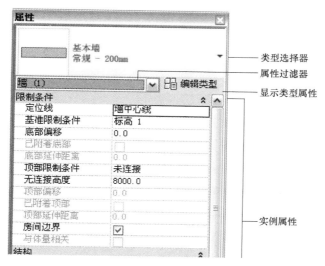

图 1-4

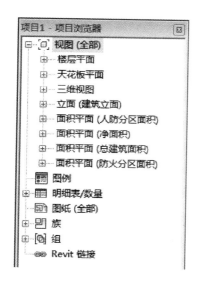

图 1-5

栏"的显示与否。

1.3.8　状态栏

　　Revit 工作界面左下角为状态栏,该处随操作内容的不同,实时显示所进行的具体操作工作。

1.3.9　视图控制栏

视图控制栏位于 Revit 窗口底部的状态栏上方,通过控制栏可以快速访问影响绘图区域的功能，如比例尺、详细程度、视觉样式、关闭/打开日光路径、关闭/打开阴影、关闭/打开裁剪视图等等。

1.3.10 绘图区

Revit 中间大部分区域即为绘图区，用户将在绘图区完成模型建立、编辑、修改、显示等具体工作。

1.3.11 全导航控制盘

将查看对象控制盘和巡视建筑物控制盘上的三维导航工具组合到一起。用户可以查看各个对象，以及围绕模型进行漫游和导航。全导航控制盘（大）和全导航控制盘（小）经优化适合有经验的三维用户使用，如图 1-6 所示。

切换到全导航控制盘（大）：在控制盘上单击鼠标右键，在弹出的快捷菜单中选择"全导航控制盘"命令。

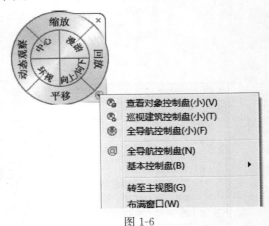

切换到全导航控制盘（小）：在控制盘上单击鼠标右键，在弹出的快捷菜单中选择"全导航控制盘（小）"命令。

当显示其中一个全导航控制盘时，单击任何一个选项，然后按住鼠标不放即可进行调整，如按柱缩放，前后拉动鼠标可进行视图的大小控制。

图 1-6

1.3.12 ViewCube

ViewCube 是一个三维导航工具，可指示模型的当前方向，并让用户调整视点，如图 1-7 所示。

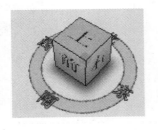

图 1-7

主视图是随着模型一同存储的特殊视图，可以方便地返回已知试图或熟悉的视图，用户可以将模型的任何视图定义为主视图。在 ViewCube 上单击鼠标右键，在弹出的快捷菜单中选择"将当前视图设定为主视图"命令。

第 2 章 Revit 基本编辑命令和标高轴网

2.1 Revit 基本编辑命令

Revit 常规编辑命令适用于软件的整个绘图过程，如移动、旋转、阵列镜像、对齐、拆分、修剪、偏移等编辑命令，如图 2-1 所示，编辑命令在修改选项卡下，现就几个常用编辑命令做一简单介绍。

2.1.1 复制

用于复制选定图元并将它们放置在当前视图中的指定位置。

选择准备复制的图元，单击"修改"选项卡，在"修改"面板中选择"复制"命令，在图元中点击选择复制所需的参照点，移动鼠标选择复制后的图元位置，完成图元复制；也可以移动鼠标确定复制方向，直接输入复制距离，敲击回车键完成复制。

勾选"约束"和"多个"选项可以以 90°为约束角度复制多个图元，如图 2-2 所示。

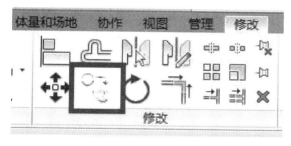

图 2-1

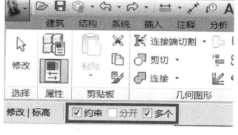

图 2-2

结束复制命令可以单击鼠标右键，在弹出的快捷菜单中单击"取消"，或者按 2 次键盘上的 ESC 键结束复制命令（结束任意命令都可执行相同操作）。

2.1.2 阵列

选择"阵列"调整选项栏中相应设置，在视图中拾取参考点和目标点位置，二者间距将作为第一个图元和第二个或最后一个图元的间距值，自动阵列图元。

如勾选选项栏"成组并关联"选项，阵列后的标高将自动成组，需要编辑该组才能调整图元的相应属性；"项目数"包含被阵列对象在内的图元个数；勾选"约束"选项可保证正交。

2.1.3　镜像

（1）镜像——拾取轴

如图 2-3 所示，选择准备镜像的图元，单击"修改"选项卡，在"修改"面板中的"镜像——拾取轴"命令，移动鼠标选择镜像所需的轴线并单击轴线，完成图元镜像。

（2）镜像——绘制轴

如图 2-3 所示，选择准备镜像的图元，单击"修改"选项卡，在"修改"面板中的"镜像——绘制轴"命令，移动鼠标绘制一个镜像所需的轴线，完成图元镜像。

勾选"修改|?"选项栏中的"复制"按钮则会在镜像后保留原图元，不勾选"复制"则镜像后删除原图元，如图 2-4 所示。

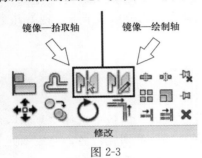

图 2-3　　　　　　　　　　　　图 2-4

2.1.4　对齐

可以将一个或多个图元与选定的图元对齐，如图 2-5 所示。

单击"修改"选项卡，在"修改"面板中的对齐命令，首先单击选定对齐的标准线，然后点击需要对齐的对象，完成对齐；若需要将两对象锁定，则可以在对齐后点击蓝色小锁，锁定两对象。

图 2-5

2.1.5　偏移

将选定的图元（例如线、墙或梁）复制或移动到其长度的垂直方向上的制定距离处，如图 2-6 所示。

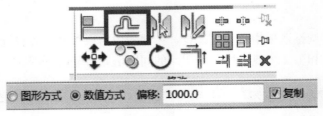

图 2-6

在选项栏设置偏移时，可以选择"图形方式"或"数值方式"偏移，如偏移时需生成新的构建，勾选"复制"选项，单击起点输入数值，回车确定即可复制生成平行图元，选择"数值方式"直接在"偏移"后输入数值，仍需注意"复制"选项的设置，在图元一侧单击鼠标可以快速复制平行图元。

2.2　Revit 标高轴网

2.2.1　标高

1. 默认标高及修改

标高可在任意立面视图绘制，其他立面均可显示，下面将在东立面视图绘制所需标高，在项目浏览器中展开"立面（建筑立面）"项，双击视图名称"东"进入东立面视图，如图 2-7 所示，单击"建筑"选项卡→"基准"面板→"标高"按钮进入"修改｜放置 标高"上下文选项卡即可在绘图区绘制、修改标高。

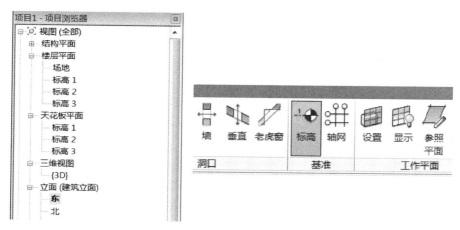

图 2-7

通常样板中会有预设标高，如图 2-8 所示，如需修改现有标高高度，双击标高符号上方或下方表示高度的数值；也可双击"标高 1"位置，将标高名称由"标高 1"改为"室外标高"，其他位置标高操作同上，修改后如图 2-9 所示，标高为蓝色即为选中状态，如标高已处于选中状态，上述双击改为单击即可修改，标高尺寸附近的小锁符号表示创建或删除长度或对齐约束，3D 为二维、三维切换符号，具体可参见轴网部分介绍。标高单位默认设置单位为"m"。

图 2-8

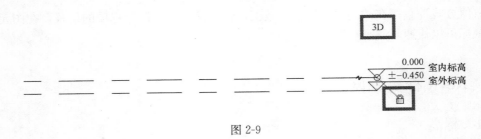

图 2-9

标高名称修改之后，在项目浏览器中"楼层平面"视图和"天花板平面"视图中该标高信息也就自动修改，如图 2-10 所示。

如图 2-11 所示，单击选中任意标高轴线，该轴线颜色成蓝色，再单击临时尺寸标注可对原有标高进行修改，此处单位为"mm"。

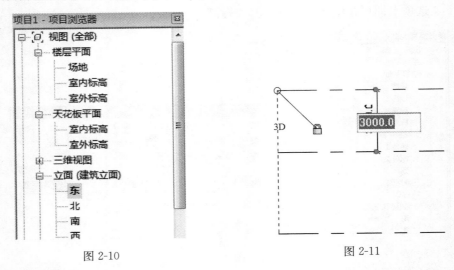

图 2-10   图 2-11

2. 绘制新标高

如需绘制新标高，可点击功能区"标高"按钮，以某一标高为基准绘制，同时在选项栏可以选择勾选/不勾选"创建平面视图"和设置"偏移量"，根据视图中显示的标高高差绘制合适的标高，新标高名称信息同样也会在项目浏览器中"楼层平面"视图和"天花板平面"视图中有所显示。如不勾选"创建平面视图"复选框，绘制的标高为参照标高，则不会在项目浏览器中自动添加到"楼层平面"视图和"天花板平面"视图中，如图 2-12 所示。

3. 复制标高

首先选择任意标高轴线，单击"修改"面板中的"复制"命令，如图 2-13 所示，勾选"修改|标高"选项栏中的"约束"和"多个"，光标回到绘图区域，并向上移动一定距离，此时可直接在键盘输入新标高与被复制标高间距数值"3000"，单位为毫米，输入后回车，完成一个标高的复制，由于勾选了选项栏"多个"，可继续输入下一标高，如图 2-13 所示。

【注意】选项栏的"约束"选项可以保证正交，即只能水平或垂直复制；勾选"多个"可以在一次复制完成后继续执行操作，从而实现多次复制。

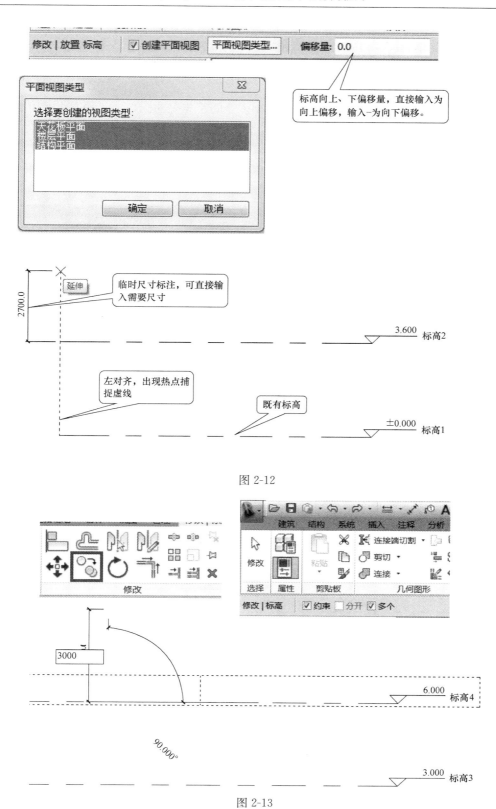

图 2-12

图 2-13

通过以上"复制"的方式完成所需标高的绘制，结束复制命令可以单击鼠标右键，在弹出的快捷方式菜单中选择"取消"命令，或按【ESC】键结束复制命令，按两次【ESC】键可回到常规选项菜单，结束任意命令都可执行相同操作。

4. 阵列标高

用"阵列"的方式绘制标高，可一次绘制多个间距相等的标高，此种方法适用于高层或超高层建筑。择任意标高轴线，单击"修改"面板中的"阵列"命令，一般取消勾选"修改│标高"选项栏的"成组并关联"，输入项目数为"6"即生成包含被阵列对象在内的共 6 个标高，为保证正交，可以勾选"约束"选项以保证正交，具体操作及标高阵列结果如图 2-14 所示。

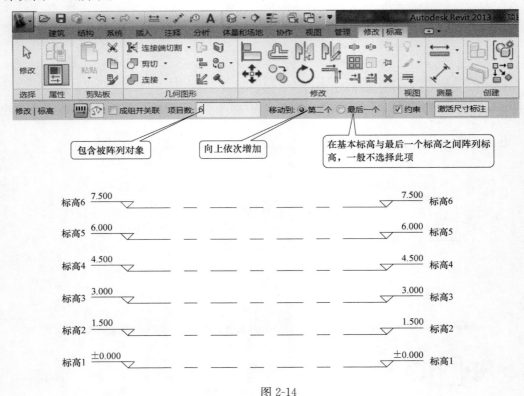

图 2-14

【注意】如勾选"修改│标高"选项栏"成组并关联"选项，阵列后生成的标高就成为组，如修改需要进行编辑组。

5. 为复制或阵列标高添加楼层平面

通过复制及阵列的方式创建的标高并没有在"项目浏览器"面板中的"楼层平面"视图和"天花板平面"视图中生成相应平面视图，如图 2-15 所示，同时观察立面图，有对应楼层平面的标高标头为蓝色，没有对应楼层平面的标头为黑色，因此双击蓝色标头，视图将跳转至相应平面视图，而黑色标高不能引导跳转视图。

此时需要在"项目浏览器"面板中添加标高，如图 2-16 所示，单击"视图"选项卡→"创建"面板→"平面视图"下拉菜单→"楼层平面"按钮，在弹出的"新建楼层平面"对话框中单击第一个标高，按住 ctrl 或 shift 键可多选，单击"确定"按钮，再次观察

"项目浏览器"，所有复制或阵列生成的标高都已创建了相应的平面视图，如图 2-17 所示。

图 2-15

图 2-16

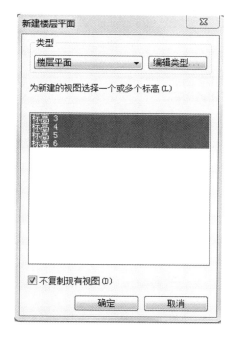

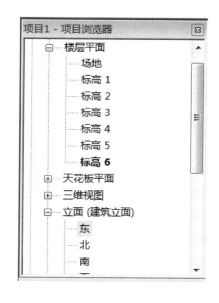

图 2-17

6. 调整标头

（1）显示标头

点击选中标高，如图 2-18 所示，点击"属性"-"编辑类型"按钮，在弹出的"类型属性"对话框中勾选"类型参数"-"图形"-"端点 1 处的默认符号"后面的复选框，点击"确定"退出，视图区显示标高标头。

如图 2-19 所示，"标高 1"左侧通过设置类型属性没有显示标头信息。通过选择"标高 1"在属性面板发现其为"正负零标高"，而其他标高为普通标高，二者族类型不一样。

（2）修改标高上下标头及修改标高名称

在视图区点击选中"标高"，如图 2-20 所示在"属性"面板中选择标高标头位置。

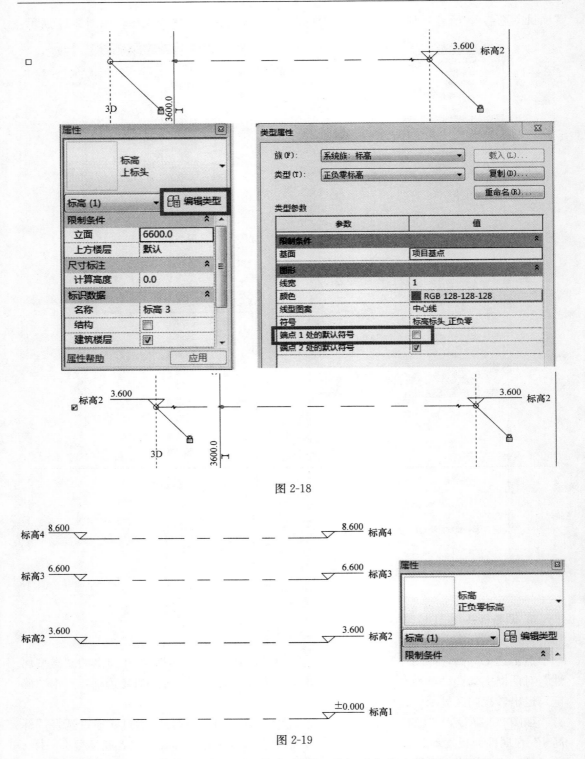

图 2-18

图 2-19

在绘图区双击"标高"名称，可根据实际情况进行重命名，如图 2-21 所示。

如图 2-22 所示，若两标高距离过近，标头信息混乱时，通过添加弯头避免。

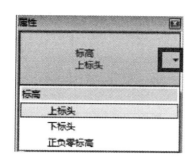

图 2-20

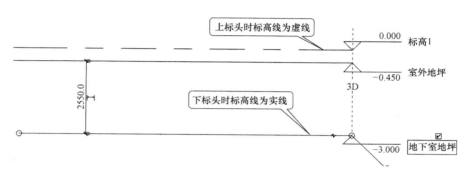

图 2-21

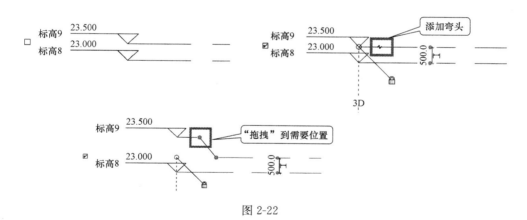

图 2-22

2.2.2　轴网

轴网用于为构件定位，在 Revit 中轴网确定了一个不可见的工作平面，Revit 软件目前可以绘制弧形和直线轴网，暂不支持折线轴网。

1. 绘制轴网

在"项目浏览器"中双击"楼层平面"下的"标高 1"，打开首层平面视图，单击"建筑"选项卡→"基准"面板→"轴网"工具，如图 2-23 所示，进入"修改│放置 轴

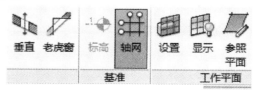

图 2-23

19

网"上下文选项卡并可在绘图区绘制轴网，在绘图区适当位置点击左键捕捉一点作为轴线起点，然后从下向上垂直移动光标一段距离后，再次单击鼠标左键捕捉轴线终点创建第一条纵向轴线，绘制的第一根纵轴编号为 1，后续轴号按 2、3、4……自动排序；如若绘制第一根横向轴线，其轴线编号为最后一根纵向轴线编号的后续阿拉伯数字，这与制图规范不符，应将该阿拉伯数字改为 A，后续横向轴号则将按 B、C、D……自动排序，如图 2-24 所示，但 Revit 软件不能自动排除 I、O、Z 字母作为横向轴网编号，这些字母编号需要手动排除。

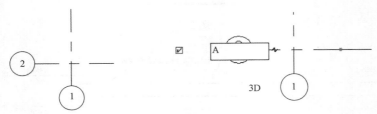

图 2-24

绘制轴网时同时按住"Shift"键，实现水平或竖直绘制轴网。

2. 复制轴网

选择轴 1，单击"修改"面板上的"复制"命令，在"修改｜轴网"选项栏勾选多重复制选项"多个"和正交约束选项"约束"，移动光标在 1 号轴线上单击捕捉一点作为复制参考点，然后水平向右移动光标，输入适当间距值后按"Enter"键确认后完成 2 号轴线的复制；保持光标位于新复制的轴线右侧，继续依次输入所需数值，并在输入每个数值后按"Enter"键确认，即可按完成若干轴网绘制，如图 2-25 所示。

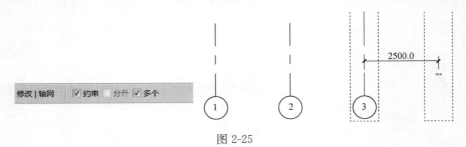

图 2-25

3. 复制编辑

轴网绘制好后，可对轴网标头名称和临时标注根据实际需要进行修改，单击任意标头，出现图标及其含义如图 2-26 所示。

4. 移动轴网

如需整体移动轴网，可框选所有轴网，单击"修改"面板上的"移动"命令进行移动，如图 2-27 所示。

5. 轴号显示控制

（1）选择任何一根轴线（如轴 1），单击标头外侧方框，即可关闭/打开轴号显示，如图 2-28 所示。

（2）轴网中段控制

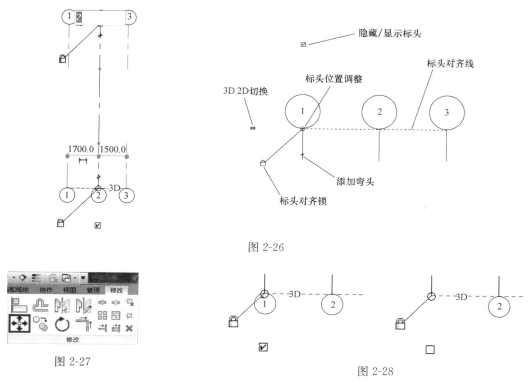

图 2-26

图 2-27

图 2-28

　　选择任意一根轴线，在轴网的图元属性中单击"编辑类型"按钮，如图 2-29 所示，弹出"类型属性"对话框，在"类型属性"对话框中可以设置"轴线中段"的显示方式，其显示方式有"连续"、"无"和"自定义"三种类型。此外，在"类型属性"对话框中还可以设置轴线的"轴线末段宽度"、"轴线末段颜色"、"轴线末段填充图案"和"平面视图轴号端点"等类型参数。

图 2-29

若将"轴线中段"设置为"无"方式，则轴网显示情况如图 2-30 所示。

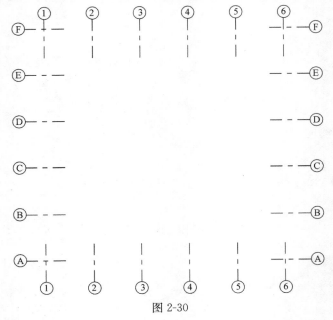

图 2-30

6. 轴号偏移

如需调整单个轴线长度，可选中该轴线，单击"标头对齐锁"使其处于打开状态即可拖动，如图 2-31 所示；如果不打开"标头对齐锁"拖动一条轴线时，其余轴线也会跟着一起被拖动。当标头间距离较近时（建筑有沉降缝、抗震缝等时），可单击"添加弯头"图标，如图 2-32 所示，添加弯头使编号 1 和编号 2 离偏移。

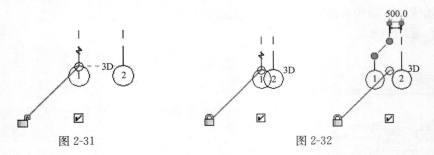

图 2-31   图 2-32

在 Revit 中大多数命令可自动拾取相应对象，如图 2-33 所示用鼠标拖动轴 1 模型端点图标移动到 A 轴线上，则其他纵轴也同时自动拾取移动到轴线 A 上。

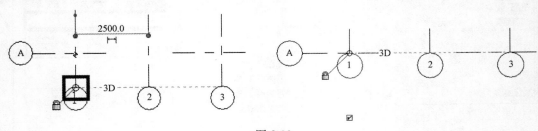

图 2-33

　　标高 1 绘制完轴网后，其他各层标高均自动添加已绘制轴网，即随机点击任何一标高平面均显示已绘制轴网。**Revit 软件看似是平面轴网，其实是有高度的，**可通过任选一立面如"东"立面可看出轴网是有高度的，如图 2-34 所示。

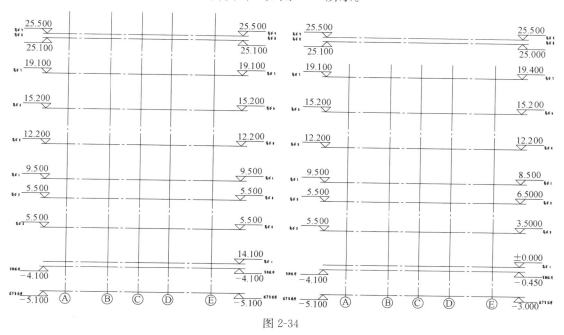

图 2-34

　　如向下调整轴网，将其调整至部分标高以下，则轴网以上部分标高层将不再显示该方向系列轴网，如图 2-35 所示。

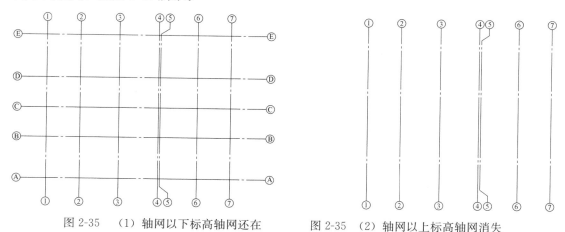

图 2-35　（1）轴网以下标高轴网还在　　　　图 2-35　（2）轴网以上标高轴网消失

　　Revit 推荐制图流程为先绘制标高，再绘制轴网，这样在立面图中轴网编号将显示于最上层的标高上方，也就决定了轴网在每一个标高平面视图都可见。

　　Revit 软件中，轴网是有高度的，是立体的。因此，如先绘制轴网再添加标高，或者是项目过程中新添加了某个标高，则有可能导致轴网在新添加标高的平面视图中不可见。其原理是：在立面上，轴网的 3D 显示模式下需和标高视图相交，即轴网的某基准面与视图平面相交，则轴网在此标高的平面视图可见。

23

如在实际设计中发生已设计完项目中楼层有所增加的情况，即在已设计建筑标高之上又增加了若干标高，则可按以下步骤解决轴网匹配问题。

点击"标高 1"，鼠标选择全部已绘制轴网，将鼠标移至任一轴线处点击右键（在非轴线处右击鼠标弹出属性设置内没有相关信息），在弹出属性设置中选择"最大化三维范围"即可将已选择的全部轴网匹配到后期绘制的各个标高上，如图 2-36 所示。

图 2-36

7. 轴网影响范围

绘制并设置完轴网后发现，标高 1 平面内的轴网设置了弯头，而其余标高弯头没有自动调整。

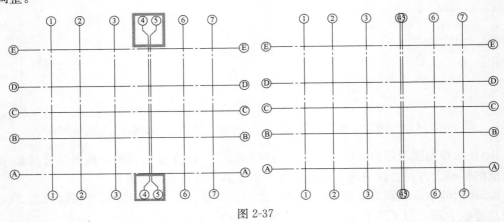

图 2-37

如将轴线标头位置、轴号显示和偏移等设置后，选中相应轴线，单击"修改 | 轴网"上下文选项卡→"基准"面板→"影响范围"选项，弹出"影响范围"对话框，勾选"仅显

示与当前视图具有相同比例的视图"，同时勾选所需平面，单击确定，则所选轴线或轴网就会在所勾选的平面中显示，如图 2-38 所示。

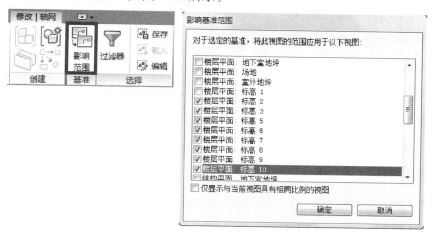

图 2-38

在标高 1 平面内选择需要影响的轴线信息，如标高 1 中带弯头的轴线，然后点击"影响范围"在"影响基准范围"对话框内勾选需要影响的平面，点击"确定"后，被选中的平面实现相应设置，如添加轴线标头弯头。

8. 轴网锁定

在绘图过程中，可能会出现误操作使轴网移动，为了防止因误操作造成的轴网移动，可将轴网锁定，框选所有轴网，单击"修改"面板上的"锁定"命令，则轴网锁定，锁定后的轴网会出现如图 2-39 所示的图标，单击该图标即可解锁，再次单击则重新锁定，也可单击修改面板中的"解锁"命令进行解锁。

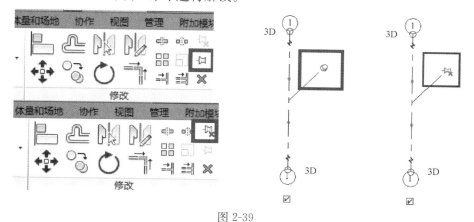

图 2-39

第三期　全国 BIM 等级考试

考试要求：新建文件夹（以考生考号＋姓名命名），用于存放本次考试中生成的全部文件。（考试时间 180 分钟）

某建筑共 50 层，其中首层地面标高为±0.000，首层高度 6.0 米，第二至第四层层高 4.8 米，第五层及以上均层高 4.2 米。请按要求建立项目标高，并建立每个标高的楼层平面视图。并且，请按照以下平面图中的轴网要求绘制项目轴网。最终结果以"标高轴网"

为文件名保存为样板文件，放在考生文件中。（10 分）

实际工程应用：主楼＋群房工程。

考点：1. 建立保存**样板文件**"标高轴网 . rte"（不是项目文件 . rvt）

2. 利用绘图、复制、阵列命令绘制标高并编号

3. 利用绘图、复制命名绘制轴网并编号

4. 建立每个楼层平面视图

5. 向下拖拽轴网至要求标高

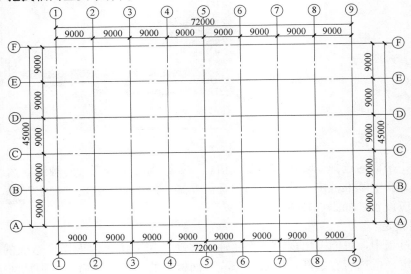

1—5层轴网布置图 1 : 500

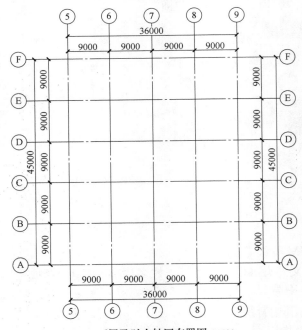

6层及以上轴网布置图 1 : 500

步骤：**一、新建"项目样板"**

两种方式：1. 如果还没打开 Revit 软件，则双击 Revit 软件图标，点击左上方"新建……"按钮，弹出"新建项目"对话框，在对话框"样板文件"下拉菜单中选择"建筑样板"，在"新建"选项中选择"项目样板"，点击"确定"按钮。

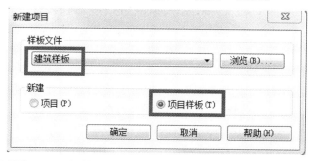

2. 如果已经打开了 Revit 文件，则点击右上角应用程序菜单按钮，在下拉菜单中选择"新建"选项，同样弹出"新建项目"对话框。

二、绘制标高

1. 选择"项目浏览器"→"立面（建筑立面）"→"东"立面；

2. 修改绘图区中"标高 2"数值为 6.000（首层标高为 6 米）；

3. 复制或阵列命令创建第二层至第四层 4.8 米标高，如用阵列命令，在"修改｜标高"选项卡中，取消"成组并关联"选项**（如勾选此选项，则无法调整标高在视图中的长短）**，项目数为"4"，输入标高 4800；

4. 通过阵列命令建第五层以上至第 50 层 4.2 米标高，在"修改｜标高"选项卡中，取消"成组并关联"选项，阵列项目数为"标高 51—标高 5＋1＝47 个"（阵列时包含基准标高），输入标高 4200，最后标高号显示"标高 51"**（该标高为屋顶标高）**。

三、建立楼层平面（在"项目浏览器"→"楼层平面"中没有复制或阵列的标高，需要自己创建）

选择"视图"选项卡→"创建"面板中→"平面视图"下拉菜单→"楼层平面"按钮，弹出"新建楼层平面"对话框，按住 Shift 键选择所有标高，点击"确定"按钮，此时在"项目浏览器"→"楼层平面"中将显示所有创建标高，即完成建立楼层平面。

四、绘制轴网

1. 选择"项目浏览器"→"楼层平面"→"标高 1"；

2. 选择"建筑"选项卡→"基准"面板→"轴网"按钮；

3. 在视图区适当位置绘制纵轴 1 轴，点击选取 1 轴，选择"修改｜轴网"上下文选项卡→"修改"面板→"阵列"按钮；

4. 在"修改|轴网"选项栏中，取消"成组并关联"选项（**如勾选此选项，则无法调整轴网在视图中的长短**），在"项目数"后填写"9"（包含基准轴线 1 轴），纵轴轴网间距输入 9000，绘制完成 1～9 轴；

5. 重新选择绘制"轴网"命令，在视图中适当位置绘制横轴 A 轴，刚绘制时轴号显示"10"，将"10"改为"A"，按上述类似操作阵列 B～F 轴，选择 A 轴，选择"修改|轴网"在上下文选项卡→"修改"面板→"阵列"按钮，在"修改|轴网"选项栏中，取消"成组并关联"选项，在"项目数"后填写"6"（包含基准轴线 A 轴），横轴轴网间距输入 9000，则绘制完成 A～F 轴；

6. Revit 默认显示轴网中段为"无"，为保证和题目显示中轴网一致，需将轴网中段设为"连续"形式。单击任一轴网，在视图左侧轴网"属性"中选择"编辑类型"按钮，弹出"类型属性"对话框，在"类型属性"对话框中将"轴线中段"设为"连续"，同时勾选"平面视图轴号端点 1（默认）"，单击"确定"退出，轴网显示即和题意要求一致。

但题目要求 5 层以下布置 1～9 轴，6 层及以上布置 5～9 轴，因此需要将 1～4 轴拖拽至 6 层以下。

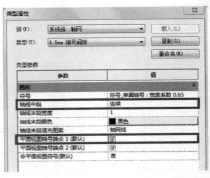

7. 选择"项目浏览器"→"立面（建筑立面）"→"南"立面，如标高线显示长度不够可拖拽至合适位置，分别将 1～4 轴解锁，并向下拖拽至同一高度位置，再将 1～4 轴重新上锁，上锁后将 1～4 轴一起拖拽至"标高 6"以下，"标高 5"以上。此时分别选择"项目浏览器"→"楼层平面"→"标高 1"和"标高 6"，具体视图显示如下，可见"标高 6"视图 A～F 轴长度与题意要求不符，需进行调整。另如觉得轴号显示偏小，可选择视图区左下角"视图控制栏"，将比例调为"1：500"。

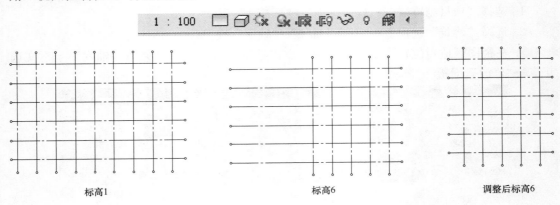

标高1　　　　　　　　　标高6　　　　　　　　调整后标高6

8. 但轴网具有三维信息（并非二维平面），即选择任一标高平面，调整任一轴网的长度，则其他所有标高平面内的轴线位置均发生变化。如何仅移动本层标高位置而不影响其他层标高？在轴线标头位置有一个"3D"符号，点击"3D"切换为"2D"再移动轴线位置，此操作仅影响本层视图标高，而不影响其他层标高轴线位置。（一旦利用"2D"状态拖动位置，将无法再切换成"3D"状态，因为各标高层轴线位置已不再一致，无法表示同一三维信息）

将标高 6 视图中轴线 A～F 标头分别切换为"2D"状态，并调整到适当位置。但标高 7 及以上标高平面中 A～F 轴位置仍处于未调整状态，如一一调整，过于繁琐，可利用"影响范围"命令实现与标高 6 一致。

标高 6 及以上视图中仅横轴 A～F 的位置不一致，因此只需选择横轴 A～F，点击"修改｜轴网"上下文选项卡→"基准"面板→"影响范围"按钮，弹出"影响基准范围"对话框，在"影响基准范围"对话框中选择"楼层平面：标高 7"，按住 Shift 键选中"楼层平面：标高 51"，保证从"楼层平面：标高 7"至"楼层平面：标高 51"的方框被勾选，点击"确定"退出。

9. 保存文件，按题意要求，本项目应保存为"样板文件＊.rte"，而非"项目文件＊.rvt"，文件名按题意要求改为"标高轴网"。

10. 是否要绘制尺寸标注，有的讲师讲了需绘制，有的讲师讲不需绘制，本人认为可以不用绘制尺寸，因为题意要求"请按要求建立项目标高，并建立每个标高的楼层平面视图。并且，请按照以下平面图中的轴网要求绘制项目轴网。最终结果以"标高轴网"为文件名保存为样板文件，放在考生文件中。"并没有要求绘制尺寸标注。

如想绘制标准尺寸，可以按如下操作：

（1）分别选择"标高 1"和"标高 6"楼层平面，选择"注释"选项卡→"尺寸标注"面板→"对齐"或"线性"按钮，按题意样式绘制尺寸标注。

（2）仅"标高 1"和"标高 6"楼层平面绘制了尺寸标注，其他各标高楼层平面未绘制尺寸标注，需将"标高 1"和"标高 6"楼层平面内的尺寸分别复制的其他楼标高视图内。按住 Ctrl 键选择"标高 1"视图内的所有尺寸标注（被选中尺寸标注显示为蓝色），点击"修改｜尺寸标注"上下文选项卡→"剪切板"面板→"复制到剪切板"按钮，再点击"剪切板"面板→"粘贴"按钮下拉列表→"与选定的视图对齐"按钮，弹出"选择视图"对话框，在"选择视图"对话框中选择"标高 2"至"标高 5"，点击"确定"退出，则标高 2 至标高 5 也绘制出尺寸标注。同样方法复制标高 7 及以上的尺寸标注。

第3章 基本构件

3.1 墙体

主要讲述内容：

一、墙体的绘制和编辑

1. 墙体绘制　　2. 墙体选项栏　　3. 墙体属性　　4. 墙轮廓　　5. 墙附着

二、墙体细部处理

1. 创建墙饰条　　2. 添加分隔缝　　3. 拆分区域

3.1.1 绘制墙体

单击"建筑"选项卡→"构建"面板→"墙"下拉按钮，看到有"墙：建筑"、"墙：结构"、"面墙"、"墙：饰条"、"墙：分隔缝"5种可选类型。

Revit 系统默认为"墙：建筑"，即创建建筑非承重墙时使用；创建承重墙和抗剪墙的时应选择"墙：结构"；使用体量面或常规模型时选择"面墙"；"墙：饰条"和"墙：分隔缝"的设置原理相同。

单击选择"墙：建筑"后，在图元"属性"面板中选择需要绘制的墙类型，如选择"常规-200mm"，如图 3-1 所示。

图 3-1

在绘制墙体前，可以调整"修改丨放置 墙"选项栏中参数设置，选择"高度"是向上绘制墙体，"深度"是向下绘制墙体；单击"未连接"后的下拉箭头，可选择"标高 2"（墙体约束至标高 2）；单击"定位线"选项，选择放置墙的定位线形式（稍后将有详细对比分析），勾选"链"选项框，方便进行墙体的连续绘制（若不勾选"链"则只能一段一段的绘制墙体），通过"偏移量"数值设置可以确定墙体的具体偏移量，选择好即可在绘图区事先建立的轴网上绘制墙体。**Revit 中有内墙面和外墙面之分，因此绘制墙体时按顺时针绘制。**

（培训时，通过现场实例讲述"未连接"和约束到"标高 2"的现象，再通过修改标高 2 的高度，对比"未连接"和"标高 2"的变化，理解参数化设计，约束至"标高 2"后，墙体会随标高 2 高度的变化而参变，"未连接"是一个死的，不随标高的变化而变化。）

绘制完墙体后，还可以通过已选墙体的"临时尺寸驱动"和"拖拽控制点"可以修改墙体位置、长度、高等信息，"修改墙的方向"可以改变墙体内外表面的朝向，通常"修改墙的方向"符号位于外墙一侧。也可通过点击已绘制墙体，调整视图左侧的墙体"属性"控制板中的参数对已绘制墙体的部分属性进行编辑，如图3-2所示。

双击"项目浏览器"中"三维视图"下的"3D"选项，或点击最上方快捷访问工具栏中的"默认三维视图"按钮，进入 3D 效果界面，如图 3-3 所示。

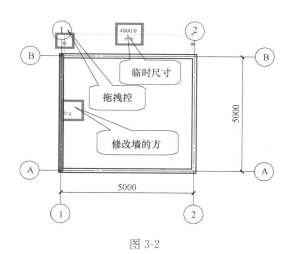

图 3-2

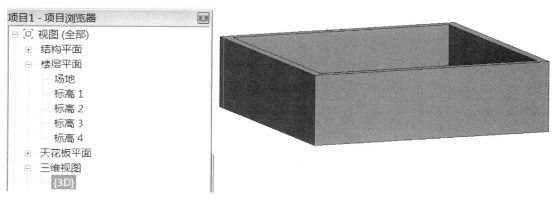

图 3-3

事先绘制某轴网，标高从 1～6，高度自定，纵轴从 1～7，纵轴从 A～E。

绘制墙体，选择墙体，如在图元属性中选择"顶部约束"后"直到标高：标高 6"，此时所绘制的墙体将自动上升至标高 6，如图 3-4 所示。

3.1.2 创建新的墙类型

用复制命令以"常规-200mm"的基本墙为基础创建一个新的墙类型。点击"建筑"选项卡→"构建"面板→"墙"按钮，在图元属性中单击"编辑类型"，弹出"类型属性"对话框，单击"复制"按钮，如图 3-5 所示。

如图 3-6 所示，在弹出的"名称"对话框中输入新名称"墙 200mm"，输入名称后点击确定，回到"类型属性"对话框。

图 3-4

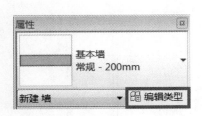

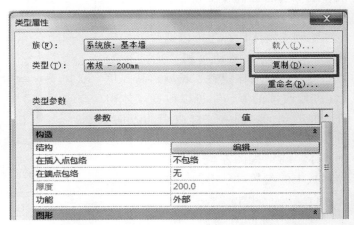

图 3-5

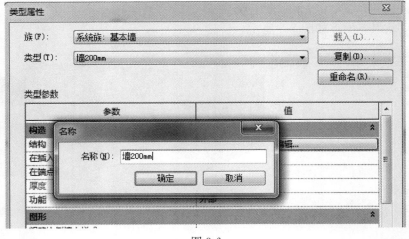

图 3-6

在图 3-5"类型属性"对话框中单击"结构"后的"编辑"按钮，弹出"编辑部件"对话框，如图 3-7 所示，点击"插入"可以在墙体内添加若干个"结构 [1]"，点击任一

"结构［1］"后面的黑三角下拉菜单可以选择在墙体内设置不同的功能层，如"衬底［2］"、"保温层/空气层［3］"、"面层 1［4］"、"面层 2［5］"、"涂抹层"等，可利用"向上"和"向下"按钮调整墙体构造层位置，"删除"按钮可以删除不需要的构造层。

在图 3-7"编辑部件"对话框中，点击"材质"一栏中"＜按类别＞"后面的按钮，如图 3-8 所示，弹出"材质浏览器中"对话框，在"材质浏览器中"对话框中选择"Autodesk 材质"中的"混凝土"，然后选择"混凝土，现场浇筑，灰色"后面的 ，然后点击完成确定，回到"编辑部件"对话框后再点击确定，这时墙的材质就被设置为混凝土，现场浇筑，灰色。

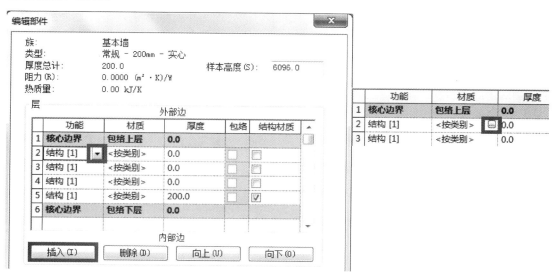

图 3-7

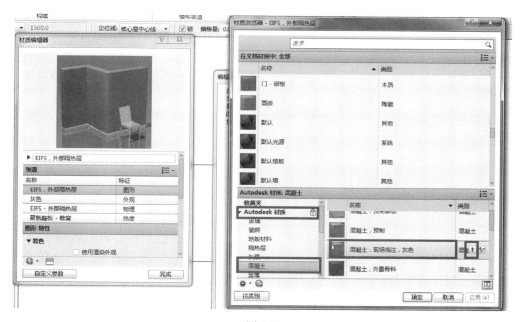

图 3-8

33

3.1.3 结构外墙案例

如图 3-9 所示，结构砖墙 240mm，墙内侧 20mm 抹灰层，墙外侧 30mm 保温层和 10mm 抹灰层，创建并绘制墙体。

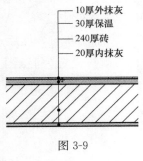

图 3-9

1. 如图 3-10 所示，选择"建筑"选项卡→"构建"面板→"墙"下拉按钮，选择"墙：结构"类型，在图元属性中选择"常规-90mm 砖"类型为基础创建墙体，点击图元属性中的"编辑类型"按钮，弹出"类型属性"对话框，点击"复制"按钮，将弹出的"名称"对话框中"名称"改为"常规-240mm 砖外墙"，确定退出，于是增加了一个 240mm 砖墙类型，但该 240mm 砖墙的墙体属性内容仍与 90mm 砖墙一致，需要进行修改。

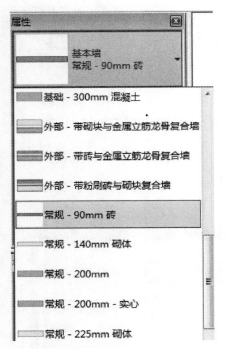

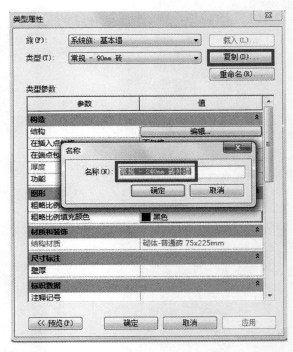

图 3-10

2. 点击"类型属性"对话框中"结构"后面的"编辑…"按钮，弹出"编辑部件"对话框，如图 3-11 所示。

在"编辑部件"对话框中通过"预览"按钮查看所创建墙体的视图效果，根据题意要求在"结构〔1〕""外部边"和"内部边""插入"面层和保温层，并设置各层尺寸数值，将"保温层"材质设置为"EIFS，外部隔热层"，"外部边"面层设置为"水泥砂浆"，"内部边"面层设置为"粉刷，茶色，织纹"。添加材质时将打开"材质浏览器"对话框，在"材料浏览器"对话框中可以选择、添加所需的材质类型，如图 3-12 所示。

3. 在绘图区点击选中墙体，可在"修改｜放置 墙"选项栏中选择"定位线"下拉菜

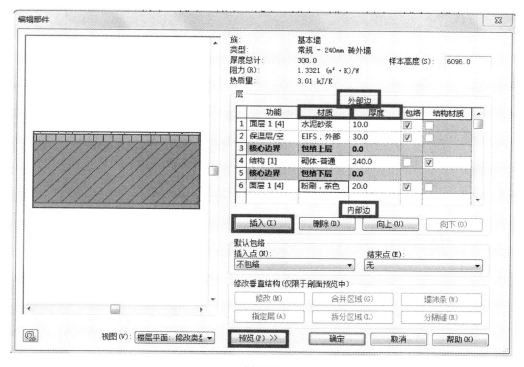

图 3-11

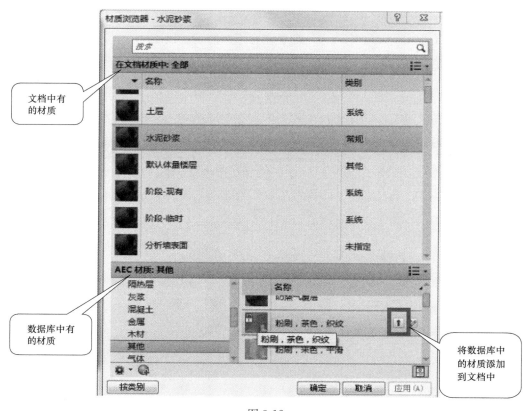

图 3-12

单中不同定位类型（"墙中心线"、"核心层中心线"、"面层面：外部"、"面层面：内部"。"核心面：外部"、"核心面：内部"），点击"注释"选项卡→"尺寸标注"面板→"对齐"按钮，在"修改｜放置尺寸标注"选项栏中选择"参照墙面"，将这六种类型绘制在同一标高视图不同轴线上，对比各类型的位置区别，如图 3-13 所示。

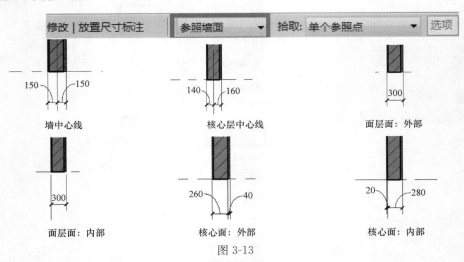

图 3-13

点击墙"属性"中"编辑类型"按钮，在弹出的"类型属性"对话框中点击"结构"后面的"编辑…"按钮，弹出"编辑部件"对话框，结合"编辑部件"对话框中 240mm 砖墙各层厚度来观察"定位线"各类型更为形象。

因此，实际工程中绘制墙体时，一定要注意墙体的定位线。

3.1.4 编辑墙立面轮廓

如果墙面上有曲线或在墙体内做一些曲线造型时，点击已绘制的某墙体（在其上下左右各有一个小三角，通过小三角可以左右或上下拉伸墙体的尺寸），如图 3-14 所示，选择

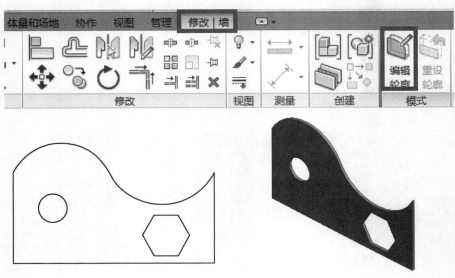

图 3-14

"修改｜墙"上下文选项卡→"模式"面板→"编辑轮廓"按钮，则选项卡变为"修改｜墙〉编辑轮廓"，且绘图区的墙体变为一个封闭的矩形，四条边线为粉色，选中一条边线并删除（如上端边线），通过"修改｜墙〉编辑轮廓"选项卡→"绘制"面板上的各种绘图工具，根据实际需要绘制墙体边线形状，然后点击"模式"面板上方的"√"确定。

也可采用"修改｜墙"上下文选项卡→"模式"面板→"重设轮廓"命令还原已编辑轮廓的墙体，重新编辑墙体轮廓。

3.1.5　墙体附着/分离

如果墙体上方有屋顶（特别是坡屋顶）时，可以采用附着命令将墙体附着到屋顶上。若在轴网中已绘制好墙体，点选"标高 2"视图，选择"建筑"选项卡→"构建"面板→"屋顶"下拉列表中的"迹线屋顶"命令，自动切换至"修改｜创建屋顶迹线"上下文选项卡，在图元"属性"面板选择"常规-125mm"屋顶类型，利用"修改｜创建屋顶迹线"选项卡→"绘制"面板上的各种绘图（如矩形）命令绘制屋顶迹线，设置选项栏中"悬挑"偏移值为"1000"，在绘图区按矩形迹线绘制屋顶，然后点击"模式"面板上方的"√"确定。

选择已绘制好的墙体，点击"修改｜墙"选项卡→"修改墙"面板→"附着顶部/底部"按钮，再点击需附着的屋顶，即可完成墙体附着屋顶操作。也可使用"分离顶部/顶部"命令取消附着。同时，删除被附着屋顶时，附着墙体会恢复原状，如图 3-15 所示。

图 3-15

3.1.6　创建墙饰条（属于墙体细部处理）

打开墙"类型属性"对话框，点击"结构"后面的"编辑"按钮，弹出"编辑部件"对话框，将"预览"区"视图"设定为"剖面：修改类型属性"，点击"墙饰条"按钮，弹出"墙饰条"对话框，点击"载入轮廓"按钮，可以在主样板中载入族轮廓，依次选择文件夹"Architecture"→"轮廓"→"常规轮廓"→"装饰线条"→"天花线"→"天花角线5060"（可载入其他轮廓样式），载入轮廓完成后，点击"添加"按钮，将已添加轮廓的"默认"改为"内角线 20"，将"材质"设为"樱桃木"（可选其他材质），"距离"设为"3000"（可设其他距离），"自"设为"底部"（或"顶"），将"边"设为"内部"（或"外部"），依次点击"确定"退出，完成墙饰条的设置，同理也可设置其他墙饰条。可在视图中观察墙体变化，如图 3-16 所示。

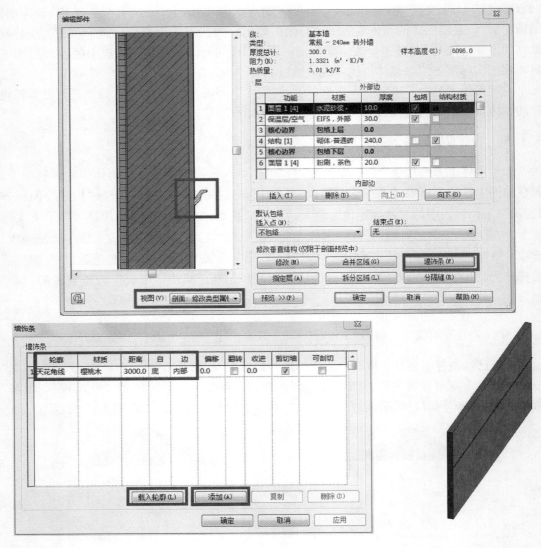

图 3-16

3.1.7 创建分隔缝（属于墙体细部处理）

与创建墙饰条类似，打开墙"类型属性"对话框，点击"结构"后面的"编辑"按钮，弹出"编辑部件"对话框，如图 3-17 所示，将"预览"区"视图"设定为"剖面：修改类型属性"，点击"分隔缝"按钮，弹出"分隔缝"对话框，如需载入分隔缝，则点击"载入轮廓"按钮，可以在主样板中载入族轮廓，如依次选择文件夹"Architecture"→"轮廓"→"分区轮廓"→"槽"（可载入其他轮廓样式），载入轮廓完成后，点击"添加"按钮，此处将已添加轮廓的"默认"改为"分隔缝—砖层：2 匹砖"，"距离"设为"1000"（可设其他距离），"自"设为"底部"（或"顶"），将"边"设为"外部"，可再点击"添加"按钮，设置一道分隔缝，依次点击"确定"退出，完成分隔缝的设置。可在视图中观察墙体变化。

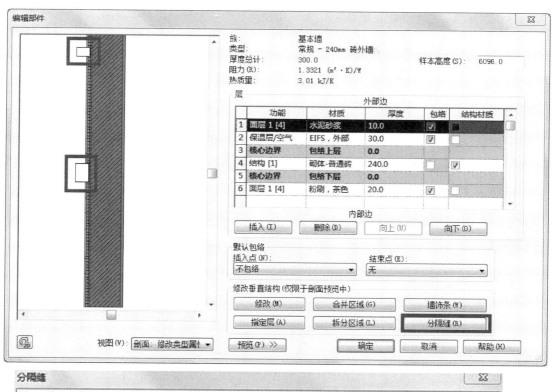

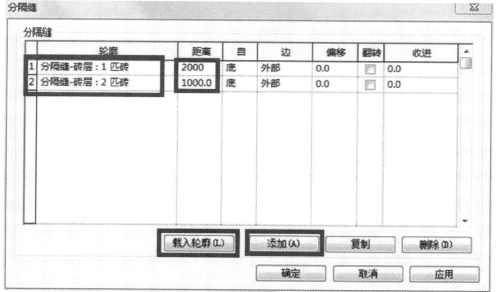

图 3-17

3.1.8　拆分区域（属于墙体细部处理）

打开墙"类型属性"对话框，点击"结构"后面的"编辑"按钮，弹出"编辑部件"
对话框，如图 3-18 所示，将"预览"区"视图"设定为"剖面：修改类型属性"，在已有

"层"的基础上在"外部边""插入"一个"涂抹层"（也可再插入其他面层），"材质"设为"涂料—黄色"，"厚度"为 0，点击"拆分区域"按钮，在视图预览区绘制拆分区域高度（此处要特别小心操作），选中黄色涂料"面层"（或其他刚添加面层），点击"指定层"按钮，完成拆分区域操作，依次点击确定退出，可在视图中观察墙体变化。

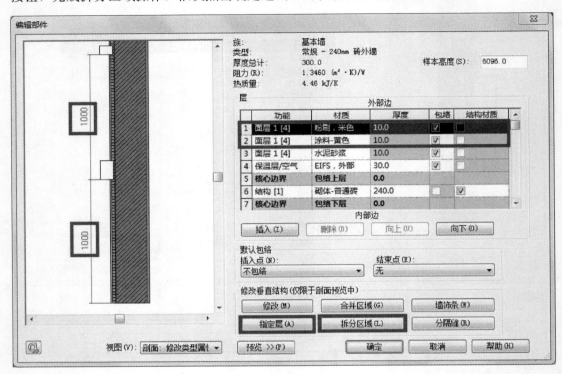

图 3-18

上述介绍是在结构墙体内设置墙饰条或分隔缝（创建一种有细节变化的墙体），其实 Revit2013 及以后可以直接选取在"建筑"选项卡→"构建"面板→"墙"下拉列表中→"墙：饰条"（或"墙：分隔缝"）按钮（**如图 3-19 所示，此命令在视图为立面视图或三维视图时可用，平面视图时不可用**），在绘图区墙体上直接添加墙饰条或分隔缝。同时可以通过图元"属性"选取饰条的样式或"编辑类型"。

点击"建筑"选项卡→"构建"面板→"墙"按钮，点击"属性"面板中的"编辑类型"按钮，点击"复制"按钮，将名称改为"墙体材质"，点击"类型参数"→"结构"→"编辑…"按钮，按图 3-20 所示设置墙体材质和厚度。

在绘图区任意绘制一段墙体，切换软件最下方视图控制栏-"视觉样式"中的"着色"和"真实"显示，对比材质显示区别。

图3-19

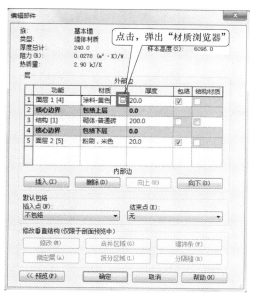
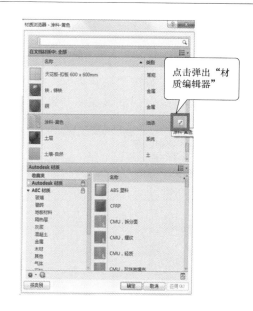

图 3-20

　　墙体表面的显示效果是墙体自身材质设置的一部分，因此不能在视图中设置更改墙体的材质，而应在构件材质中编辑。

　　点击图 3-20 中"材质"→"涂料-黄色"后面的"…"，弹出"材质浏览器"，点击"材质浏览器"→"在文档材质中：全部"→"涂料-黄色"-"油漆"后面的"铅笔"图标，弹出"材质编辑器"对话框，如图 3-21 所示。

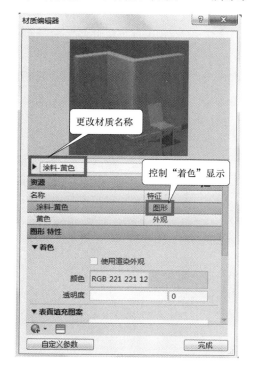
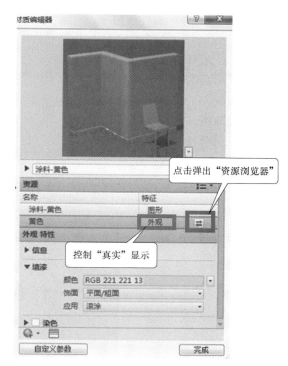

图 3-21

41

3.1.9 贴花

点击"插入"选项卡→"链接"面板→"贴花"下拉三角→"放置贴花"（如项目中没有可放置的贴花，将按"贴花类型"操作）或"贴花类型"，选择"贴花类型"按钮后，弹出"贴花类型"对话框，如图 3-22 所示。

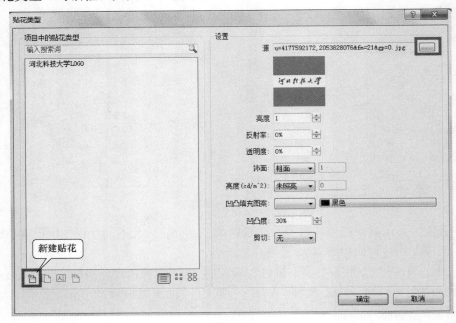

图 3-22

点击"贴花类型"对话框左下方的"新建贴花"按钮，在弹出的"新贴花"对话框中更改贴花的"名称"，点击"确定"退出。

点击"贴花类型"对话框右上方的"…"按钮，弹出"选择文件"对话框，找到相关图片并载入。

载入相应图片作为贴花后，如图 3-23 所示，即可在墙面（或其他构件表面）上放置贴花，贴花只有在"真实"（渲染）状态下才可见。

图 3-23

3.2　幕墙

主要讲述内容：

一、幕墙绘制

1. 墙体绘制　　　　　2. 幕墙选项栏　　　　　3. 幕墙属性

二、幕墙分缝（网格）

1. 网格自动生成　　　2. 网格手动生成　　　　3. 网格手动编辑

三、幕墙嵌板

1. 嵌板生成　　　　　2. 嵌板编辑

四、幕墙竖梃

1. 竖梃生成　　　　　2. 竖梃编辑

五、第一期 BIM 技能等级一级考试——第三题真题解析

3.2.1　幕墙绘制及网格自动生成

幕墙在 Revit 软件中属于墙的一种类型。幕墙默认有 3 种类型：幕墙（未做网格的预先划分）、外部玻璃（网格划分较大）、店面（网格划分较小），如图 3-24 所示。

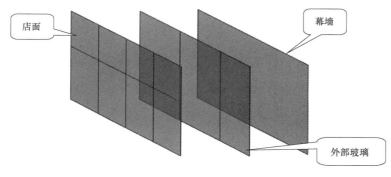

图 3-24

3 种幕墙类型都可通过"类型属性"设置、修改网格分割形式、嵌板样式、竖梃样式等。

点击"建筑"选项卡→"构建"面板→"墙"按钮，在墙图元"属性"类型选择器中选择"幕墙"按钮，即可在绘图区绘制幕墙，绘制幕墙前可对"修改|放置 墙"选项栏进行修改。也可选择已有的基本墙，从"属性"下拉列表中选择幕墙类型，将基本墙转换成幕墙形式。

| 修改 \| 放置 墙 | 标高: | 标高 1 | ▼ | 高度: | ▼ | 标高 2 | ▼ | 8000.0 | 定位线: | 墙中心线 | ▼ | ☑ 链 | 偏移量: 0.0 |

绘制幕墙后，点击任一幕墙，其实例"属性"与墙的图元属性基本一致，可通过修改实例"属性"参数对选定幕墙进行编辑，如将"底部偏移"由"0.0"改为"500"，"顶部约束"由"未连接"改为"直到标高：标高 2"，"顶部偏移"由"由"0.0"改为"—500（向下偏移）"等，如图 3-25 所示。

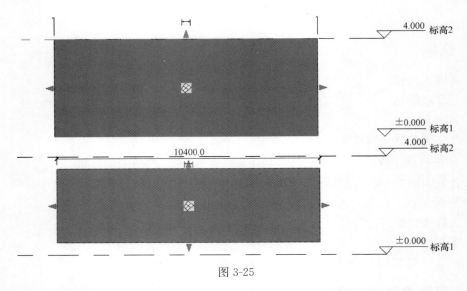

图 3-25

幕墙的"类型属性"与墙的"类型属性"差别较大，点击幕墙图元"属性"中的"编辑类型"按钮，弹出幕墙的"类型属性"对话框，在幕墙"类型属性"对话框"类型参数"中有"构造"、"材质和装饰"、"垂直网格样式"、"水平网格样式"、"垂直竖梃"、"水平竖梃"（后面再讲竖梃）等参数设置，其中"垂直网格样式"和"水平网格样式"的"布局"选项中均有"无"、"固定距离"、"固定数量"、"最大间距"、"最小间距"五种样式，如图 3-26 所示。学员可自行选择对比其样式区别。

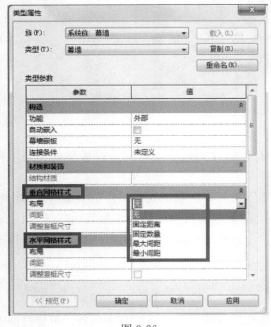

图 3-26

"无"：不设网格；

"固定距离"：网格按照从左至右、从下至上的顺序进行划分，网格间距按规定数值分布，最右或最上一格小于或等于规定数值；

"固定数量"：垂直网格和水平网格默认数量均为 5 个；

"最大距离"：网格等间距分布，且间距小于但最大程度接近设定的最大距离数值；

"最小距离"：网格等间距分布，且间距大于但最大程度接近设定的最小距离数值。

上述方法生成的幕墙网格即为自动生成网格，若想改变网格间距，如将垂直网格间距"1500"改为"1200"回车确定后发现网格间距仍为"1500"，并没有变化，这是因为自动生成幕墙网格的间距为锁死状态（如图 3-27 所示），不能修改，若修改必须解锁（如图 3-28 所示），解锁后方可修改网格间距。（这一点与先前介绍的轴网锁死是一样的）

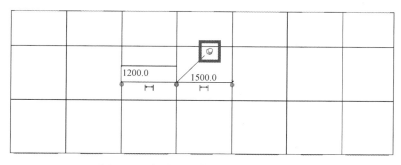

图 3-27 自动生成幕墙网格为锁死状态

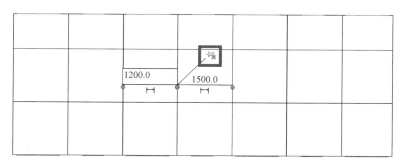

图 3-28 幕墙网格解锁

3.2.2 幕墙网格手动生成

点击"建筑"选项卡→"构建"面板→"幕墙网格"按钮，即可在已绘制幕墙上手动绘制网格（鼠标放置在幕墙上边或下边轮廓时可绘制垂直网格，放置在幕墙左边或右边轮廓时可绘制水平网格，同时 Revit 手动设置幕墙网格时在边线 1/3、1/2 处会自动捕捉），手动绘制完水平或垂直网格后可通过重新设置两网格之间的间距改变网格的位置（从一边向另一边依次点取网格线，改变邻近启点方向的数值后，再点击下一条网格线，再改变邻近启点方向的数值，以此类推，防止被修改的间距又恢复原状）。

手动绘制幕墙网格调整网格间距尺寸比较方便，因此考试时间比较紧，可选用手动绘制幕墙网格，但一定注意如何调整网格间距。

3.2.3 编辑幕墙轮廓

幕墙绘制时需要根据实际工程形式编辑幕墙轮廓。选择已绘制幕墙，选项卡自动切换至"修改｜墙"上下文选项卡，选择"模式"面板上的"编辑轮廓"按钮（如果没有"模式"面板，只需点击两次"修改｜墙"上下文选项卡后面的上三角，即可出现），此时选项卡自动切换成"修改｜墙＞编辑轮廓"上下文选项卡，选中幕墙的四边轮廓变为粉色，选中并删除需要编辑的直线边（该边变为绿色的虚线），选取"修改｜墙＞编辑轮廓"上下文选项卡→"绘制"面板上的各种绘图命令按设计需求绘制幕墙轮廓（如"修改｜墙＞编辑轮廓"上下文选项卡下没有"绘制"面板，同样点击两次"修改｜墙"上下文选项卡后面的上三角，即可出现），编辑轮廓完成后，点击"模式"面板上的"√"完成编辑，编辑效果如图 3-29 所示。

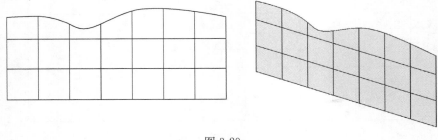

图 3-29

3.2.4 嵌板

无论自动生成幕墙网格还是手动生成网格，其实每一个网格区间就是一块嵌板，可以通过编辑、修改网格边界形状来改变嵌板的形式。

点击需要编辑的网格线，选项卡自动切换到"修改｜幕墙网格"上下文选项卡，点击"幕墙网格"面板上的"添加/删除线段"按钮，在已选网格线上选择需要删除的网格线段，同理也可添加已删除的网格线段，这样就可根据实际情况需要，编辑已绘制幕墙网格的形状来实现嵌板形式的编辑。

在视图中按住 Tab 键切换选择某一块嵌板，在图元"属性"中显示"系统嵌板 玻璃"，可以选择"属性"类型下拉菜单中"嵌板"—"实体"，创建效果如图 3-30 所示。

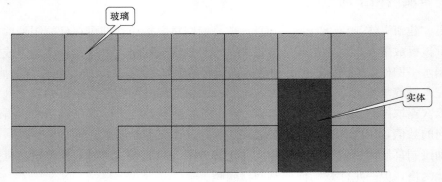

图 3-30

也可点击"编辑类型"，弹出"类型属性"对话框，点击"载入"按钮，选择"Architecture"→"幕墙"→"幕墙"→"门窗嵌板"→"门嵌板_单开门 2"（要特别注意，这里载入的并非门或者窗的族，而是幕墙下面的门窗嵌板），添加效果如图 3-31 所示。

选取上图十字形嵌板方法一：将鼠标放置在十字形嵌板的任意一条网格线处，不断按 Tab 键切换选择嵌板，当十字形嵌板的轮廓线为蓝色单击鼠标选中该嵌板。

选取上图十字形嵌板方法二：在十字形嵌板的左边界、上边界或下边界处鼠标从右下方向左上方框选，此时图元"属性"显示"通用（2）"或"通用（3）"（因此此选择方法选中了多个元素），点击"通用（2）"或"通用（3）"下拉列表，选择"幕墙嵌板（1）"则十字形嵌板被选中。

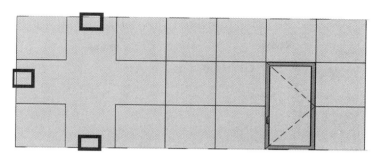

图 3-31

选中十字形嵌板后可以为其配置属性类别，如在"属性"类型下拉列表中选择"常规-90mm 砖"，十字形幕墙嵌板设置为砖类型。

3.2.5　竖梃

点击"建筑"选项卡→"构建"面板→"竖梃"，选项卡自动切换到"修改|放置 竖梃"上下文选项卡，在"放置"面板上有"网格线"、"单段网格线"和"全部网格线"三种形式来放置竖梃，同时可在竖梃图元"属性"下拉列表中选择竖梃的类型。

竖梃放置效果如图 3-32 所示。

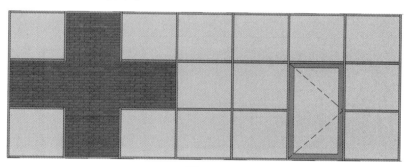

图 3-32

当放置完竖梃后，如想再选择网格线来编辑网格间距就比较困难了，此时竖梃把网格线遮住了，鼠标只能选择到竖梃，不能选择到网格线。此时可先选中需要选择网格线位置的竖梃，然后选择"视图控制栏"→"临时隐藏/隔离"按钮→"隐藏图元"命令，被选中竖梃被隐藏，此时即可对网格线进行间距修改了，修改完成后，再次选择"视图控制栏"→"临时隐藏/隔离"按钮→"重设隐藏/隔离"命令，恢复被隐藏竖梃。

3.2.6　常规墙中嵌入幕墙

点击幕墙图元"属性"-"编辑类型"按钮，在"类型属性"对话框中"类型参数"→"构造"→"自动嵌入"被勾选时，可以在已有常规墙体内部嵌入幕墙。

首先在已有常规墙标高平面内确定幕墙的长度及上下约束标高，然后再通过修改幕墙图元"属性"→"限制条件"中的"底部偏移"（正数）和"顶部偏移"（负数）数值来实现确定嵌入幕墙的具体位置。

嵌入幕墙效果如图 3-33 所示。

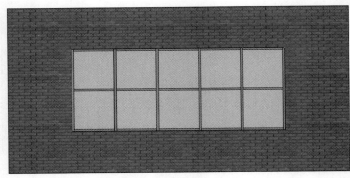

图 3-33

3.2.7　第一期 BIM 技能等级一级考试——第 3 题真题解析

根据下图（图 3-34）给定的北立面和东立面，创建玻璃幕墙及其水平竖梃模型。请将模型文件以"幕墙．rvt"为文件名保存到考生文件夹中。（20 分）

考点：1. 幕墙绘制；

2. 幕墙网格划分（自动划分、手动划分、网格间距的确定）；

3. 幕墙竖梃的绘制；

4. 文件保存为"幕墙．rvt"。

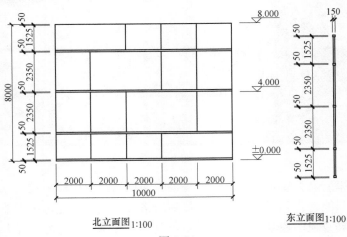

北立面图 1:100　　　　　　　　东立面图 1:100

图 3-34

步骤：

1. 如题意要求，除标高 2（4.000m）外，还需绘制标高 3（8.000m），点击"项目浏览器"→"立面"→"东"立面，在绘图区绘制标高 3（与标高 2 竖向间距 4000mm）。

2. 选定"项目浏览器"→"楼层平面"→"标高 1"视图，选择"建筑"选项卡→"构建"面板→"墙"按钮，在墙图元"属性"下拉列表中选择"幕墙"类型，将"修改|放置 墙"选项栏中顶部约束确定为"标高 3"，在绘图区绘制长度为 10m（10000mm）的幕墙。

3. 自动生成垂直网格：点击"项目浏览器"→"立面"→"北"立面，选中已绘制幕墙，点击幕墙图元"属性"→"编辑类型"按钮，弹出幕墙"类型属性"对话框，修改"类型属性"→"类型参数"→"垂直网格样式"中的"布局"为"固定距离"，"间距"设定为

"2000"，点击"确定"退出。

4. 手动生成水平网格：点击"建筑"选项卡→"构建"面板→"幕墙网格"按钮，在绘图区幕墙上自上而下先任意绘制 3 条水平网格，然后再自上而下分别修改网格间距为：1600、2400、2400、1600（或直接按 1600、2400、2400、1600 间距绘制，因为考题中给的间距为水平竖梃间的净距，而非水平网格间距）。

5. 删除部分网格：点击绘图区网格，选项卡自动切换至"修改|幕墙网格"上下文选项卡，点击"幕墙网格"面板上的"添加/删除线段"命令按题意要求删除网格。

6. 添加竖梃：点击"建筑"选项卡→"构建"面板→"竖梃"按钮，选项卡自动切换至"修改|放置 竖梃"上下文选项卡，点击"放置"面板上的"网格线"按钮，查看竖梃图元"属性"类型是否为"50×150mm"，确认后依次选择所有水平网格放置竖梃（题意要求仅有水平竖梃）。

7. 保存文件，文件名为"幕墙.rvt"。

8. BIM 等级考试一般不要求标注尺寸（除非题意明确要求），如若按题意样式标注尺寸：点击"注释"选项卡→"尺寸标注"面板→"对齐"按钮，也可直接点击最上方快捷工具栏中"对齐尺寸标注"按钮标注尺寸，由于竖梃尺寸较小，可将鼠标移动到水平竖梃的上边或下边线位置，按下 Tab 键即可选择该边线，按题意样式标注尺寸。

最终效果如图 3-35 所示。

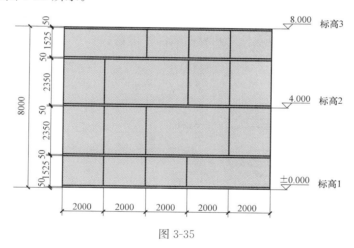

图 3-35

3.3　柱

3.3.1　绘制柱

由图 3-36 可见，添加柱图元时首先选择"建筑"选项卡→"构建"面板→"柱"按钮，鼠标指向"柱"位置时会发现该区域变蓝，上半部分为颜色偏浅，下半部分颜色偏深且有一个黑三角下拉按钮，中间有一条横线，观察发现除柱之外，墙、构件、屋顶、楼板等也存在类似现象，在绘制 Revit 模型时，如果看到按钮上有一条线将按钮分割为 2 个区域，单击上部（或左侧）可以访问通常最常用的工具；单击下部（或右侧）可显示相关工具的列表，如单击面板"柱"下部会出现"建筑柱"和"结构柱"两种选择，单击上部系统默认为选择"结构柱"。

图 3-36

在 Revit 建筑模型中柱有建筑柱和结构柱之分，二者的区别在于：

建筑柱主要为建筑师提供柱子示意使用，有时候能有比较复杂的造型，但是功能比较单薄，因为建筑中柱子是由结构工程师设计和布置的，在明细表里面结构师一定会对结构柱统计，所以建筑中不需要再次统计。结构柱是结构工程师非常重要的构建，除了建模之外，结构柱还带有分析线，可直接导入分析软件进行分析，结构柱可以是竖直的也可以是倾斜的，混凝土的结构柱里面可以放钢筋，以满足施工图需要。

结构柱计入统计数据库，建筑柱不计入。建筑柱与墙连接后，会与墙融合并继承墙的材质，结构柱不行，结构柱需要单独设置；建筑柱只可以单击放置，但结构柱可以捕捉轴网交点放置；此外结构柱可以通过建筑柱转换，建筑柱则不能；建筑柱适用于砖混结构中的墙垛、墙上突出等结构。结构柱一般用得较多。

单击面板"柱"上半部，如图 3-37 所示，在图元"属性"选项板显示所选择柱的基本信息，根据具体情况可以从类型选择器中选择适合尺寸规格的柱子类型，如类型选择器中没有合适尺寸规格的柱子，可单击图元属性中的"编辑类型"，弹出"类型属性"对话框，在类型参数选项中修改柱子尺寸和界面属性等信息；

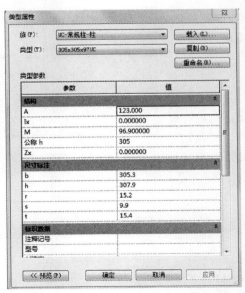

图 3-37

也可点击"类型属性"对话框中"复制"按钮复制一个柱模型再修改尺寸等界面信息；如果"族"中没有需要的柱类型，则可"载入"需要的柱族模型。载入结构柱方法1：单击"插入"选项卡→"从库中载入"面板→"载入族"；载入结构柱方法2：单击结构柱图元"属性"→"编辑类型"→"类型属性"→"载入"。

两种方法均进入"打开"对话框,选择"Structure"→"结构"→"柱"→"混凝土"(根据实际情况需要载入具体柱类型)→"混凝土-矩形-柱"(根据实际情况需要载入具体混凝土柱类型)。

放置柱时还可在"修改|放置 结构柱"选项栏设置柱子的高度(向上)/深度(向下)、标高/未连接、尺寸值等信息,勾选"放置后旋转"命令可以将设置的柱在平面内旋转,设置好柱的所有模型信息后便可以在绘图区轴网交点处放置柱模型。

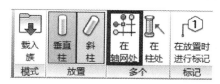

3.3.2 在轴网处放置柱

结构柱一般放置在轴网交点处,因此也可使用"在轴网处"命令建多个结构柱,点击"建筑"选项卡→"构建"面板→"柱"上端(选择结构柱),选项卡自动切换至"修改|放置 结构柱"上下文选项卡,点击"修改|放置 结构柱"上下文选项卡"多个"面板→"在轴网处"按钮,此时选项卡自动切换为"修改|放置 结构柱>在轴网交点处"上下文选项卡,提取轴网线或框选、交叉框选轴网线,单击"多个"面板上的"完成"按钮,系统自动生成结构柱,(如"修改|放置 结构柱>在轴网交点处"上下文选项卡"多个"面板上没有"完成"按钮,则只需两次单击"修改|放置 结构柱>在轴网交点处"上下文选项卡后面的上黑三角即可出现),如图 3-38 所示。

图 3-38

任意点击放置好的柱模型,如图 3-39 所示在"属性"控制板显示该柱模型的限制条件,可根据需要对其"底部标高"、"底部偏移"、"顶部标高"、"顶部偏移"等限制条件进行修改。

3.3.3 斜柱

如果实际工程项目中有斜柱,可选择"建筑"选项卡→"构建"面板→"柱"上部按钮,选项卡自动切换至"修改|放置 结构柱"上下文选项卡,点击"修改|放置结构柱"上下文选项卡→"放置"面板→"斜柱"按钮,设置"修改|放置 结构柱"选项栏中"第一次单击:标高 1"数值为"0","第二次单击:标高 2"数值为"0",即在绘图区标高 1 平面视图中第一次点击在标高 1 处,第二次点击在标高 2 处(虽然此时视图仍为标高 1,但选取点落在了标高 2 上),但发现绘制完成的斜柱端部样式与实际情况不符。

可点击选择斜柱,在图元"属性"面板中将"构造"

图 3-39

51

选项中的"底部截面样式"和"顶部截面样式"均设置为"水平"即可，如图 3-40 所示。

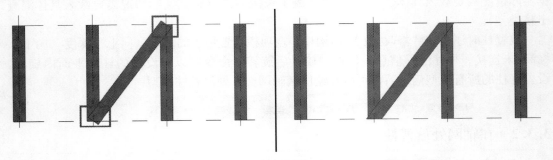

图 3-40 （1）"垂直于轴线"样式　　图 3-40 （2）"水平"样式

3.3.4　建筑柱

建筑柱的放置与结构柱类似，选取"建筑"选项卡→"构建"面板→"柱"下部按钮→"柱：建筑"，点取放置建筑柱，但不能利用"在轴网处"命令放置建筑柱，也不能放置斜建筑柱，且建筑柱的图元属性比结构柱的图元属性内容要少得多。

如图 3-41 所示，在已布置建筑柱和结构柱的轴网中绘制（240mm）砖墙，则建筑柱将自动匹配砖墙材质，并与砖墙融合在一起，而结构柱则不同。

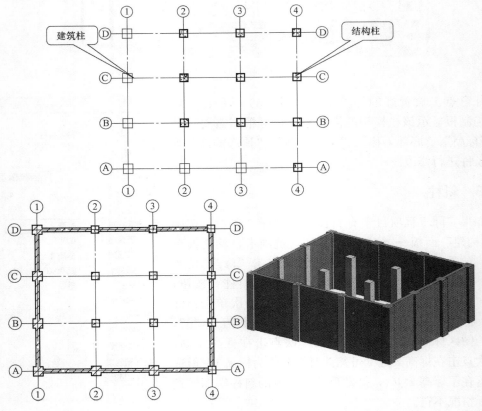

图 3-41

3.4　梁

3.4.1　梁的绘制

选择"结构"选项卡→"结构"面板→"梁"（梁属于结构构件），BIM 等级考试一般很少会考梁。

如图 3-42 所示，在图元属性选项板显示所选择梁的基本信息，根据具体情况可以从类型选择器中选择适合尺寸规格的梁类型，如类型选择器中没有合适尺寸规格的梁，可单击"编辑类型"弹出"类型属性"对话框，在类型参数选项中修改梁的尺寸和界面属性等信息；

图 3-42

也可点击"类型属性"对话框中"复制"按钮复制一个梁模型再修改尺寸等界面信息；

如果"族"中没有需要的柱类型，则可"载入"需要的梁族模型，具体操作：点击"载入"→"Structure"→"结构"→"框架"（Revit 软件中梁族库是以"框架"命名）→"混凝土"（也可载入其他材质的梁）→"混凝土-矩形梁"（也可载入其他类型的混凝土梁）。

在标高 2 视图中绘制梁。

在选项栏上选择梁的放置平面（"标高 1"、"标高 2"、"标高 3"……），从"结构用途"下拉列表中选择梁的结构用途（包括"大梁"、"水平支撑"、"托梁"、"其他"、"檩条"）或让其处于自动状态，结构用途参数可以包括在结构框架梁明细表中，便于用户计算大梁、水平支撑、托梁和檩条的数量。

使用"三维捕捉"选项，通过捕捉任何视图中的其他结构图元，可以创建新梁，即可以在当前工作平面之外绘制梁和支撑。例如在勾选"三维捕捉"之后，无论高程如何，屋顶梁都将捕捉到柱的顶部。

"链"需要在绘制多段梁的时候勾选。

梁模型参数设置好后，可以通过单击起点和终点来绘制梁，当绘制梁时，鼠标会捕捉其他结构构件；也可使用"在轴网处"命令建多个梁，点击"结构"选项卡，在面板单击"梁"按钮，在"修改│放置梁"上下文面板选项卡内选择"在轴网处"按钮，提取轴网线或框选、交叉框选轴网线，单击"完成"按钮，系统自动在结构柱、结构墙和其他梁之间放置梁，如图 3-43 所示。

 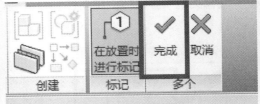

图 3-43

3.4.2　梁系统的绘制

结构梁系统可创建多个平行的等距梁，这些梁可以根据设计过程中的修改进行参数化调整。选择"结构"选项卡→"结构"面板→"梁系统"按钮，选项卡自动切换至"修改│放置 结构梁系统"上下文选项卡，选取"修改│放置 结构梁系统"上下文选项卡→"梁系统"面板→"绘制梁系统"，选项卡切换至"修改│创建梁系统边界"上下文选项卡，利用"绘制"面板上的绘图工具绘制梁系统的边界，可修改图元"属性"面板中→"填充图案"选项中"布局规则"（"固定距离"、"固定数量"、"最大间距"、"净间距"）及对于距离或数量，点击"模式"面板上的"√"完成放置梁系统。

如图 3-44 所示，通过调整草图中"跨方向边缘"控制梁沿长跨布置还是沿短跨布置，具体可通过选择上下文选项卡"修改│创建梁系统边界"→"绘制"面板→"梁方向"按钮，在绘图区草图上选择与梁系统平行的跨度，则"跨度方向边缘"符号将布置于该选择边线。

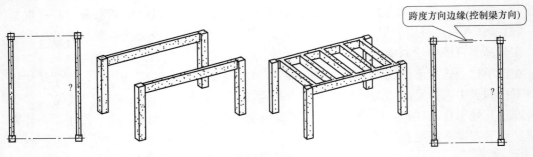

图 3-44

注：选择"结构"选项卡→"结构"面板→"梁系统"按钮后，可能无法通过"绘制"面板上的绘图工具绘制梁系统的边界，因为此时系统有可能默认为"自动创建梁系统"状态，此时左侧"结构梁系统 结构框架系统"属性面板中也可以设置"梁系统"的"布局规则"，在绘图区将鼠标移动到需布置梁系统的不同长短跨边，绘图区会出现预布置梁系统的位置线（绿色虚线），点击与预布置梁系统平行的跨度边线完成梁系统布置。

3.4.3　梁的编辑

选中已绘制的梁（或需要编辑的梁），通过改变左侧"梁"属性面板内的各参数实现梁的编辑，也可以选择属性面板中的"编辑类型"按钮，通过"类型属性"对话框中的"族"、"类型"、"复制"命令以及修改"参数类型"等操作重新设定梁。

3.5　楼板

在 Revit 中，楼板可以设置构造层，默认的楼层标高为楼板的面层标高，也就是建筑标高。

3.5.1　绘制楼板

点击"建筑"选项卡→"构建"面板→"楼板"按钮（系统默认为建筑楼板），自动切换至"修改 | 创建楼层边界"上下文选项卡，左侧楼板"属性"面板显示所选择楼板的类型，或通过下拉三角选择不同的楼板类型，也可"编辑类型"工具修改"类型属性"（与编辑墙体类型属性类似），此时绘图区颜色变灰，进入了楼板边界绘制模式，通过"绘制"命令可在绘图区绘制楼板的边界线。

3.5.2　编辑楼板

如需对楼板进行编辑，可选择已绘制好楼板，选择"修改 | 楼板"上下文选项卡→"模式"面板→"编辑边界"按钮，已选择楼板编辑进入草图编辑状态，通过编辑编辑草图边界完成楼板边界修改，点击"修改 | 楼板＞编辑边界"上下文选项卡→"模式"面板→"√"按钮，完成楼板编辑。

3.5.3　斜楼板绘制

方法一：在完成楼板边界草图绘制后，点击"修改 | 楼板＞编辑边界"上下文选项卡→"绘制"面板→"坡度箭头"按钮，

如选择"绘制"面板→"直线"按钮，则在绘图区沿坡度方向从一边向对向边绘制箭头；如选择"绘制"面板→"拾取线"按钮，则在绘图区直接点取有坡度的边线，如图3-45所示。

绘制完坡度线后，在左侧"属性"面板→（实例属性中）"限制条件"→"指定"参数中可选择"尾高"或"坡度"选项，若选择"尾高"选项，在"尾高度偏移"参数设置具体数值（默认为"300"），设置"头高度偏移"为 0 或其他值（该值大于"尾高度偏移值"为坡度向上，小于"尾高度偏移值"为坡度向下）；若选择"坡度"选项，可在"尺寸标

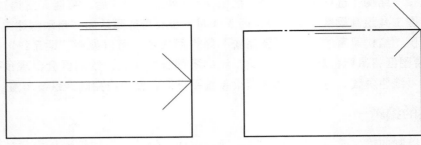

图 3-45

注"→"坡度"选项中设置具体坡度数值。

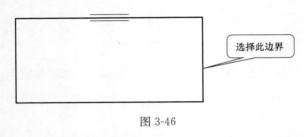

图 3-46

方法二：在绘制楼板时放坡，在绘图区绘制某一楼板草图，如图 3-46 所示，任意选择楼板草图一边界，在"修改|创建楼层边界"选项栏中选择"定义坡度"，此时在属性"面板中可定义"尺寸标注"→"坡度"具体坡度值（正值为以选择边界为基准下坡，负值为以选择边界为基准下坡），点击"模式"面板上的"√"按钮完成斜楼板绘制。

按此方法绘制完斜楼板后，点击已绘制斜楼板，可随时在楼板图元"属性"面板→（实例属性中）"尺寸标注"→"坡度"中修改坡度数值。

3.5.4 楼板偏移

绘制一常规楼板，选择该楼板，在图元"属性"面板→（实例属性中）"限制条件"中"标高"为该**楼板顶面**所在的标高位置，"自标高的高度偏移"为该楼板相对本标高的偏移值（正值为向上偏移，负值为向下偏移，**如厨房、卫生间楼板**）。

偏移值为 0 时效果如图 3-47 所示。

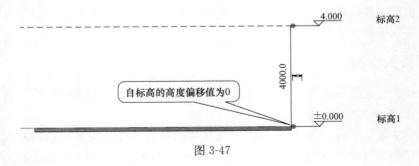

图 3-47

3.5.5 楼板上的洞口

方法一：编辑楼板边界，选择需编辑的楼板，选择"修改|楼板"上下文选项卡→"模式"面板→"编辑边界"按钮，如图 3-48 所示，通过"修改|楼板＞编辑边界"上下文选项卡→"绘制"面板上的绘图工具绘制楼板洞口，点击"模式"面板上的"√"按钮完成

楼板洞口编辑。

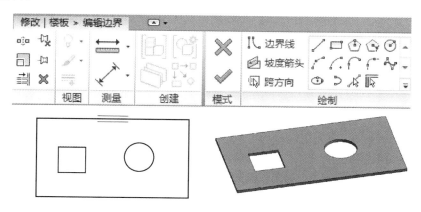

图 3-48

　　方法二：利用面"洞口"工具开洞，选择"建筑"上下文选项卡→"洞口"面板→"按面"工具，如图 3-49 所示，在绘图区选择需要开洞的楼板平面，利用"修改｜创建洞口边界"上下文选项卡→"绘制"面板上的绘图工具，在已选楼板平面上绘制洞口类型，单击"模式"面板上的"√"完成楼板洞口绘制。

 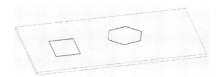 

图 3-49

3.5.6　拾取墙与绘制生成楼板

　　绘制楼板之前先在绘图区设定标高 1～标高 4，并在标高 1 上画出一矩形墙体，如图 3-50 所示（具体轴间距尺寸可自定），然后在标高 1 添加楼板。

　　选择"建筑"选项卡→"构建"面板→"楼板"按钮，上下文选项卡切换至"修改｜创建楼层边界"选项卡，选择"绘制"面板上的"拾取墙"按钮，可在选项栏中指定楼板边缘"偏移"值的同时勾选"延伸至墙中（至核心层）"复选框，拾取墙时将拾取到有涂层和构造层的复合墙体的核心边界位置。

　　在绘图区点击四道墙体（也可按住 Tab 键切换，一次选中所有外墙），如图 3-51 所示，再点击"模式"面板上的"√"按钮，弹出"Revit"提示对话框，点击"是"完成楼板的绘制。

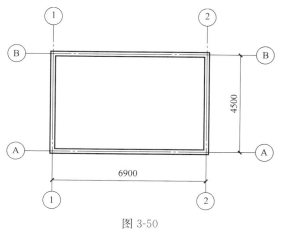

图 3-50

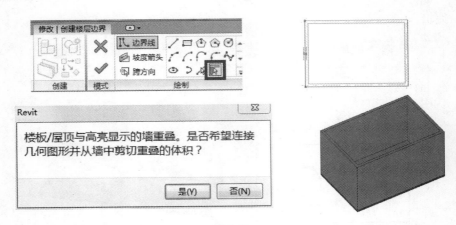

图 3-51

注：不同结构形式建筑的楼板加入法：框架结构楼板一般至外墙边；砖混结构为墙中心。

3.5.7　复制楼板至相应标高

创建 4 个标高层，并在"标高 1"绘制墙体及楼板，在"标高 1"中选中墙体和楼板，点击"修改|选择多个"上下文选项卡→"剪切板"面板→"复制"按钮，如图 3-52 所示，

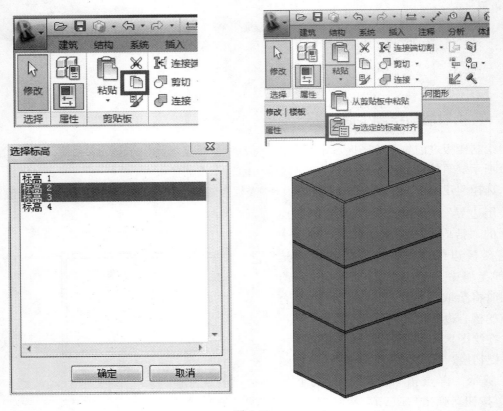

图 3-52

然后单击"粘贴"按钮的下拉箭头，选择"与选定的标高对齐"选项，如图所示，弹出"选择标高"对话框，根据实际需要把楼板复制到相应的标高层，如选择在"标高 2"和"标高 3"，点击确定，将墙体和楼板复制到"标高 2"和"标高 3"。

3.5.8　处理剖面图楼板与墙的关系

在 Revit 中直接生成的剖面图时，楼板与墙会有重叠或空隙，先画楼板后画墙可以避免此问题，也可以利用"连接"按钮实现楼板与墙的连接。

如已绘制楼板及墙体，将视图调整到"标高 1"楼层平面，点击"视图"选项卡→"创建"面板→"剖面"按钮，在"标高 1"视图中适当位置创建剖切位置符号，如图 3-53 所示。

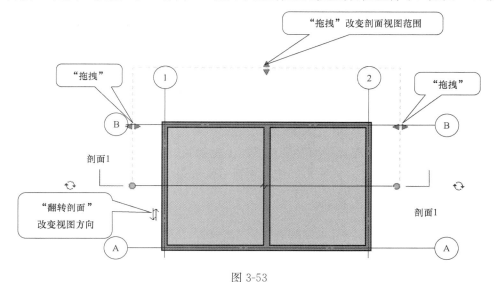

图 3-53

在左侧"项目浏览器"中选择"视图（全部）"→"剖面（建筑剖面）"→"剖面 1"按钮，视图区显示剖面 1 视图，发现墙与楼板交界处互相重叠，不符合剖面视图显示样式，点击"修改|视图"上下文选项卡→"几何图形"面板→"连接"按钮，来连接楼板和墙体（可先选择楼板，待出现连接符号后再点击需连接的墙体），如图 3-54 所示。

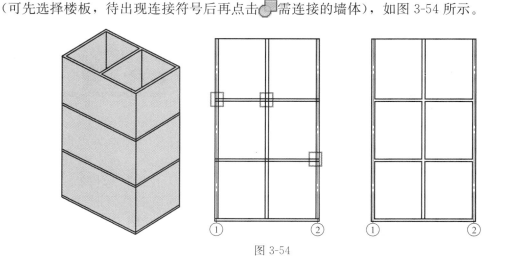

图 3-54

3.6　天花板

3.6.1　天花板的绘制

　　点击"建筑"选项卡→"构建"面板→"天花板"按钮，在图元"属性"面板中"限制条件"→"自标高的高度偏移"参数默认为 2600（**即天花板位于标高 1 以上 2600mm 处，而"楼层平面"视图为 1200mm 处平面剖切向下投影，也就是说在"标高 1"平面视图中应看不到所绘制的天花板**）。

　　具体操作为：点击"修改|放置 天花板"上下文选项卡→"天花板"面板→"自动创建天花板"或"绘制天花板"按钮（此处选择"绘制天花板"按钮），选择"绘制"面板上的绘图工具在"标高 1"平面视图绘图区绘制天花板，点击"模式"面板上的"√"按钮完成天花板的绘制，发现在"项目浏览器"的"视图（全部）"→"楼层平面"→"标高 1"中没有刚刚绘制的天花板（因为"标高 1"平面视图是从"标高 1"以上 1200mm 处向下投射，而天花板位于"标高 1"以上 2600mm 处，因此看不到）。

　　此时应选择"项目浏览器"的"视图（全部）"→"天花板平面"→"标高 1"，即可观察到刚绘制的天花板（"天花板平面"是从下向上投射），因此在绘制天花板时，最好是在"天花板平面"视图中绘制，天花板的边界编辑与楼板类似。

3.6.2　在房间上绘制天花板

　　如图 3-55 所示，在已有房间分割的建筑中绘制天花板，选择"项目浏览器"的"视图（全部）"→"天花板平面"→"标高 1"视图，点击"建筑"选项卡→"构建"面板→"天花板"按钮，通过图元"属性"中的实例属性或类型属性选择需要的天花板类型（如选择"复合天花板 600600mm 轴网"类型），选择"修改|放置 天花板"上下文选项卡→"天花板"面板→"自动创建天花板"按钮，将鼠标移至房间内部，可见房间内边线为红色，点击鼠标即可在该房间内创建天花板。

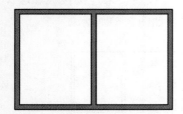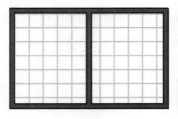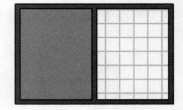

图 3-55

　　如需对天花板进行编辑操作，可选中天花板（鼠标拖动窗口天花板，点击"修改|选择多个"上下文选项卡→"选择"面板→"过滤器"按钮，在弹出的"过滤器"对话框中取消勾选"墙"复选框，即仅选择"天花板"），点击"修改|天花板"上下文选项卡→"模式"面板→"编辑边界"按钮对天花板边界进行编辑，如在天花板内开洞口，具体操作：选择"修改|天花板>边界"上下文选项卡→"绘制"面板上的绘图工具绘制洞口，点击"模式"面板上的"√"按钮完成天花板洞口绘制，开洞效果如图 3-56 所示。

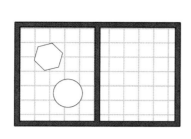

图 3-56

也可以自行绘制天花板，选择"修改|放置 天花板"上下文选项卡→"天花板"面板→"绘制天花板"按钮，利用"绘制"面板上的绘图工具即可绘制天花板。

与绘制楼板类似，也可为天花板设置坡度。

天花板绘制完成后，可通过图元"属性"中的实例属性或类型属性重新设定天花板的参数。

3.7　屋顶

3.7.1　平屋顶

如图 3-57 所示，选择"建筑"选项卡→"构建"面板→"屋顶"按钮，"屋顶"下拉菜单有"迹线屋顶"、"拉伸屋顶"、"面屋顶（主要是在体量中生成面屋顶）"、"屋檐：底板"、"屋顶：封檐带"和"屋顶：檐槽"等选项。

如创建平屋顶，可选用"建筑"选项卡→"构建"面板→"楼板"按钮，但在屋顶上方一般会有有组织排水，如何在平屋顶（楼板）上设置排水？

如图 3-58 所示，选择"建筑"选项卡→"工作平面"面板→"参照平面"按钮。

将"修改|放置 参照平面"选项栏中"偏移量"设为"2000（或其他数值）"，沿绘图区平屋顶（楼板）左右两边添加参照平面（绿色虚线），添加时按空格键可切换偏移方向，再将"修改|放置 参照平面"选项栏中"偏移量"设为"0"，在绘图区平屋顶（楼板）水平中央位置添加参照平面（绿色虚线），绘制结果如图 3-59 所示。

选择平屋顶（楼板），在参照面处添加点。

首先选择平屋顶（楼板），点击"修改|楼板"上下文选项卡→"形状编辑"面板→"添加点"按钮，在绘图区平屋顶（楼板）内参照平面相交处添加点，再点击"形状编辑"面板→"修改子图元"按钮，分别将两个"添加点"的偏移值更改为"50"，如图 3-60 所示，即可完成有组织排水的平屋顶绘制。

图 3-57

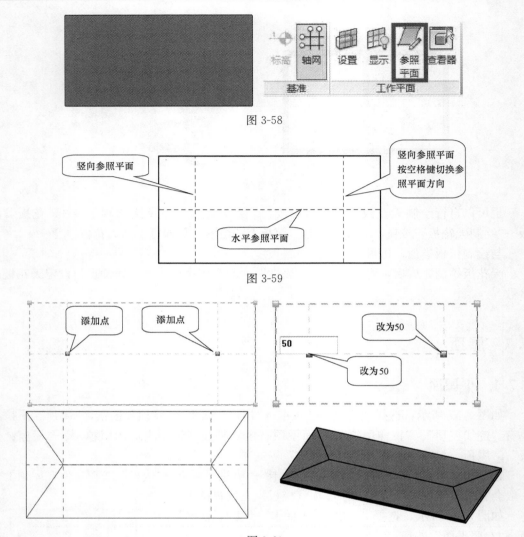

图 3-58

图 3-59

图 3-60

3.7.2 迹线屋顶

选择"建筑"选项卡→"构建"面板→"屋顶"→"迹线屋顶";

利用"修改|创建屋顶迹线"上下文选项卡→"绘制"面板→"直线"命令在"标高 2"绘图区任意绘制一屋顶轮迹线,绘制的每一条迹线均为屋顶的边缘线,且对应一具体的坡度,在绘图区任意点取一条迹线,均可修改其具体坡度值(默认值为 30°);

此外可根据"基本屋顶"的图元"属性"面板中的"实例属性"和"类型属性"修改迹线屋顶的参数(与楼板类似),迹线草图绘制完成后,选择"模式"面板上的"√"按钮,完成迹线屋顶的绘制。

迹线屋顶绘制效果如图 3-61 所示。

绘制完成后,如图 3-61 所示,在"标高 2"平面视图中发现所绘制迹线屋顶中间有一个空洞,而此空洞在三维视图中是不存在的,是一整体。

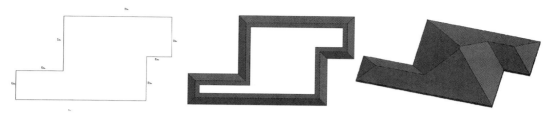

图 3-61

在"标高 2"平面视图中出现空洞的原因是在"楼层平面"图元"属性"面板实例属性→"范围"→"视图范围"中"剖切面"偏移量设置过小所致。

具体操作可选择"楼层平面"图元"属性"面板实例属性→"范围"→"视图范围"按钮,弹出"视图范围"对话框,如图 3-62 所示,"视图范围"对话框中"剖切面"是以"标高 2"为基准向上偏移"1200(默认值)"水平剖切后向下投射,因此在所绘制的迹线屋顶中间存在空洞;

图 3-62

学员可自行将"剖切面"的"偏移量"设置为大于"1200"的其他值对比观察变化情况(无论"偏移量"设置成哪些值,也仅是"标高 2"平面视图中显示不同,实际迹线屋顶的形状是不变的)。

注:"视图范围"对话框中"剖切面"的"偏移量"具体数值介于"0.0('底')"和**"顶-偏移量(默认值为 2300,可根据实际情况增大偏移量)"之间,即"剖切面"的"偏移量"小于或等于"顶"的"偏移量",否则会出现"Revit"错误对话框,如图 3-63 所示。**

如需修改迹线屋顶,可选择已绘制的迹线屋顶,点击"修改|屋顶"上下文选项卡→"模式"面板→"编辑迹线"按钮,即可在绘图区修改任一草图迹线的长度或坡度值,修改完毕后点击"模式"面板上的"√"按钮退出。

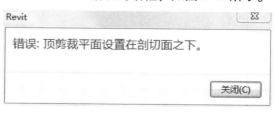

图 3-63

3.7.3 拉伸屋顶

"拉伸屋顶"是在一个平面上进行拉伸。

首先需要选择一工作平面，因此需提前在绘图区绘制一工作平面。

具体方法：点击"建筑"选项卡→"工作平面"面板→"参照平面"按钮，在绘图区"标高 2"视图中绘制工作平面，如图 3-64 所示。（此处多画了两条工作平面）

点击"建筑"选项卡→"构建"面板→"屋顶"→"拉伸屋顶"按钮，弹出"工作平面"对话框，如图 3-65 所示，在"工作平面"对话框中选中"拾取一个平面"后点击"确定"按钮，在"标高 2"视图中选取一工作平面，弹出"转到视图"对话框，在"转到视图"对话框中选择视图位置"立面：东"或"立面：西"（即站在东面还是西面观察立面视图），如选择"立面：东"，点击"打开视图"按钮，弹出"屋顶参照标高和偏移"对话框，确认"标高"和"偏移"后点击确定，视图自动切换至所选参照平面处的"东立面"。

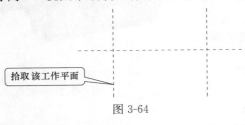

图 3-64

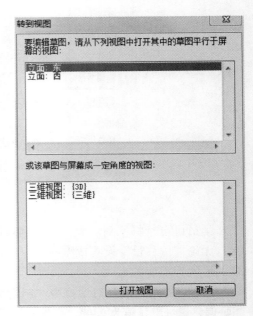

图 3-65

通过"修改|创建拉伸屋顶轮廓"上下文选项卡→"绘制"面板上的绘图工具即可在"东立面"视图中绘制屋顶的形状，如图 3-66 所示，利用"样条曲线"工具绘制屋顶轮廓，绘制完毕后点击"模式"面板上的"√"按钮退出。

如图 3-65 所示，可通过"标高 2"平面视图中拉伸平面左右两端的"造型操作柄"调整拉伸平面的左右位置及尺寸。

3.7.4 全国 BIM 等级考试样题第四题

根据下图给定的投影尺寸。屋顶板厚取 200mm，请将模型文件以"屋顶.rvt"为文件名保存到考生文件夹中。（20 分）

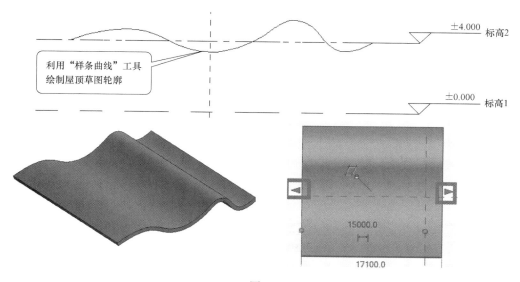

利用"样条曲线"工具
绘制屋顶草图轮廓

±4.000　标高2

±0.000　标高1

15000.0

17100.0

图 3-66

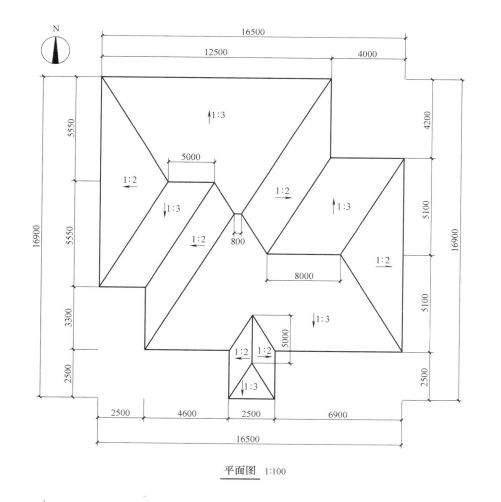

平面图　1:100

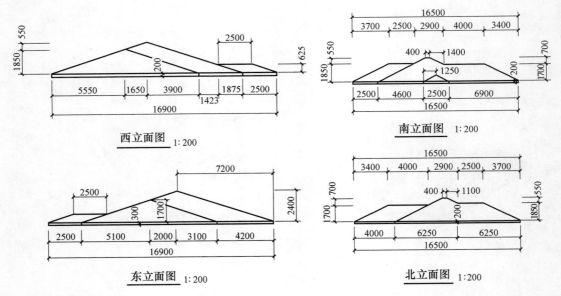

西立面图 1:200

南立面图 1:200

东立面图 1:200

北立面图 1:200

操作步骤：

1）打开 Revit 软件，选择"标高 2"平面视图，点击"建筑"选项卡→"构建"面板→"屋顶"→"迹线屋顶"按钮。

2）在图元"属性"面板中选择"基本屋顶 常规-400mm"屋顶类型，点击"编辑类型"按钮，弹出"类型属性"对话框，点击"复制"按钮，将"名称"改为"常规-200mm"，确定退出，点击"类型属性"对话框中"类型参数"→"构造"→"结构"→"编辑"按钮，弹出"编辑部件"对话框，将"编辑部件"对话框中"层"→"结构 [1]"→"厚度"改为"200"，依次点击"确定"退出。

3）如图 3-67 所示，按题意中平面图尺寸绘制迹线屋顶草图轮廓。

4）根据题意要求，更改每条草图迹线的角度（直接输入 1:2 或 1:3 即可，系统自动计算角度），点击"模式"面板上的"√"完成迹线屋顶绘制。

5）调整迹线屋顶剖面图位置，点击"楼层平面"图元"属性"面板→"范围"→"视图范围"按钮，弹出"视图范围"对话框，将"顶"的"偏移量"调制3000 以上，对应调整"剖切面"的"偏移量"为3000，点击"确定"退出，绘制效果如图 3-68 所示。

6）标注尺寸：点击"注释"选项卡→"尺寸标注"面板→"对齐"按钮将迹线屋顶外部尺寸；

"线性"命令绘制迹线屋顶内部尺寸；

"高程点坡度"绘制迹线屋顶坡度

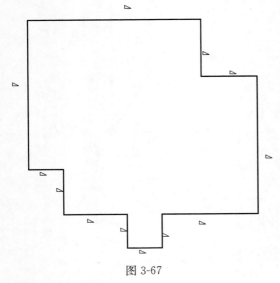

图 3-67

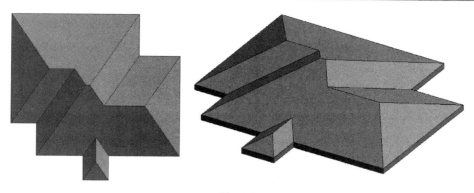

图 3-68

（需对"高程点坡度"显示格式进行设置）。点击图元"属性"-"属性类型"按钮，点击"类型属性"→"类型参数"→"单位格式"后面的按钮，如图 3-69 所示，在"格式"对话框中"单位"选取"1：比"形式，"舍入：0 个小数位"、"单位符号"设定为"1"。

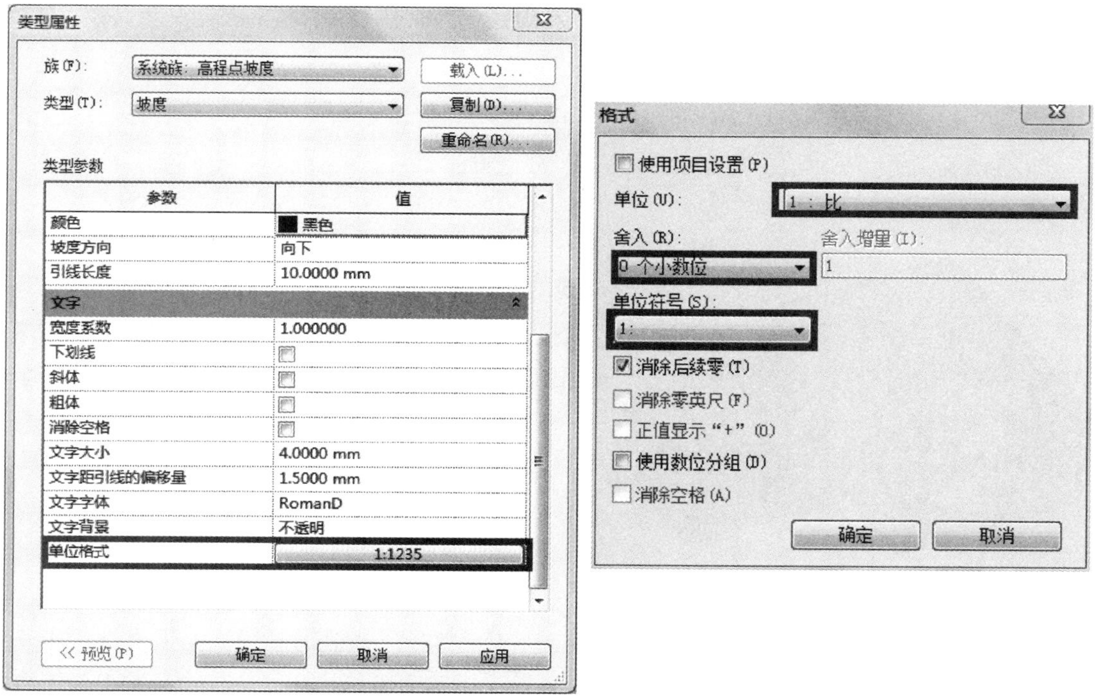

图 3-69

最终绘制效果如图 3-70 所示。

7）保存文件为"屋顶.rvt"文件名。

3.7.5　屋顶连接

如图 3-71 所示，若先后分别绘制了两迹线屋顶，且希望两迹线屋顶进行连接，可选择"修改"上下文选项卡→"几何图形"面板→"连接/取消连接屋顶"按钮连接两迹线屋顶。

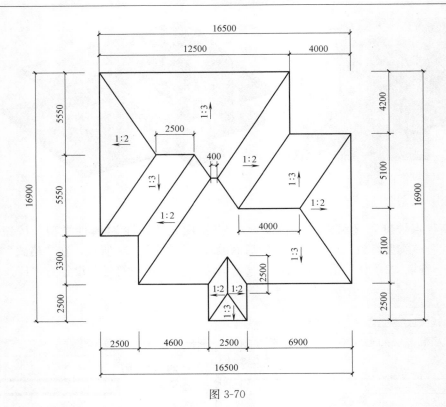

图 3-70

图 3-71

首先选中小屋屋顶，如图 3-72 所示，点击"修改|屋顶＞编辑迹线"上下文选项卡→"模式"面板→"编辑迹线"按钮，选取小屋顶上靠近大屋顶的一边，在"修改|屋顶＞编辑迹线"选项栏中取消"定义坡度"复选框，点击模式面板中的"√"完成屋顶绘制。

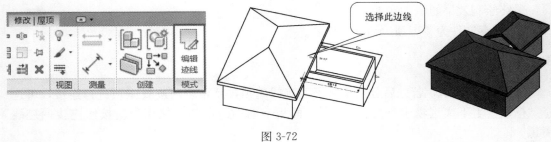

图 3-72

选择"修改"上下文选项卡→"几何图形"面板→"连接/取消连接屋顶"按钮，如图 3-73 所示，点击小屋顶的一边，再点击将与小屋顶连接的大屋面，完成屋顶连接。

若取消连接，重新点击"连接/取消连接屋顶"按钮，后点击两迹线屋顶连接线即可。

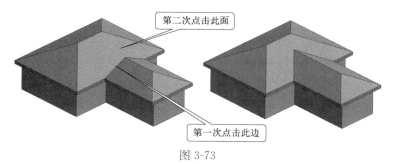

图 3-73

3.7.6　屋檐底板

1. 为迹线屋顶设置屋檐底板

如图 3-74 所示，在"标高 2"视图平面绘制一迹线屋顶。

图 3-74

在该迹线屋顶下方布置屋檐底板：

将视图调整为"标高 2"平面视图，点击"建筑"选项卡→"构建"面板→"屋顶"→"屋檐：底板"按钮，利用"修改|创建屋檐底板边界"→"绘制"面板上的绘图工具沿迹线屋顶周边轮廓绘制屋檐底板草图，点击"模式"面板上的"√"按钮完成，绘制效果如图 3-75 所示。

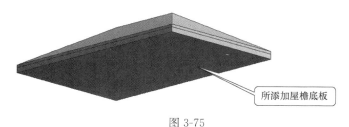

图 3-75

2. 为拉伸屋顶设置屋檐底板

① 墙体附着

在"标高 1"绘制一墙体，同时在"标高 2"绘制拉伸屋顶，图 3-76 中四面墙体未与拉伸屋顶连接，可通过"附着"命令将墙体附着到拉伸屋顶（或其他类型屋顶），点取墙体，选择"修改|墙"上下文选项卡→"修改墙"面板→"附着 顶部/底部"命令，再点取要附着的拉伸屋顶。通过视图控制栏中"临时隐藏/隔离"将拉伸屋顶临时隐藏观察附着

后的墙体。

图 3-76

将视图调整至"东立面"视图，拉伸屋顶的橡截面为垂直截面，可修改屋面图元"属性"的实例属性中→"构造"→"橡截面"的参数为"垂直双截面"类型，对比效果如图3-77所示。

图 3-77

② 为拉伸屋顶设置屋檐底板

点击"建筑"选项卡→"构建"面板→"屋顶"→"屋檐：底板"按钮，

选择"修改｜创建屋檐底板边界"上下文选项卡→"绘制"面板→"拾取屋顶边"按钮，在绘图区点击拉伸屋面，点击"模式"面板上的"√"完成。

由于屋檐底板上边界以"标高 2"为基准没有设置偏移值，如图 3-78（1）所示，因此所绘制屋檐底板位置需调整；

点击绘图区刚绘制的屋檐底板，在图元"属性"中将"自标高的高度偏移"值设置为某具体负值（该距离需提前量取，即屋檐底板上边界至橡截面底面的距离），如图 3-78（2）所示。

点击偏移之后的屋檐底板，将视图调整为"标高 2"平面视图，选择"修改｜屋檐底板"上下文选项卡→"模式"面板→"编辑边界"命令，将屋檐底板草图轮廓线调整至与拉伸屋顶轮廓线重合，单击"模式"面板上的"√"完成编辑，编辑效果如图 3-78（3）所示。

将屋檐底板与拉伸屋顶连接。选择"修改"上下文选项卡→"几何图形"面板→"连接"命令，在绘图区点击屋檐底板，待出现连接符号后点击拉伸屋顶，如图 3-78（4）所示。

3.7.7 封檐板和檐沟

可根据实际需要为屋顶设置封檐带或檐沟。

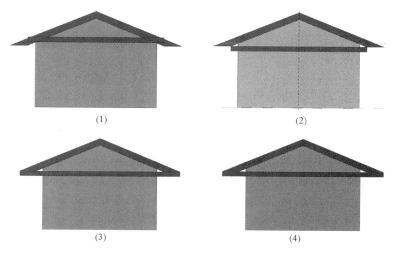

图 3-78

　　封檐板，又名：望板和搏风板，在檐口或山墙顶部外侧的挑檐处钉置的木板。使檐条端部和望板免受雨水的侵袭，也增加建筑物的美感。

　　檐沟，是屋檐边的集水沟，用于承接屋面的雨水，然后由竖管引到地面。

　　点击"建筑"选项卡→"构建"面板→"屋顶"→"屋檐：封檐带"或"屋檐：檐槽"按钮；

　　选择"修改|放置封檐带"或"修改|放置檐沟"上下文选项卡→"绘制"面板→"拾取屋顶边"按钮，在绘图区点击屋檐，点击"模式"面板上的"√"完成，绘制效果如图 3-79 所示。

图 3-79

3.8　门

　　门窗在项目中可以通过修改类型参数（如门窗的宽和高，以及材质等），形成新的门窗类型。门窗的主体为墙体，它们对墙具有依附关系，删除墙体，门窗也随之被删除。

　　在门窗构件的应用中，其插入点、门窗平立剖的图纸表达，可见性控制等都和门窗族的参数设置有关。因此，学习者不仅需要了解门窗构件族的参数修改设置，还需要在未来的学习中深入学习门窗族的制作原理。

3.8.1　门的放置

　　如图 3-80 所示，单击"建筑"选项卡→"构建"面板→"门"按钮，Revit 将自动切换到"修改|放置门"上下文选项卡。

　　在图元"属性"中单击下拉箭头，选择需要的门类型在墙体上适当位置单击即可完成门的放置。

图 3-80

如图元"属性"下拉箭头中没有需要的门类型，可载入门族。

具体操作：点击"修改|放置 门"上下文选项卡→"模式"面板→"载入族"按钮；或点击"插入"选项卡→"从库中载入"面板→"载入族"按钮，弹出"载入族"对话框，选择"Architecture"→"门"→"装饰门"→"中式"→全部选择并载入（或根据实际需要选择合适的门族载入，系统门族库中也没有需要的门类型时只能寻找或自建需要门族类型）。

如图 3-81 所示，不仅可在在标高平面视图内放置门，还可以在三维视图中放置门，以及在立面视图中放置门。（如以"中式双扇门 5"为例依次放置）

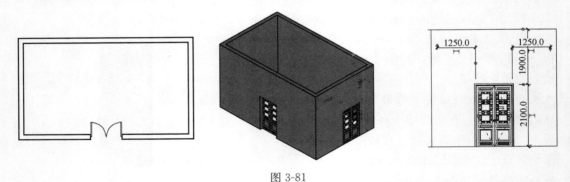

图 3-81

门构件放置完成后，可在平面视图中，如图 3-82 所示，控制门的开启方向。

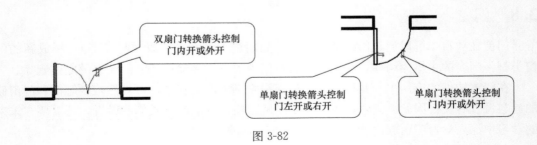

图 3-82

3.8.2 门的编辑

1）设置门槛

在门图元"属性"实例属性中→"限制条件"→"底高度"设置为"200"，则为该门设置了高度 200 的门槛，设置效果如图 3-83 所示。

2）编辑门的类型属性

点击门图元"属性"→"类型属性"按钮，弹出"编辑类型"对话框，在"编辑类型"对话框中可以修改"限制条件"、"材质和装饰"、"尺寸标注"、"标识数据"等参数，编辑效果如图 3-84 所示。

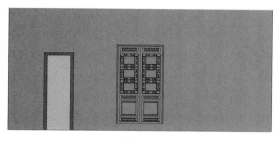

图 3-83

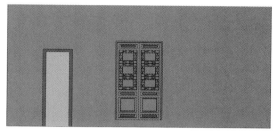

图 3-84

3.9　窗

3.9.1　窗的放置

如图 3-85 所示，单击"建筑"选项卡→"构建"面板→"窗"按钮，Revit 将自动切换到"修改|放置窗"上下文选项卡。

图 3-85

放置窗之前可线载入部分窗族类型，点击"修改|放置 窗"上下文选项卡→"模式"面板→"载入族"按钮；

或点击"插入"选项卡→"从库中载入"面板→"载入族"按钮，弹出"载入族"对话框，选择"Architecture"→"窗"→"装饰窗"→"中式"→全部选择并载入（或根据实际需要选择合适的窗族载入，系统窗族库中也没有需要的窗类型时只能寻找或自建需要窗族类型）。

选择"窗"按钮后，在"属性"对话框中单击下拉箭头，选择需要的窗的类型（如"中式窗 5 015002100mm"），选中后在墙体上适当尺寸位置单击即可放置窗。

如图 3-86 所示，不仅可在在标高平面视图内放置门，还可以在三维视图中放置门，以及在立面视图中放置门。（可以放置"中式窗"为例依次放置）

3.9.2　窗的编辑

在窗图元"属性"实例属性中可以修改"限制条件"→"底高度"数值，改变窗距离基

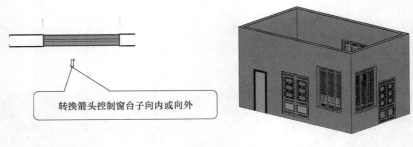

转换箭头控制窗台子向内或向外

图 3-86

准标高的高度。

通过图元"属性"面板→"类型属性"→"编辑类型"对话框修改或创建新的窗类型与门类似，在此不再赘述。

3.10 洞口

3.10.1 垂直洞口和面洞口简介

"面洞口"和"垂直洞口"工具都可以相对屋顶、楼板和天花板创建一个洞口，如图 3-87 所示，区别是："面洞口"工具创建的洞口垂直于所要创建的对象；

"垂直洞口"工具创建的洞口垂直于标高，与所要创建洞口的对象倾斜角度无关；

"竖井洞口"是可以创建跨多个标高的垂直洞口，可以贯穿屋顶、楼板和天花板（如楼梯间、电梯间、管道井等），如图 3-88 所示。

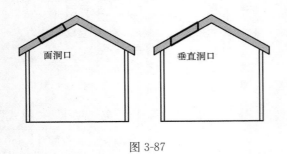

图 3-87

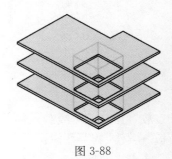

图 3-88

3.10.2 洞口绘制

1. 面洞口

在绘制洞口之前，先在绘图区"标高 2"视图创建一迹线屋顶，以该迹线屋顶为例讲解洞口的绘制。

点击"建筑"选项卡→"洞口"面板→"按面"按钮，可在三维视图中选择需开洞口的屋面，将鼠标放在屋面板边缘时，屋面板会以蓝色高亮线显示，点击选中该屋面。

如图 3-89 所示，可在三维视图、"上"视图或"标高 2"平面视图（如利用"标高 2"平面视图，应提前设置平面视图的"视图范围"，以保证迹线屋顶在"标高 2"平面视图

中全部可见）中利用"修改|创建洞口边界"选项卡→"绘制"面板上的绘图工具在所选屋面上绘制"面洞口"（如矩形洞口），点击"模式"上的"√"完成绘制。

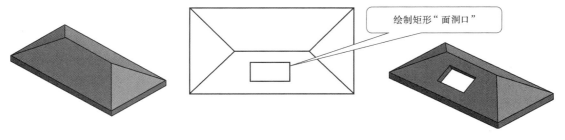

绘制矩形"面洞口"

图 3-89

在三维视图状态下，将"属性"面板实例属性→"范围"→"剖面框"前的复选框勾选，如图 3-90 所示，在三维视图中将剖面框调整至矩形面洞口位置，观察所绘制矩形面洞口与坡屋顶的关系。

2. 垂直洞口

点击"建筑"选项卡→"洞口"面板→"垂直"按钮，选择迹线屋顶，之后的绘制方法与"面洞口"类似，故不再赘述，垂直洞口绘制效果如图 3-91 所示。

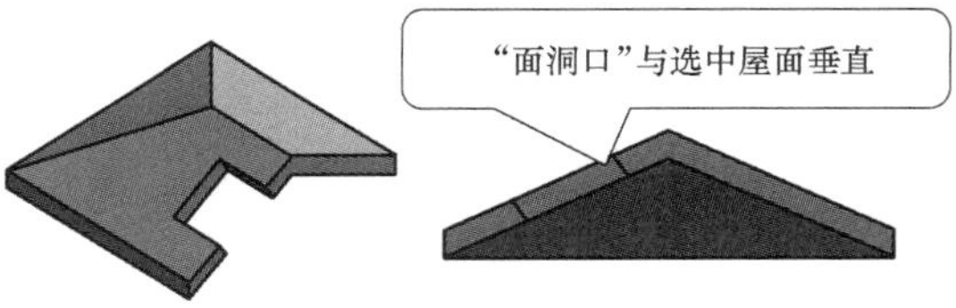

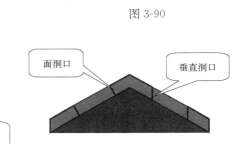

"面洞口"与选中屋面垂直

图 3-90

面洞口

垂直洞口

面洞口

垂直洞口

图 3-91

3. 竖井洞口绘制

绘制竖井洞口前，事先绘制一多层楼板模型（如设置 5 个标高），调整至"标高 5"

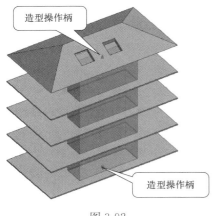

造型操作柄

造型操作柄

图 3-92

平面视图（或任意标高平面视图），点击"建筑"选项卡→"洞口"面板→"竖井洞口"按钮，利用"修改|创建竖井洞口草图"选项卡→"绘制"面板上的绘图工具按实际需要绘制竖井草图轮廓，查看图元"属性"面板实例属性中"限制条件"，将"顶部约束"设置为"直至标高：标高 5"（或其他实际需要标高），点击"模式"面板上的"√"完成绘制。

如图 3-92 所示，本案例中"标高 5"并未开竖井，是因为"标高 5"处并没有楼板，而是迹线屋顶，竖井洞口设置的"顶部约束"为"标高 5"达

75

不到迹线屋顶的高度。

也可通过已绘制竖井洞口的"造型操作柄"调整竖井洞口的上下开洞高度，也可通过修改图元"属性"面板中的"限制条件"实例属性参数实现竖井洞口的编辑。

4. 墙洞口绘制

点击"建筑"选项卡→"洞口"面板→"墙"按钮，在绘图区选择墙体，然后在该墙体内部绘制矩形洞口，绘制效果如图 3-93 所示。

5. 老虎窗洞口

如图 3-94 所示，老虎窗一般是指坡屋顶阁楼顶端，与墙体平行但突兀出屋顶墙边缘的窗户。又称老虎天窗，上海地区用得较多，指一种开在屋顶上的天窗。（感兴趣的学员可以进行操作练习）

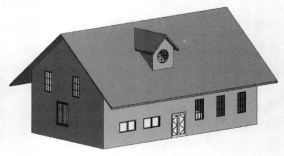

墙洞口

图 3-93   图 3-94

大致过程：

1）在标高 2 处创建拉伸屋顶；

2）在标高 2 处创建老虎窗的墙体，大致在标高 3 处创建老虎窗的拉伸屋顶；

3）利用墙体附着命令将老虎窗的墙体底部附着于房屋拉伸屋面（选取"修改|墙"选项栏中"底部"）；

4）利用"洞口"面板→"老虎窗"命令绘制老虎窗。点击"建筑"选项卡→"洞口"面板→"老虎窗"按钮，选取房屋拉伸屋顶，利用"修改|编辑草图"上下文选项卡→"拾取"面板→"拾取屋顶/墙边缘"命令，拾取闭合的老虎窗洞口内轮廓线（切记在视图控制栏"视觉样式：线框"显示下拾取，如图 3-95 所示）。

即：绘制老虎窗洞口前，应已绘制完成老虎窗。

利用"视觉样式：线框"拾取闭合的内边缘线

老虎窗洞口

图 3-95

3.11 楼梯扶手

3.11.1 绘制楼梯

选择"项目浏览器"→"立面（建筑立面）"→"东"立面，将视图"标高 2"调整至 3.900，选择"项目浏览器"→"楼层平面"→"标高 1"视图，如图 3-96 所示，点击"建筑"选项卡→"楼梯坡道"面板→"楼梯"下拉三角，可选择"楼梯（按构件）"或"楼梯（按草图）"绘制楼梯（**一般绘制楼梯时，应事先在楼梯间根据楼梯布置实际位置尺寸绘制参照线，以方面楼梯定位绘制**）。

1. "楼梯（按构件）"绘制楼梯

选择"建筑"选项卡→"楼梯坡道"面板→"楼梯"下拉三角→"楼梯（按构件）"按钮，在"修改｜创建楼梯"上下文选项卡→"构件"面板上方可绘制"直梯"、"全踏步螺旋"梯、"圆心-端点螺旋"梯、"L 形转角"梯、"U 形转角"梯或"创建草图"等楼梯类型，同时在"构件"面板上方还有创建"平台"和"支座"工具。

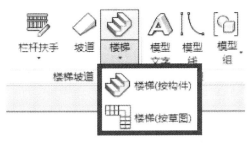

图 3-96

① "直梯"绘制

选择"直梯"类型后，在选项卡可以选择"定位线：踢段：中心（一般绘制楼梯踢段均以楼梯踢段中心线为参考绘制）"，还以通过修改"实际楼梯宽度"参数值（默认楼梯宽度为 1000，该功能出现在 Revit2014 以后版本）。

在图元"属性"中选择"楼梯-整体浇筑楼梯类型"，在实例属性→"尺寸标注"→"所需踢面数""实际踢面高度（设置完踢面数，系统会根据层高自动计算踢面高度，一般为 150 左右）"="所需的楼梯高度（即层高）"。同时可修改"尺寸标注"→"实际踏板深度（即踏面宽度）"参数值。

一般建筑物踢段尺寸范围图 3-97 所示。

名称	住宅	学校、办公楼	剧院、食堂	医院	幼儿园
踢面高 r(mm)	156～175	140～160	120～150	150	120～150
踢面高 g(mm)	250～300	280～340	300～350	300	260～300

图 3-97

如图 3-98 所示，在绘图区绘制"直梯"时在"直梯"轮廓线下方显示"创建了 n 个踢面，剩余 m 个（$n+m$='所需的楼梯高度'即踏步数）"，如仅绘制到 n 个踢面（$n<$踏

步数），则"直梯"未绘制到"标高 2"。

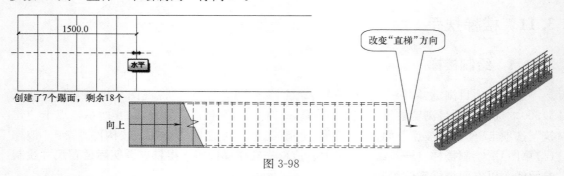

图 3-98

如楼层偏高，"直梯"一跑上去太长时，可根据实际情况在"直梯"中间部位增加休息平台（如过街天桥楼梯）。先绘制 n 个踏步，将鼠标向前水平拖动一定距离（休息平台长度）后，再继续绘制剩余踏步，如图 3-99 所示。

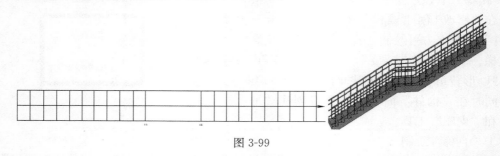

图 3-99

如图 3-100 所示，也可利用"直梯"绘制多跑楼梯，首先朝一方向绘制第一跑楼梯，达到踏步数量后点击鼠标确定，将鼠标沿与踢段垂直方向移动一定距离后单击鼠标（该距离决定了两跑楼梯之间的间距），再按相反方向绘制第二跑楼梯，与之类是绘制三跑楼梯。

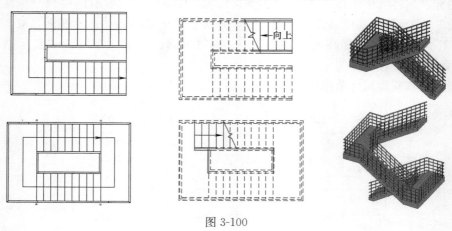

图 3-100

② 弧形楼梯绘制

在"修改|创建楼梯"上下文选项卡→"构件"面板上选择"全踏步螺旋"梯、"圆心-端点螺旋"梯，在绘图区中绘制的第一个点为弧形楼梯的圆心位置，第二个点为弧形楼梯起点及确定楼梯中心弧线半径位置（如按楼梯中心线绘制），逆时针绘制弧形楼梯，绘制

效果如图 3-101 所示。

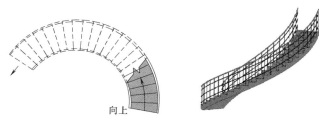

向上

图 3-101

L 形和 U 形楼梯仅需指定绘制点即可创建楼梯。

2. "楼梯（按草图）"绘制楼梯

选择"建筑"选项卡→"楼梯坡道"面板→"楼梯"下拉三角→"楼梯（按草图）"按钮，在图元"属性"中选择"楼梯-整体浇筑楼梯类型"，在实例属性中可以设置楼梯的"限制条件"、"图形"、"尺寸标注"等参数，或在"类型属性"中修改"构造"、"图形"、"材质和装饰"、"踏板"、"踢面"等参数。

设置完楼梯属性参数后，点击"修改|创建楼梯草图"上下文选项卡→"绘制"面板→"直线"命令，在绘图区绘制楼梯草图。

绘制完成的楼梯草图大致情况如图 3-102 所示，草图绘制完成后点击"模式"面板中的"✔"完成楼梯绘制，若点击"模式"面板中的"✘"将放弃楼梯绘制。

绘制完楼梯后，但栏杆不需要时，可单独删除楼梯两侧或一侧的栏杆，（建议在三维视图中删除，清晰方便），如图 3-102 所示。

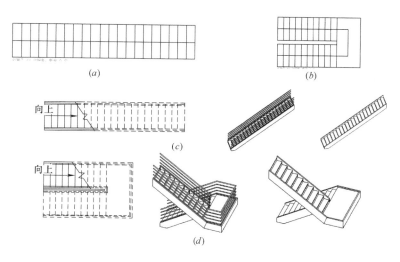

图 3-102

（*a*）单跑楼梯草图；（*b*）双跑楼梯草图；（*c*）单跑楼梯成型；（*d*）双跑楼梯成型

3.11.2　绘制栏杆扶手

没有栏杆扶手的楼梯上需要绘制栏杆时，可在"项目浏览器"中选择要画栏杆扶手的楼层平面，如图 3-103 所示，点击"建筑"选项卡→"楼梯坡道"面板中→"栏杆扶手"下拉列表→"绘制路径"选项，此时 Revit 会自动跳转到"修改│创建栏杆扶手路径"上下文选项卡，在"绘制"面板上选择合适的绘制方式，绘制栏杆。

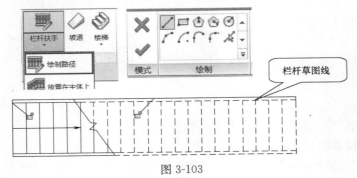

图 3-103

绘制完成后点击"模式"面板中的"✔"完成扶手绘制，点击"模式"面板中的"✘"放弃栏杆绘制，绘制完栏杆后可以选中栏杆进行进一步的修改（建议在 3D 视图中选择、修改，清晰明了）。

可通过栏杆扶手图元"属性"面板上的实例属性或类型属性，对栏杆的位置、偏移、高度等参数进行修改，也可复制创建新的栏杆类型或载入栏杆族库。

若在楼梯上绘制栏杆扶手的过程中出现图 3-104 所示问题时，可先选中画出的栏杆，点击"修改│栏杆扶手"上下文选项卡→"工具"面板→"拾取新主体"命令，再选择楼梯，则栏杆会附着在楼梯上。

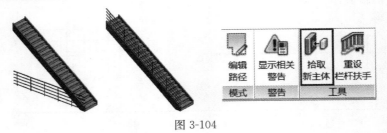

图 3-104

3.12　坡道

点击"建筑"选项卡→"楼梯坡道"面板→"坡道"按钮，在坡道图元"属性"面板实例属性→"限制条件"中通过设置"底部标高"、"底部偏移"、"顶部标高"、"顶部偏移"参数设置坡度底部和顶部的具体位置及高度，通过"尺寸标注"-"宽度"修改坡度的宽度。

一般情况下，坡道底部应位于室外地坪，顶部位于室内地坪（再低 20mm 左右）。

通过坡道"类型属性"对话框可以修改坡道的"厚度"、"材质"、"最大斜坡长度（限制坡度的最大长度，即坡道实际长度≤最大斜坡长度）"、"坡道最大坡度（1/X）-（调整坡道角度，实际坡道坡度≤(1/X)，通过设置坡道最大坡度（1/X）来实现坡道长度的和高度的变化）"、"造型（'结构板'或'实体'，如图 3-105 所示）"等参数或通过"复制"命令创建新的坡度。

图 3-105

3. 12. 1 直形坡道

点击"修改|创建坡道草图"上下文选项卡→"绘制"面板→"直线"命令,直形坡道的绘制与楼梯类似。

如图 3-106 所示,坡度绘制完成后会自动生成栏杆扶手,可以将其删除。

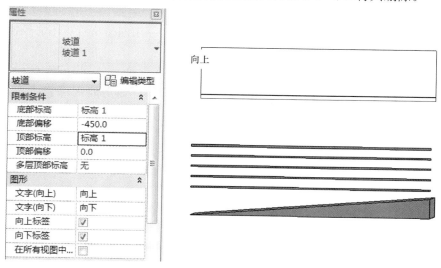

图 3-106

3. 12. 2 弧形坡道的绘制

点击"修改|创建坡道草图"上下文选项卡→"绘制"面板→"圆心-端点弧"命令,在绘图区点击第一个点为弧形坡道的圆心位置,第二个点为坡道起点及坡道中心圆弧半径位置,逆时针绘制弧形坡道。点击"模式"面板上的"√"完成绘制,绘制效果如图 3-107 所示。

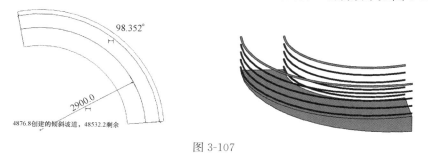

图 3-107

第4章 房间和面积

4.1 房间

4.1.1 房间创建和房间标记

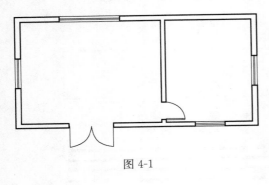

图 4-1

如图 4-1 所示，在房间创建之前首先在绘图区绘制一房间造型（可不必绘制门窗）。

如图 4-2 所示，点击"建筑"选项卡→"房建和面积"面板→"房间"按钮，将鼠标移至某一房间，该房间内部呈青蓝色，同时在房间内部出现"房间"二字，随着鼠标的移动，"房间"二字随之移动，将"房间"二字移动过至房间内部适当位置点击鼠标，即可实现对房间的标记。

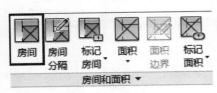

图 4-2

单击已标记房间，该房间内部轮廓线呈红色，且在"房间"二字下方有一拖动标志，鼠标左击并按住该标志可将"房间"二字拖动到该房间内任一位置。

点击已标记房间，待该房间内部轮廓线呈红色后，再单击"房间"二字，使其处于可编辑状态，此时可根据该房间的具体功能需要修改房间名字，按回车确定，如图 4-3 所示。

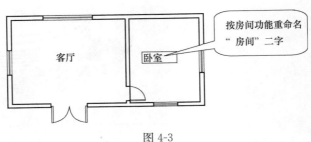

图 4-3

在选择"房间"后，可以通过修改图元"属性"下拉列表中的"标记_房间"类型来控制是否显示面积或显示字体，如图 4-4 所示。

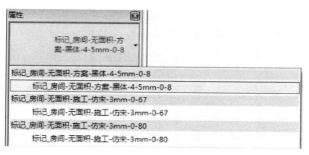

图 4-4

也可通过具体操作添加、修改房间标记内容，以下以为**"标记_房间-无面积-方案-黑体-4-5mm-0-8"**样式添加面积为例示范。

双击"房间"二字（或已重命名后的房间名字），或者点击"房间"，再点击"修改|房间标记"上下文选项卡→"模式"面板→"编辑族"按钮，进入对房间标记的编辑模式，如图 4-5 所示。

图 4-5

选中"房间名称"（即："房间名称"变成蓝色，且周围出现一蓝色矩形框），点击"修改|标签"上下文选项卡→"标签"面板→"编辑标签"命令，弹出"编辑标签"对话框，如图 4-6 所示，双击"类别参数"中"面积"，或者选中"面积"然后点击"将参数

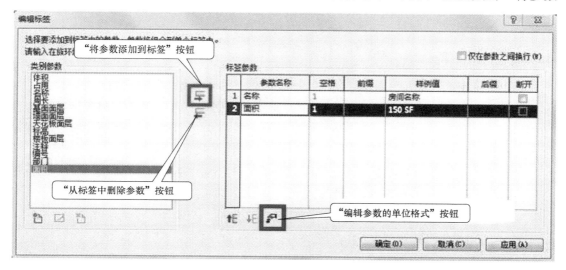

图 4-6

添加到标签"按钮,即可在"标签参数"中添加"面积"(可按同样操作在"标签参数"中添加其他"类型参数"),如需将已添加的参数在"标签参数"中删除,可选中需删除的参数,再点击"从标签中删除参数"按钮。

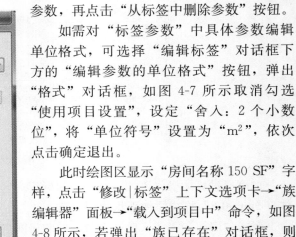

图 4-7

如需对"标签参数"中具体参数编辑单位格式,可选择"编辑标签"对话框下方的"编辑参数的单位格式"按钮,弹出"格式"对话框,如图 4-7 所示取消勾选"使用项目设置",设定"舍入:2 个小数位",将"单位符号"设置为"m²",依次点击确定退出。

此时绘图区显示"房间名称 150 SF"字样,点击"修改|标签"上下文选项卡→"族编辑器"面板→"载入到项目中"命令,如图 4-8 所示,若弹出"族已存在"对话框,则点击"覆盖现有版本及其参数值"选项,即完成在房间内添加面积的操作。

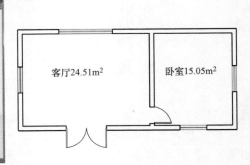

图 4-8

4.1.2　更改名称

对已重命名的"名称"再次更改名称时(如将"卧室"改为"书房")。

单击需更改名称的房间标记,待房间内部轮廓线呈红色再次点击,弹出"更改参数值"对话框,如图 4-9 所示,将"值"下的"卧室"改为"书房",点击确定退出,即可实现房间的重命名。

此外,也可以在房间标记区移动鼠标,直至房间内部出现蓝色交叉标记线,点击鼠标(即选中房间),如图 4-10 所示,修改图元"属性"面板实例属性→"标识数据"→"名称"→"卧室"(或其他房间名称)改为"书房",也可实现房间的重命名。

4.1.3　房间分隔

如图 4-11 所示,房间并不在一个闭合的区域内(如楼梯间),此时如按房间标记命令

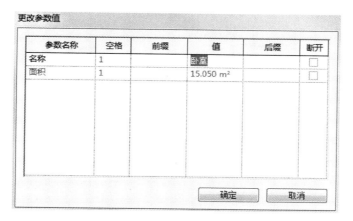

图 4-9

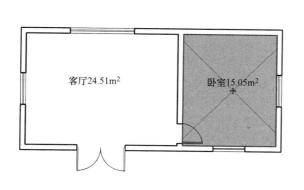
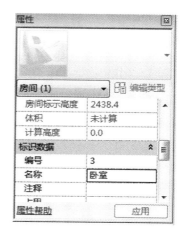

图 4-10　通过属性修改房间名称

对房间进行标记，系统默认两个房间为一个大房间，此时可用房间分隔线来将未闭合的房间分划出来。

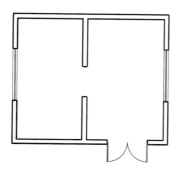

图 4-11　未闭合房间

　　如图 4-12 所示，点击"建筑"选项卡→"房间和面积"面板→"房间分隔"按钮，利用"修改|放置 房间分隔"上下文选项卡→"绘制"面板→"直线"命令，如图所示，房间内中间开口墙体上绘制一条分隔线。

绘制好房间分隔线后，即可实现对两个房间分别标记。由此可见房间分隔线可以将没有闭合的区域的闭合，形成一闭合区域，如图 4-13 所示。

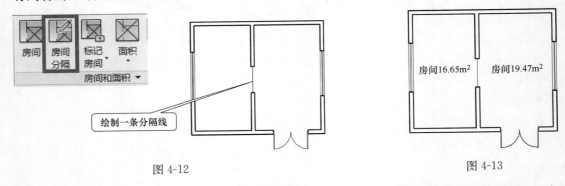

图 4-12

图 4-13

如图 4-14 所示，也可直接运用"房间分隔"命令进行非墙体分隔（非墙体围护），点击"建筑"选项卡→"房间和面积"面板→"房间分隔"按钮，利用"修改|放置 房间分隔"上下文选项卡→"绘制"面板→"直线"命令，在某一房间内部分隔出一闭合区域。

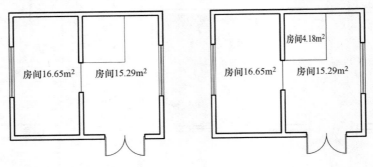

图 4-14

4.1.4 颜色方案

为平面房间添加颜色，如图 4-15 所示，点击"建筑"选项卡→"房间和面积"面板下拉菜单→"颜色方案"按钮，弹出"编辑颜色方案"对话框。

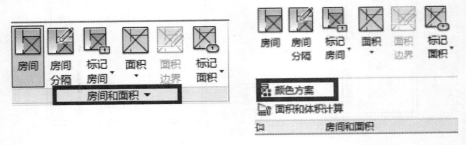

图 4-15

如图 4-16 所示，在"编辑颜色方案"对话框"类别"中选择"房间"，在"方案定义"→"颜色"中选择"名称"，弹出"不保留颜色"对话框，点击确定，"编辑颜色方案"对话框中将显示"值"-具体各房间名称、"颜色"（可修改）、"填充样式"（可修改）等内容。

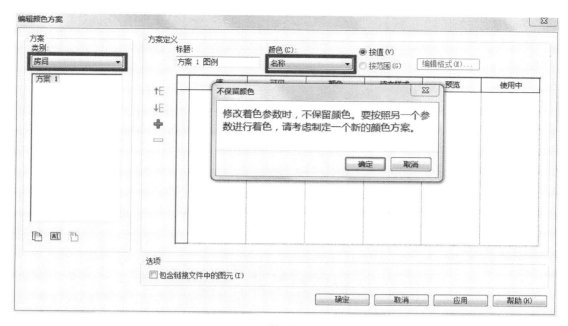

图 4-16

如图 4-17 所示，点击楼层平面图元"属性"面板实例属性→"图形"→"颜色方案"→"＜无＞"按钮，弹出"编辑颜色方案"对话框，在"编辑颜色方案"对话框中将"类别"设置为"房间"，再选择"方案 1"，此时"方案定义"中出现刚才设置的"名称"颜色，单击"确定"退出，绘图区平面房间内按房间名称填充了颜色。

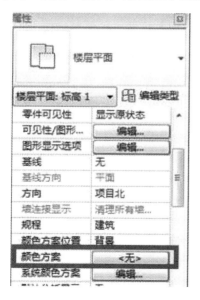

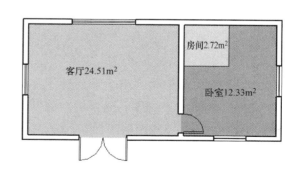

图 4-17

如按上述操作后，房间没有填充颜色，则有可能没选择"房间"-"颜色填充"可见性；可执行操作：点击"视图"选项卡→"图形"面板→"可见性/图形"按钮；

或点击"楼层平面"图元"属性"面板实例属性→"图形"→"可见性/图形替换"→"编辑"按钮。如图 4-18 所示，弹出"楼层平面：标高 1（或其他标高）的可见性/图形替换"对话框，在对话框"模型类别"选项-"可见性"列表中找到"房间"并展开，勾选"颜色填充"即可（系统默认该项为勾选状态）。

图 4-18

4.2 面积

在"项目浏览器"中列出了一系列"面积平面"视图，如"面积平面（人防分区面积）"、"面积平面（净面积）"等，用户也可根据实际工程需要在"项目浏览器"→"视图（全部）"中创建或删除不同的面积方案。

4.2.1 创建与删除面积方案

选择"建筑"选项卡→"房间和面积"面板下拉列表→"面积和体积计算"按钮，弹出"面积和体积计算"对话框，在对话框中选择"面积方案"选项卡，在"名称"已包括"项目浏览器"→"视图（全部）"中的全部"面积平面"类型，用户可根据实际工程需要，对话框中的"新建"按钮，新建并更改面积方案的"名称"及"说明"，如图 4-19 所示；也可使用"删除"按钮删除选中的面积方案（如果删除面方案，则与其关联的所有面积平面均被删除）。

此时仅是创建了面积方案，还不能在"项目浏览器"→"视图（全部）"中显示，需创

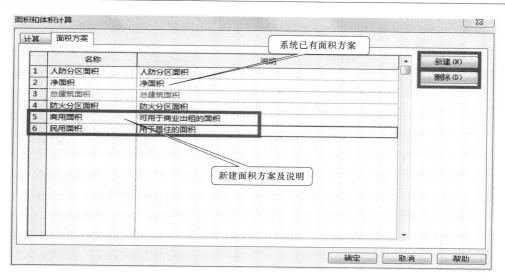

图 4-19

建面积平面才能显示。

4.2.2　创建面积平面

选择"建筑"选项卡→"房间和面积"面板→"面积"下拉按钮→"面积平面"按钮,弹出"新建面积平面"对话框,如图 4-20 所示,在对话框"类型"中选择新建的面积平面(上述新建的面积方案)和标高,单击"确定"完成操作。弹出"Revit"对话框,如图4-20,单击"是"则会开始创建整体面积平面;单击"否"则需要手动绘制面积边界线。

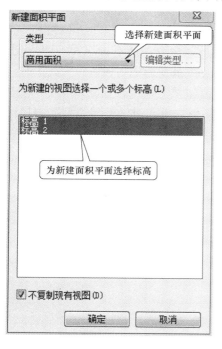

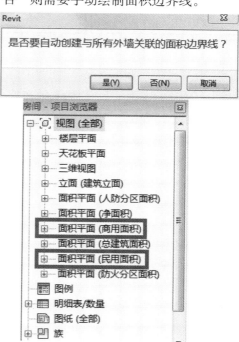

图 4-20

创建完面积平面后，所创建的面积平面将在"项目浏览器"→"视图（全部）"中显示。

4.2.3　面积边界和面积布置

如对已绘制房间进行防火分区布置，选择"项目浏览器"→"视图（全部）"→"平面视图（防火分区面积）"，平面视图中房间线均为黑色（如房间内部由紫色的线闭合，说明已绘制"面积分界"，直接布置"面积"即可），此时不能使用"面积"命令，需对平面面积进行分区（分界）。（**"面积"布置通常情况下需要自己绘制"面积边界"，"房间"布置则不需要**）

选择"建筑"选项卡→"房间和面积"面板→"面积边界"按钮，利用"绘制"面板上的绘图工具，在"防火分区"视图平面中在房间内部绘制闭合边界，如图 4-21 所示。

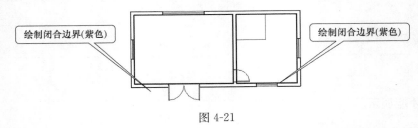

图 4-21

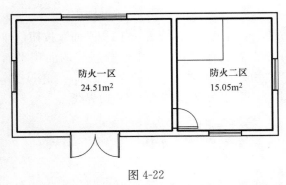

图 4-22

选择"建筑"选项卡→"房间和面积"面板→"面积"下拉按钮→"面积"命令，即可对已绘制"面积边界"的房间平面进行"面积"布置，并按实际工程需要改名，如图 4-22 所示。

点击"建筑"选项卡→"房间和面积"面板→"标记面积"下拉按钮→"标记面积"命令，所有命名的面积呈浅黄色，并可重复标记名称。

点击"建筑"选项卡→"房间和面积"面板→"标记面积"下拉按钮→"标记所有未标记的对象"命令，弹出"标记所有未标记的对象"对话框，可在对话框"类型"内找到需要标记的其他对象，**如门、窗等**（此方法可以应用到其他平面视图）。

第5章 体　　量

体量是在建筑模型的初始设计中使用的三维形状。

通过体量研究，可以使用造型形成建筑模型概念，从而探究设计的理念。在项目概念设计与方案设计阶段经常从体量着手，运用体量模型研究建筑的形体与空间关系。Revit 不仅提供了专用的创建和分析体量工具，而且在概念设计完成后，还可以直接拾取体量的平面或曲面自动创建楼板、墙体、幕墙和屋顶（将体量图元转换为各种类型的建筑图元）。

体量实现了概念设计、初步设计、施工设计三者之间的数据交流，减少了重复劳动和设计数据丢失，提高了设计效率和质量。

Revit Architecture 提供了两个种创建体量的方式：

I. 内建体量：用于表示项目独特的体量形状，随项目一起保存，不是单独文件；

II. 创建体量族：在一个项目中放置体量的多个实例，或者在多个项目中需要使用同一体量族时，通常使用可载入体量族。

5.1　内建体量

5.1.1　内建体量创建

打开（新建）"建筑样板"-"项目"，点击"体量和场地"选项卡→"概念体量"面板→"内建体量"按钮，弹出"名称"对话框，如图 5-1 所示，更改"体量 1"名称"确定"退出，此时 Revti 选项卡及面板切换为创建体量操作环境。（Revit 有 3 中操作环境：项目环境、族环境、体量环境）

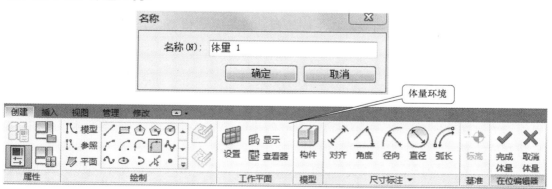

图 5-1

创建概念体量模型首先要创建形状，下面介绍创建形状的几种常用方法。

1. 旋转

在"标高 1"楼层平面利用"创建"选项卡→"绘制"面板→"直线"工具，在绘图区绘制一条直线（旋转轴），再利用"椭圆"工具在直线旁绘制一椭圆，如图 5-2 所示。

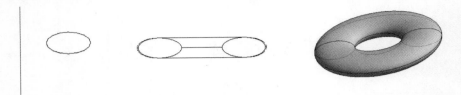

图 5-2

选中直线和椭圆，点击"修改"选项卡→"形状"面板→"创建形状"下拉菜单→"实心形体"按钮，则椭圆将围绕直线（轴）旋转创建一实心形体。

如体量创建完成且无需修改，点击"在位编辑器"面板上的"√完成体量"按钮，系统回到项目环境，利用体量对项目进行概念设计，体量创建过程中不能保存文件。

用户也可以旋转随意一条曲线形成形体，利用"创建"选项卡→"绘制"面板→"直线"工具，在绘图区绘制一条直线（旋转轴），再利用"样条曲线"工具在直线旁绘制随意曲线，如图 5-3 所示。

选中直线和曲线，点击"修改"选项卡→"形状"面板→"创建形状"下拉菜单→"实心形体"按钮，在直线下方出现两个选择类型，两个类型对应不同的形体。

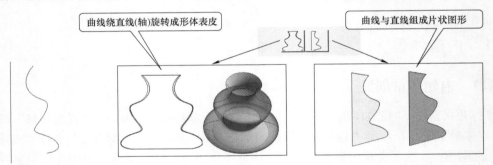

图 5-3

实际工程应用中利用旋转方式生成体量，首先明确体量由什么平面形状绕轴旋转而来。

2. 拉伸

（1）矩形拉伸成长方体

选择"创建"选项卡→"绘制"面板→"矩形"工具，在绘图区绘制一个矩形，选中矩形，点击"修改"选项卡→"形状"面板→"创建形状"下拉菜单→"实心形体"按钮，矩形将被拉伸成一个长方体，如图 5-4 所示。

任意点击长方体的一个顶点、一条边或一个面，均会出现三个坐标方向的拖拽箭头，通过拖拽不同坐标方向的拖拽箭头，实现修改形体的形状。

（2）曲线拉伸成曲面

选择"创建"选项卡→"绘制"面板→圆弧或样条曲线等工具，在绘图区绘制一条曲线，如图 5-5 所示，选中曲线，点击"修改"选项卡→"形状"面板→"创建形状"下拉菜

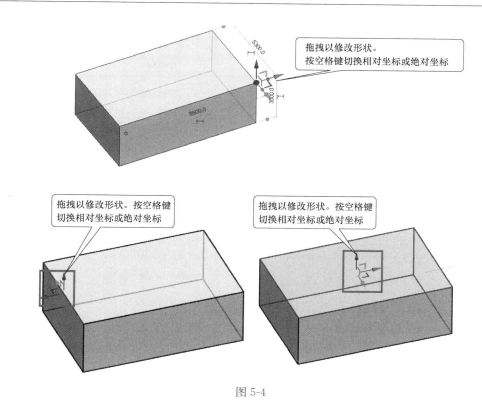

图 5-4

单→"实心形体"按钮，将曲线拉伸成曲面。

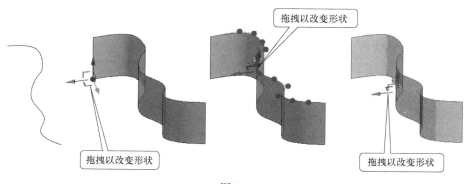

图 5-5

点击曲面的任意一个顶点、一条边或曲面，均会出现三个坐标方向（按空格键实现相对坐标和绝对坐标的切换）的拖拽箭头，通过拖拽不同坐标方向的拖拽箭头，实现修改曲面的形状。

（3）圆拉伸成球或圆台

选择"创建"选项卡→"绘制"面板→"圆形"工具，在绘图区绘制一个圆形，选中圆形，点击"修改"选项卡→"形状"面板→"创建形状"下拉菜单→"实心形体"按钮，将曲线拉伸成曲面，如图 5-6 所示。

点击圆柱的上下端面、两侧柱面、上下端面圆周线、两端母线以及母线端点等位置均

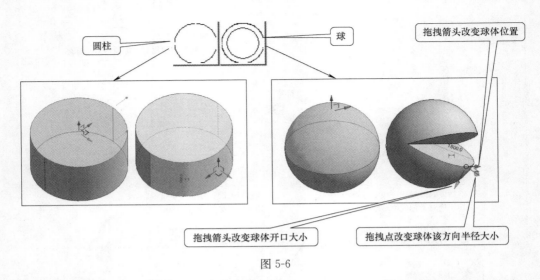

图 5-6

会出现三（或两）个方向的拖拽箭头（拖拽点），学员可根据实际形体形状进行拖拽。

点击球体的上下半球面，均会出现两个坐标方向，拖拽该坐标方向仅能改变球体的位置，不能改变球体的形状；点击球体其中一半直径线（点击球体两半直径线，出现的拖拽方式不同），将出现三个坐标方向，其中红色的拖拽箭头用于改变球体的位置，与球体直径线垂直的拖拽箭头用于改变球体开口的大小，与球体直径共面的拖拽点用于改变球体该方向的直径。

3. 融合

在不同的标高中创建不同的平面形状，利用融合操作可将位于不同标高间的平面形状平滑的融合成一个形体。

利用绘图工具在"标高 1"绘制一个多边形，在"标高 2"绘制一个圆形，在三维视图中选取两个平面图形，点击"修改"选项卡→"形状"面板→"创建形状"下拉菜单→"实心形体"按钮，将"标高 1"和"标高 2"中的两个平面图形融合成一个形体。

点击融合形体的每条边线及面，均会出现三个方向的拖拽箭头（拖拽点），通过拖拽即可改变融合体的形状，如图 5-7 所示。

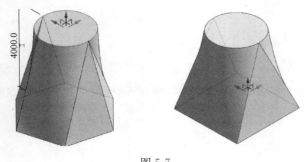

图 5-7

4. 放样

选择"创建"选项卡→"绘制"面板→"通过点的样条曲线"工具，如图 5-8 所示，在绘图区绘制一条带有点的样条曲线作为放样路径；

在三维视图中选择样条曲线的一个端点（即该端点处出现三个方向拖拽点），点击"修改|参照点"上下文选项卡→"工作平面"面板→"显示"按钮，在该端点处出现一个经过该点且与样条垂直的法平面，在该点法平面处利用绘图工具绘制一个图形（如圆形），选择圆形及样条曲线路径。

点击"修改"选项卡→"形状"面板→"创建形状"下拉菜单→"实心形体"按钮，圆形将沿曲线路径放样成形体。

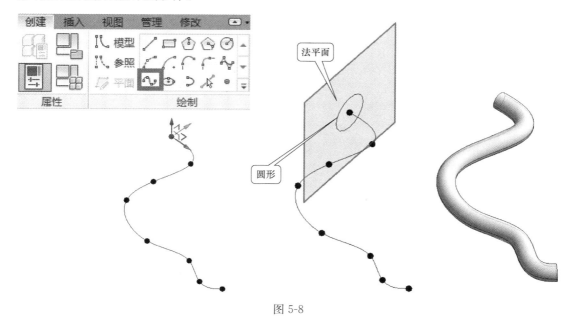

图 5-8

根据实际工程情况，需要在法平面上精确绘制形状（或形状较复杂）时，可选择"修改|参照点"上下文选项卡→"工作平面"面板→"查看器"按钮，弹出"工作平面查看器-活动工作平面：参照点"查看器，如图 5-9 所示，设计者可利用绘图工具在查看器工作平面中绘制图形，且该图形同时出现在三维视图法平面中，点击"修改"选项卡→"形状"面板→"创建形状"下拉菜单→"实心形体"按钮，图形将沿曲线路径放样成形体。

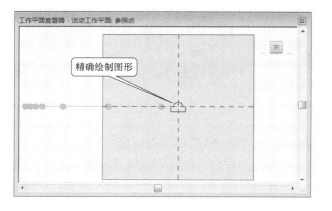

图 5-9

5. 放样融合

选择"创建"选项卡→"绘制"面板→"通过点的样条曲线"工具，在绘图区绘制一条带有点的样条曲线作为放样路径；

在三维视图中选择样条曲线的一个端点，点击"修改|参照点"上下文选项卡→"工作

平面"面板→"显示"按钮，在该端点处显示法平面，在该法平面上绘制第一个图形，如图 5-10 所示；

再选择另一个端点，调整显示过其点的法平面，在该法平面上绘制另一个图形（还可以在样条曲线中间任意点的法平面上继续绘制图形）。

选择先后绘制的两个图形和样条曲线路径，点击"修改"选项卡→"形状"面板→"创建形状"下拉菜单→"实心形体"按钮，两个端点图形会沿样条曲线路径平滑融合。

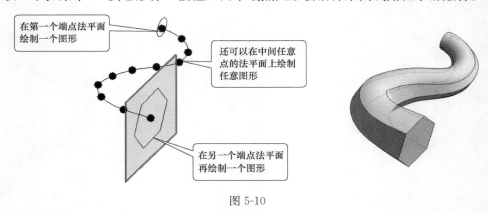

在第一个端点法平面绘制一个图形

还可以在中间任意点的法平面上绘制任意图形

在另一个端点法平面再绘制一个图形

图 5-10

6. 空心体量创建孔洞

如在一棱柱内开一个圆柱形空洞。

在"标高 1"视图平面，选择"创建"选项卡→"绘制"面板→"矩形"或"多边形"（也可为其他形状）工具，绘制并选择多边形，点击"修改"选项卡→"形状"面板→"创建形状"下拉菜单→"实心形体"按钮，将多边形拉伸成一棱柱体，如图 5-11 所示。

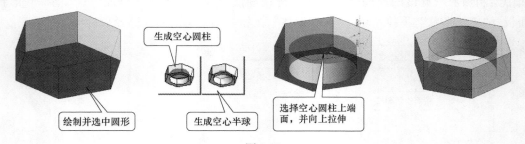

生成空心圆柱

绘制并选中圆形

生成空心半球

选择空心圆柱上端面，并向上拉伸

图 5-11

在"标高 1"视图平面选择"创建"选项卡→"绘制"面板→"圆形"（也可为其他形状）工具，绘制一圆形，该圆形在平面视图不可见（该圆形在标高 1 视图平面，即位于棱柱体的底平面上，并棱柱体遮住了），调整为三维视图并选择圆形，点击"修改"选项卡→"形状"面板→"创建形状"下拉菜单→"空心形体"按钮，在棱柱下方选择生成圆柱还是球体（此处选择生成圆柱）。

在棱柱内生成的空心圆柱可能没有上下贯通棱柱面，可选择空心圆柱上端面，向上拉伸上下控制拉伸箭头，使空心圆柱高度超过棱柱即可。

7. 体量和体量之间的连接

首先在"标高 1"视图平面利用绘图工具绘制一多边形（或其他形状），如图 5-12 所示，利用拉伸操作将其拉伸成一棱柱体，再在"标高 2"视图平面绘制一圆形（或其他形状），利用拉伸操作将其拉伸成一圆柱（为保证上下两个图形中心在同一垂线上，可提前利用"绘制"面板→"平面"工具在平面视图绘制两个垂直的参照平面）。

选择圆柱上下端面，拖动拉伸箭头将其拉伸至适当位置。

点击"修改"选项卡→"几何图形"面板→"连接"下拉三角→"连接几何图形"选项，在三维视图区选择圆柱，再选择棱柱体，实现圆柱和棱柱体的连接。

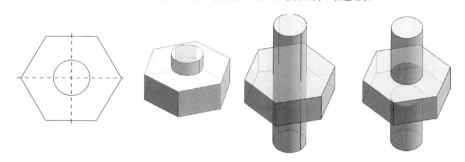

图 5-12

注：上述生成体量的操作是在"标高"平面进行，体量生成操作也可在立面进行，但需提前在"标高"视图平面内创建"参照平面"，例：

A. 在"标高 1"平面视图，点击"创建"选项卡→"绘制"面板→"平面"按钮，在绘图区绘制一条水平线（正平参照面，该参照面决定是在南立面视图作图还是在北立面视图作图）。

B. 在"项目浏览器"中选择"立面（建筑立面）"-"东"立面（南立面或北立面中，刚绘制的参照平面不可见，因为参照平面无限大且与南立面和北立面平行，即没有边界，故不可见），点击"绘制"面板→"直线"命令（或其他绘图工具），弹出"工作平面"对话框，点击"确定"拾取工作平面（参照平面），在弹出的"转到视图"对话框中选择"立面：北"或"立面：南"（二者的区别是所绘制的图形形状一样，但呈正反关系），点击"打开视图"，即可在参照平面上按南立面或北立面视图上绘图（例如选择南立面）。

C. 会参照平面南立面绘制图形，选择所绘制图形，点击"修改"选项卡→"形状"面板→"创建形状"下拉三角→"实体形状"按钮，即可旋转或拉伸生成体量，如图 5-13 所示。

图 5-13

5.1.2 内建体量编辑

1. 移动体量内的点、线、面

点击选取体量内部任意点、线（直线或曲线）、面（平面或曲面），均出现三向（或两向）拖拽箭头（或拖拽点），操作者可以选择并拖拽移动点、线、面来改变体量的形状。

2. 透视

选择体量，单击"修改|形式"上下文选择卡→"形状图元"面板→"透视"按钮，体量模型进入透视模式，如图 5-14 所示，透视模式将显示所选体量的基本几何骨架，几何骨架上有紫色的点，点击选取这些点可以对其进行三个方向的拖拽编辑，图形中黑色的点不能编辑，透视模式下也可选择线或面进行编辑。

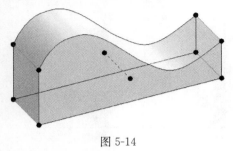

图 5-14

选中体量，再次点击"透视"按钮将关闭透视模式。

3. 添加边

在创建体量时系统自动产生的边缘有时不能满足编辑需要，操作者可根据实现需要在体量表面添加边。

选择体量，选择"修改"选项卡→"形状图元"面板→"添加边"按钮，即可在体量上根据实际需要添加边，如图 5-15 所示。

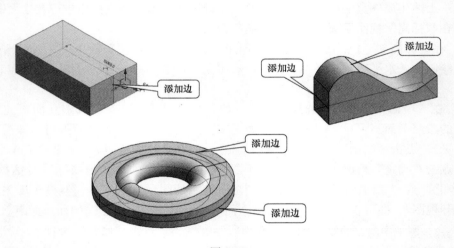

图 5-15

注：对于旋转生成的体量，不能添加与旋转基准轮廓环形平行的边；对于拉伸生成的体量，不能添加与拉伸基准面平行的边，拉伸基准面上也不能添加边。

在体量表面添加的边将该表面分成两个面，且均可对每个面的点、线和该面拖拽改变形状。

4. 添加轮廓

选择体量，点击"修改"选项卡→"形状图元"面板→"添加轮廓"按钮，即可在体量需要位置添加轮廓，如图 5-16 所示。（注：旋转生成的体量不能添加轮廓，拉伸生成的体量仅可添加与拉伸基准面平行的轮廓）

添加的轮廓线不可见，但在"透视"模式中可见。

可根据需要，选中并拖拽每个面上的轮廓线形成新的形体，如图 5-17 所示。

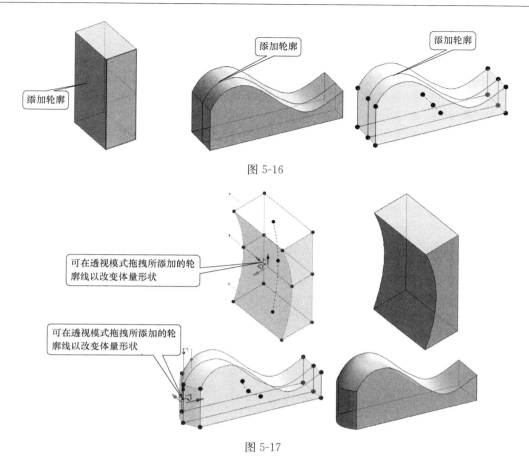

图 5-16

图 5-17

5. 锁定和解锁添加的轮廓

选择体量中的某一轮廓，点击"修改│形式"→"形状图元"面板→"锁定 轮廓"按钮，被"锁定 轮廓"的体量上会出现一把小锁图标，透视模式中被锁定的体量几何骨架线为虚线，如图 5-18 所示，此时手段添加的轮廓形状将失效，体量形状恢复到未拉伸轮廓前样式，且"锁定 轮廓"后体量上不能再添加新的轮廓（选择体量，"添加轮廓"按钮为不可选状态）。

图 5-18

选择被锁定的体量，点击点击"修改│形式"→"形状图元"面板→"解锁 轮廓"按钮，添加的轮廓重新显示并可编辑，但不恢复轮廓锁定前的形状。

6. 为体量添加材质

所创建的体量是没有材质的，可为其添加材质，选择体量，点击图元"属性"实例属性面板→"材质和装饰"→"材质"→"＜按类别＞"按钮，在弹出的"材质浏览器"中选择需要的材质。

5.1.3 体量分割面的编辑

1. UV 网格

体量上的表面将通过 UV 网格（表面的自然网格分割）进行分割。

UV 网格是用于非平面表面的坐标绘图网格，如图 5-19 所示。

三维空间中的绘图位置基于 XYZ 坐标系，二维平面则基于 XY 坐标系。由于空间形体表面不一定是平面，因此绘制位置时可采用 UVW 坐标系（3D 贴图常用）。UV 坐标在图纸上表示一个网格，针对非平面表面或形状的等高线进行调整。UV 网格用在概念设计环境中相当于 XY 网格，U 相当于 X，代表着该贴图的水平方向；V 相当于 Y，代表着该贴图的竖直方向；而 W 则相当于 Z，代表着与该贴图的 UV 平面垂直的方向。表面的默认分割数为：1212（英制单位）和 1010（公制单位）。

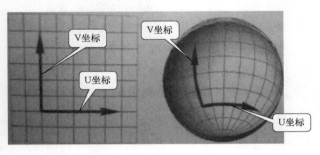

图 5-19

2. 体量分割面

体量通过分割可以定义放置构件的点（如幕墙），当体量分割时，将应用节点（分割线的交点）以表示构件的放置位置点，**即体量分割的作用就是生成交点。**

任意选择体量上的面，点击"修改|形式"上下文选项卡→"分割"面板→"分割表面"按钮，则该表面将通过 UV 网格自动分割，如图 5-20 所示。

图 5-20

UV 网格彼此独立，并且可以根据需要开启和关闭。默认情况下，最初分割表面后，U 网格和 V 网格均处于开启状态。

点击"修改|分割的表面"上下文选项卡→"UV 网格和交点"面板→"U 网格"或"V 网格"按钮可以控制体量表面 UV 网格的开启和关闭状态，开启效果如图 5-21 所示。

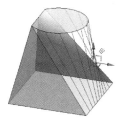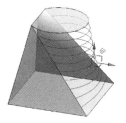

图 5-21

选中分割表面后，可通过修改"修改|分割的表面"选项栏中 U 网格和 V 网格的分割数值控制 UV 网格的分割数量。

也可在"修改|分割的表面"选项栏中点选 U 网格和 V 网格的"距离"单选按钮，在下拉列表中可以选择"距离"、"最大距离"、"最小距离"，并可设置具体数值。

选择"距离"，若设定数值为 500，则网格 500mm 一格，第一个或最后一个不足 500mm 也自成一格；

选择"最大距离"，若设定数值为 500，总长度若为 5700mm，将等距产生 12 个网格（5700＝500011＋200，若分成 11 格，每格距离大于设定的最大距离 500，故等分成 12 格），每格 475mm；

选择"最小距离"，若设定数值为 500，总长度若为 5700mm，将等距产生 11 个网格（5700÷11＝518，即"总长度"÷"最小距离"＝商的整数即为"分格数"，要求"总长度"÷"分格数"≥"最小距离"，故等分成 11 格）。

通过图元"属性"面板也可以设定 U 网格或 V 网格的"布局"、"距离"、"对正"、"网格旋转"、"偏移量"等选项。

显示分割节点，点击"修改|分割的表面"上下文选项卡→"表面表示"面板右侧的斜箭头，如图 5-22 所示，弹出"表面表示"对话框，勾选"节点"复选框，点击确定退出，体量被选中表面上网格相交处出现交点。

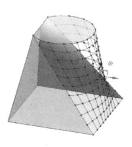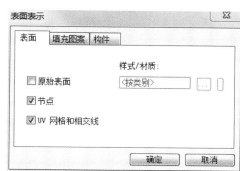

图 5-22

3. 体量分割面的填充（没有被分割的体量表面不能填充）

通过体量分割面生成分割点（交点）后，即可对体量分割面进行填充。

选择分割后的表面，点击图元"属性"面板中"无填充图案"（默认无填充）后面的三角下拉列表，在列表中可以选择具体的填充方案（各种填充方案图形的控制点即为上述分割面形成的分割点）。

分割表面图案填充，选中分割的体量表面，点击"修改|分割的表面"上下文选项卡→"表面表示"面板右侧的斜箭头，如图 5-23 所示，弹出"表面表示"对话框，点击"填充图案"按钮，勾选"图案填充"复选框并在"材质浏览器"中选择具体填充材质，点击确定退出，被选中的体量表面将填充并显示材质。

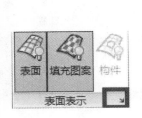
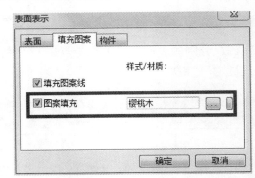

图 5-23

在体量上选择填充方案，可修改图元"属性"实例属性面板→"限制条件"→"空"（"部分"、"悬挑"）三种边界平铺类型的区别。

图元"属性"—实例属性面板→"限制条件"→"所有网格旋转"可以控制 UV 网格（分割面、分割点）及表面填充方案的旋转角度。

还可以通过设置图元"属性"—实例属性面板→"U 网格"和"V 网格"中的各项参数，编辑填充方案的样式。

体量分割面后，在项目中将不能把分割面转换为幕墙构件。

5.1.4 利用体量进行概念设计

体量创建完成后，点击"在位编辑器"面板上的"√完成体量"按钮，系统回到项目环境。

在三维视图中点击选取体量，如图 5-24 所示，图元"属性"-实例属性面板-"尺寸标注"中包括该体量的"总表面积"、"总体积"（该数值与体量形状、大小有关，这里仅是示意，学员不必在意具体数值），但"总楼层面积"为空。

根据设计，可在体量内布置楼层，进行概念设计。

1. 设置体量在立面图中的可见性

点击"项目浏览器"→"立面（建筑立面）"→"东"立面视图，观察体量标高，如果在视图中体量东立面投影不可见，需点击"视图"选项卡→"图形"面板→"可见性/图形"按钮，弹出"立面：东的可见性/图形替换"对话框，在"模型类别"选项中勾选"可见性"中的"体量"复选框，点击"确定"退出，此时体量立面图投影在东立面可见（体量

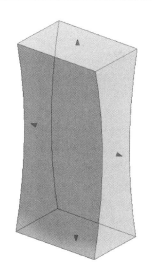

图 5-24

在其他立面图中的投影可见性设置与之一致）。

2. 绘制其余标高并创建楼层平面

在东立面中仅有两个标高，需根据实际工程需要再创建其余标高（如用复制或阵列命令，需将复制或阵列的标高处创建到楼层平面视图中，即点击"视图"选项卡→"创建"面板→"平面视图"下拉三角→"楼层平面"按钮，在弹出的"新建楼层平面"对话框中选择复制或阵列的标高，点击"确定"退出。

3. 创建体量楼层

在三维视图中点击选取体量，点击"修改|体量"上下文选项卡→"模型"面板→"体量楼层"按钮；或在图元"属性"面板中选择"尺寸标注"→"体量楼层"→"编辑按钮"，弹出"体量楼层"对话框，如图 5-25 所示，在对话框中勾选所有标高，点击"确定"退出。

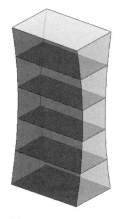
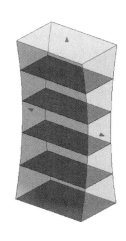

图 5-25

点击选取体量，在图"属性"实例属性面板-"尺寸标注"中"总楼层面积"有具体数值（概念设计统计总建筑面积用）。

4. 利用体量从概念设计到初步设计

（1）生成墙

点击"体量和场地"选项卡→"面模型"面板→"墙"按钮，在图元"属性"面板中选择设计需要的墙类型，在体量中选择需要布置墙的面，左击鼠标完成在体量面上布置墙体，如图 5-26 所示。

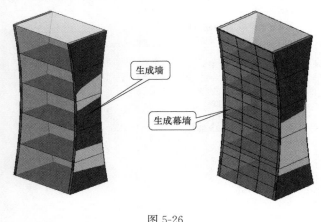

图 5-26

（2）生成幕墙

点击"体量和场地"选项卡→"面模型"面板→"幕墙系统"按钮，在图元"属性"面板中选择设计需要的幕墙类型。

查看"修改|放置面幕墙系统"上下文选项卡→"多重选择"面板上方"选择多个"按钮的状态，如图 5-27 所示，如果"选择多个"按钮被选中（浅蓝色，且"清除选择"、"创建系统"按钮为可选状态），则在体量中选择所有需要布置幕墙的面后，点击→"多重选择"面板上方的"创建系统"按钮，在体量中完成幕墙布置；如果"选择多个"按钮没被选中（"清除选择"、"创建系统"按钮为不可选状态），则在体量中每选择一个面便立即布置幕墙。

图 5-27

（3）生成楼板

点击"体量和场地"选项卡→"面模型"面板→"楼板"按钮，在图元"属性"面板中选择设计需要的楼板类型，在体量中框选所有体量楼层（最上一层无法选中，该层为屋顶层），点击"修改|放置面楼板"上下文选项卡→"多重选择"面板→"创建楼板"按钮，完成后楼板布置。

（4）生成屋顶

点击"体量和场地"选项卡→"面模型"面板→"屋顶"按钮，在图元"属性"面板中选择设计需要的屋顶类型，选择体量最上一层体量楼层（屋顶层），点击"修改|放置面屋顶"上下文选项卡→"多重选择"面板→"创建屋顶"按钮，完成后屋顶布置。

（5）删除体量

框选所有图元，点击"修改|选择多个"上下文选项卡→"选择"面板→"过滤器"按钮；

或点击 Revit 软件界面右下方"过滤器"图标，弹出"过滤器"对话框，如图 5-28 所示，在对话框中仅选择与体量有关的信息，点击"确定"退出（即选中与体量有关的所有信息），然后在键盘上按"Delete"键，或"修改"面板上的"删除"按钮，删除所有与体量有关的信息。

即完成了由体量概念设计到初步设计的转变，如图 5-29 所示。

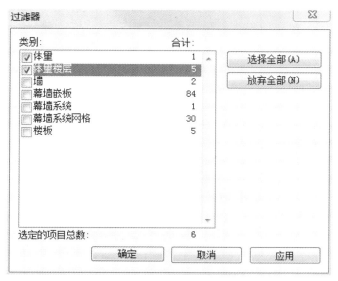

图 5-28

此时，视图中所有的图元均为建筑实体（墙、幕墙、楼板、屋顶），设计师可根据初步设计构想进一步完善建筑项目的设计工作，如添加门窗，洞口、楼梯、坡道等，初步设计效果如图 5-30 所示。

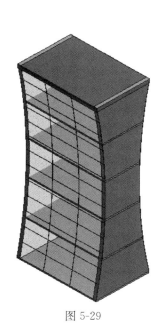

图 5-29

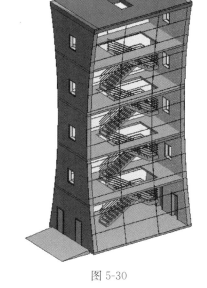

图 5-30

5.2 创建体量族

内建筑只能随项目保存，因此在使用上相对体量族有一定的局限性。

而体量族不仅可以单独保存为族文件，随时载入项目，而且在体量族空间中还提供了如三维标高等工具并预设了两个垂直的三维参照面，优化了体量的创建及编辑环境。

打开 Revit 程序，在应用程序菜单中选择"新建"→"概念体量"命令，或直接点击"族"-"新建概念体量…（模型）"按钮，弹出"新概念体量-选择样板文件"对话框，在对话框中双击"公制体量 . rft"族样板，进入体量族的绘制空间，如图 5-31 所示。

体量族与内建体量创建形式的方法基本相同。

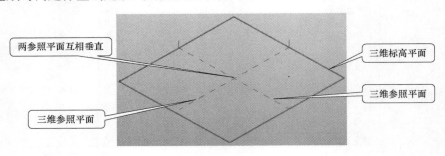

图 5-31

5.2.1 三维标高的绘制

概念体量族空间的三维视图提供了三维标高面，可以在三维视图中直接绘制标高，更有利于体量创建中工作平面的设置。

点击"创建"选项卡→"基准"面板→"标高"按钮，将光标移动至绘图区域现有标高面上方，光标下方出现间距显示，可直接输入标高间距，回车确定完成三维标高的创建。

标高绘制完成后还可以通过临时尺寸标注修改三维标高高度，如图 5-32 所示。

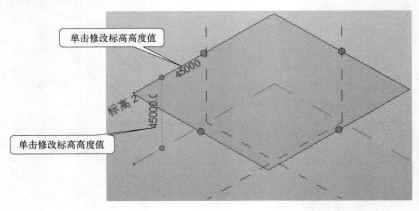

图 5-32

在三维视图中同样可以"复制"或"阵列"没有楼层平面的标高。

5.2.2　体量模型创建及应用

体量族模型的创建方式与内建体量相似，具体创建方法参照"内建体量"章节。

如图 5-33 所示，体量族创建完成后，将其保存并命名（.rfa），退出体量族操作。

打开"项目"-"建筑样板"，点击"插入"选项卡→"从库中载入"面板→"载入族"按钮，找到已创建的体量族名称，选择并载入项目中。

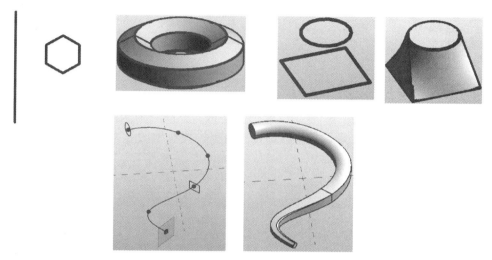

图 5-33

点击"建筑"选项卡→"构建"面板→"构件"下拉三角→"放置构件"按钮，在图元"属性"面板下拉菜单中可以找到载入的体量族名称，即可在各种视图中布置体量族，但系统会弹出"警告"对话框，如图 5-34 所示，这是因为系统默认体量在各种视图中是不可见的。

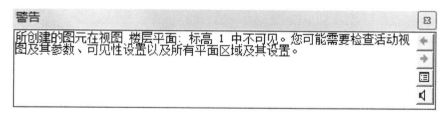

图 5-34

点击"视图"选项卡→"图形"面板→"可见性/图形"按钮，在弹出的"＊可见性/图形替换"对话框中，"模型类别"一栏勾选"体量"前面的复选框，点击"确定"退出，体量在视图中即可见。

设置完一种视图后，体量在其他视图仍不可见，仍需上述"可见性/图形"操作。

第 6 章 场地及构件

6.1 场地

6.1.1 场地的设置

点击"体量和场地"选项卡→"场地建模"面板右侧的斜箭头，如图 6-1 所示，弹出"场地设置"对话框，在"场地设置"对话框中可以设置场地的等高线"间隔"、"经过高程"、添加"附加等高线"、"剖面填充样式"、"提出图层高程"、"角度显示"及"单位"等参数。

图 6-1

6.1.2 地形表面的创建

1. 放置点方式生成地形表面

（1）打开"项目浏览器"→"楼层平面"→"场地"平面视图，点击"体量和场地"选项卡→"场地建模"面板→"地形表面"按钮，如系统弹出"警告"对话框，进入创建场地模式。

（2）点击"修改|编辑表面"上下文选项卡→"工具"面板→"放置点"按钮，同时在"修改|编辑表面"选项栏中设置"高程"的具体数值（相对于室内地坪的具体数值，一般为负值，单位为 mm），"绝对高程"是指相对"±0.000"的高程，即可在"场地"视图平面内放置点，连续放置生成等高线，也可以在绘制过程中修改"修改|编辑表面"选项栏中的"高程"值，放置其他高程点，**（一次"放置点"操作只能绘制一组闭合的场地，即各点在同一闭合图形内）**，如图 6-2 所示。

点击"表面"面板上的"√"按钮，完成场地创建，如所建的场地有高程变化，在三维视图和立面视图中均可观察。

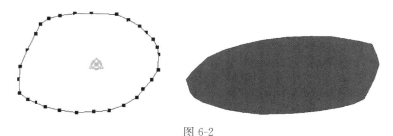

图 6-2

（3）如需对已建的场地进行修改，可选择场地，点击"修改|地形"上下文选项卡→"表面"面板→"编辑表面"按钮，在绘图区选择需要修改的高程点，根据实际需要修改"修改|编辑表面"选项栏中设置"高程"的具体数值（如从外向内逐渐增大标高值，放置点），修改完成后点击"表面"面板上的"√"按钮，完成场地修改。

2. 导入方式生成地形表面

（1）打开"项目浏览器"→"楼层平面"→"场地"平面视图，点击"体量和场地"选项卡→"场地建模"面板→"地形表面"按钮，进入创建场地模式。

（2）点击"修改|编辑表面"上下文选项卡→"工具"面板→"通过导入创建"下拉三角→"选择导入实例"按钮，选择已导入到项目中的三维等高线数据（如图 6-3 所示，弹出"Revit"对话框提示"文档中没有导入的图元"时，说明文档中没有可导入的场地类型）。

此外，Revit 系统还可以通过"导入 CAD"来实现场地的创建；

点击"插入"选项卡→"导入"面板→"导入 CAD"按钮，如图 6-4 所示，在弹出的"导入 CAD 格式"对话框，在对话框中选择已有的 CAD 场地文件，将对话框中"定位"设置为"自动-原点到原点"，"放置于""标高

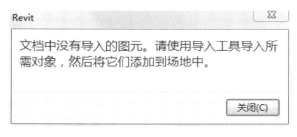

图 6-3

1"上，点击"打开"，将 CAD 场地文件导入 Revit 文档中。此时不能点击"表面"面板上的"√"按钮，否则仅是导入符号，而没导入场地。

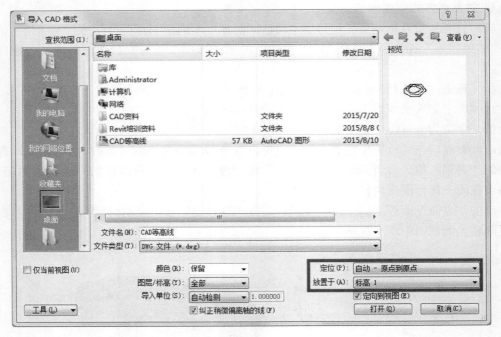

图 6-4

此时还需点击"修改|编辑表面"上下文选项卡→"工具"面板→"通过导入创建"下拉三角→"选择导入实例"按钮，点击视图区刚导入的 CAD 场地，弹出"从所选图层添加点"对话框，"选择全部"，点击"确定"退出，系统根据 CAD 原始文件自动创建等高线的点，如图 6-5 所示（因"导入 CAD 格式"对话框"定位"设置为"自动-原点到原点"），点击"表面"面板上的"√"按钮，完成场地导入。

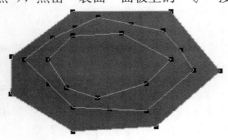

框选导入的场地，点击"视图"选项卡→"图形"面板→"过滤器"按钮；

或软件右下角"过滤器"按钮，弹出"过滤器"对话框，仅勾选"等高线 .dwg（导入的 CAD 名称）"，点击"确定"退出，在键盘上按"delete"删除，即把导入的等高线图删除，仅剩下地形图。

图 6-5

如果有工程所在地区地形图的文本文件，点击"修改|编辑表面"上下文选项卡→"工具"面板→"通过导入创建"下拉三角→"指定点文件"按钮，在"打开"对话框中选择已有的地形图文本文件，点击"打开"按钮，在弹出的"格式"对话框中，选择"米"，"确定"退出即创建地形图。

6.1.3　地形的编辑

1. 子面域

子面域用于在地形表面定义一个面积。子面域不会定义单独的表面，而是在地形表面定义一个面积，设计师可以为该面积定义不同的属性，如水（池塘）、沥青（道路）等。

　　点击"体量和场地"选项卡→"修改场地"面板→"子面域"按钮，利用"修改|创建子面域边界"上下文选项卡→"绘制"面板上的绘图工具，即可在地形图上绘制不同形状的面积作为子面域，点击"模式"面板上的"√"按钮退出轮廓编辑。

　　如图 6-6 所示，在视图中点击刚设定的子面域，点击图元"属性"实例属性面板卡→"材质和装饰"卡→"材质"→"＜按类别＞"，在弹出的"材质浏览器"中选择需要的材质，点击"确定"退出。如不再需要设定的子面域，也可选择子面域并删除。

图 6-6

2. 拆分表面

　　将地形表面拆分成两个不同的表面，以便可以独立编辑每个表面。拆分后，可以将不同的表面分配给这些表面，以便表示道路、湖泊等，也可以删除地形表面的一部分。

　　如果仅需在地形表面框出一个面积，则无需拆分表面，只用子面域即可。

　　点击"体量和场地"选项卡→"修改场地"面板→"拆分表面"按钮，选择需拆分的地形，利用"修改|拆分表面"上下文选项卡→"绘制"面板上的工具，即可对地形表面进行拆分，点击"模式"面板上的"√"按钮完成表面拆分。

　　如图 6-7 所示，在视图中点击被拆分的一部分表面，点击图元"属性"实例属性面板卡→"材质和装饰"卡→"材质"→"＜按类别＞"，在弹出的"材质浏览器"中选择需要的材质，点击"确定"退出，为该部分表面赋予材质。

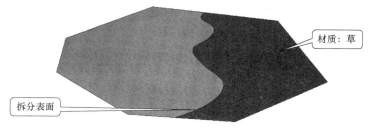

图 6-7

3. 合并表面

　　点击"体量和场地"选项卡→"修改场地"面板→"合并表面"按钮，勾选选项栏"删除公共边上的点"前面的复选框，选择要合并的主表面（第一个表面），在选择次表面（第二个表面），两个表面合二为一。（合并后的表面材质，同主表面的材质）

6.2　建筑地坪

　　点击"体量和场地"选项卡→"场地建模"面板→"建筑地坪"按钮，进入绘制模式。

在绘制建筑地坪前，可观察图元"属性"实例属性面板中的"限制条件"参数是否需要设置。

通过"绘制"面板上的"拾取墙"（若有外墙）或其他绘图工具，在场地上绘制封闭的地坪轮廓线，点击"模式"上的"√"按钮完成建筑地坪绘制，如图 6-8 所示。

图 6-8

（建议在平面视图中绘制，而不要在三维视图中绘制，三维视图中所绘制的轮廓线有可能超出地形表面边缘，在点击"模式"上的"√"按钮时而出错报警；建筑地坪不能跨越两个被拆分的地形表面，否则也会在点击"模式"上的"√"按钮时而出错报警；子面域不受上述影响）

在建筑地坪图元"属性"实例属性面板中有该建筑地坪的"周长"、"面积"、"体积（近似于挖土方量）"等尺寸信息。

如需对已创建的建筑地坪边界进行编辑，可选择该建筑地坪，点击"修改|建筑地坪"上下文选项卡→"模式"面板→"编辑边界"按钮，在"场地"平面视图中对建筑地坪原有轮廓进行编辑，编辑完成后点击"模式"上的"√"按钮，如图 6-9 所示。

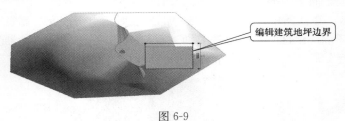

图 6-9

6.3　建筑红线

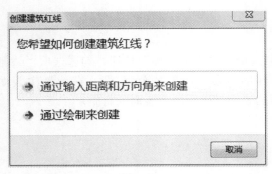

图 6-10

在"场地"平面视图状态下，点击"体量和场地"选项卡→"场地建模"面板→"建筑红线"按钮，弹出"创建建筑红线"对话框，如图 6-10 所示，可以选择用"通过输入距离和方向角度来创建"或"通过绘制来创建"建筑红线。

选择"通过输入距离和方向角度来创建"时，系统弹出"创建建筑红线"对话框，如图 6-11 所示，在"签约日期"中

"插入"可添加数据信息，然后对数据信息按实际红线情况进行修改，调整顺序，如果边界没有闭合，单击"建筑红线"对话框中的"添加线以闭合"按钮，确定后，选择红线移动到所需位置。

选择"通过绘制来创建"时，利用"绘制"面板上的绘图工具，在"场地"平面视图中绘制建筑红线的轮廓，然后点击"模式"上的"√"按钮，完成建筑红线布置，如图 6-12 所示。

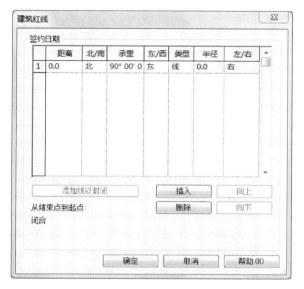

图 6-11

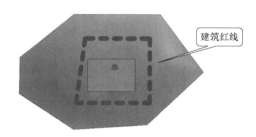

图 6-12

建筑红线仅在"场地"平面视图中可见，三维视图中不可见。

6.4　场地构件

6.4.1　场地构件

在"场地"平面视图状态下，点击"体量和场地"选项卡→"场地建模"面板→"场地构件"按钮，在图元"属性"下拉三角选择合适的场地构件（通过点击"插入"选项卡→"从库中载入"面板→"载入族"按钮，在"载入族"对话框中点击文件夹"Architecture"→"场地"，从中选择需要的场地构件族载入），学员可自行添加布置场地构件。

场地构件在三维视图中的显示效果受"视觉样式"的影响，如图 6-13 所示，其中"真实"模式效果较好，占内存较大。

6.4.2　停车场构件

在"场地"平面视图状态下，点击"体量和场地"选项卡→"场地建模"面板→"停车场构件"按钮，在图元"属性"面板中选择停车场构件的样式，在场地视图区适当位置布置停车场构件，停车场构件将附着到场地表面，即停车场构件为二维信息。

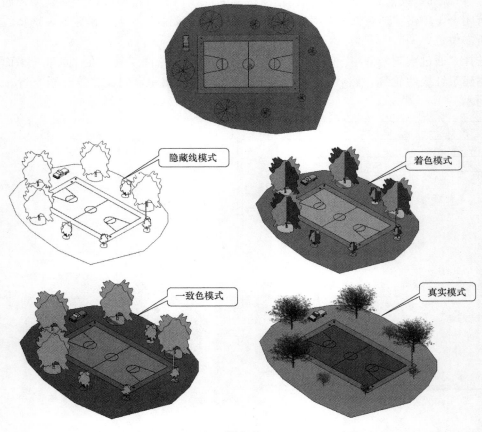

图 6-13

6.5　建筑构件

6.5.1　设置"三维视图"

　　在已绘制的某建筑"标高 1"平面视图（或其他标高视图）中，点击"视图"选项卡→"创建"面板→"三维视图"下拉菜单→"照相"按钮，如图 6-14 所示，在"标高 1"

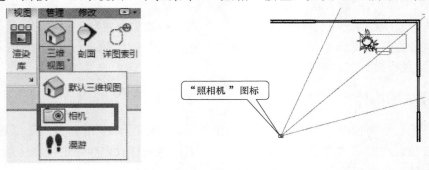

图 6-14

视图中鼠标旁出现一个小"照相机"图标，在视图适当位置点击鼠标，将"照相机"图标放置于该点处，以"照相机"为中心点向外引出三条射线，移动鼠标，三条射线的也随之旋转。

选择适当方位后点击鼠标，视图由"标高 1"视图自动切换至"三维视图"，且在"项目浏览器"→"三维视图"→中自动添加"三维视图 1"（或其他"三维视图 n"，n 由系统自动增加），即从"照相机"位置观察到的视图效果，同时也可以通过绘图区右上角的三维视图导航工具调整视图方位，视图效果如图 6-15 所示。

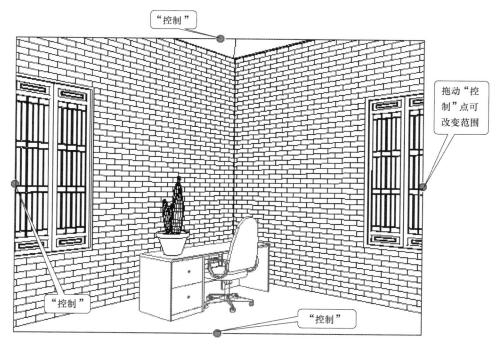

图 6-15

如照相视图中有空白区域，需重照（可能是软件的问题）。

6.5.2　在房间内放置建筑构件

通过"插入"选项卡→"从库中载入"面板→"载入族"，打开"载入族"对话框；

如载入"Architecture"→"家具"→"3D"→"桌椅"→"桌子"→"办工作带抽屉 1"；

载入"Architecture"→"家具"→"3D"→"桌椅"→"椅子"→"转椅 12"；

如载入"Architecture"→"植物"→"3D"→"盆栽"→"盆栽 4 3D"等。

在"标高 1"视图中，点击"建筑"选项卡→"构建"面板→"构件"下拉三角→"放置构件"按钮，在图元"属性"下拉菜单中选择载入的"办工作带抽屉 1"构件，如图6-16所示，将其放置在视图区房间内适当位置。

在"项目浏览器"→"三维视图"→**"三维视图 1（或三维视图 n）——三维视图 1 的创建稍后介绍"**中查看布置家具构件的布置方向是否合适（如：抽屉是否朝向墙体一面），可点击选择家具构件，通过按"空格"键进行方向切换，然后再回到"标高 1"平面视图，

115

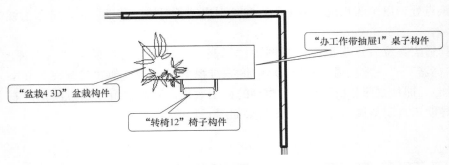

图 6-16

拖动家具构件移动至合适位置。

　　同理按图 6-16 所示在"标高 1"视图中桌子构件旁利用"放置构件"命令布置"转椅
12"构件。

　　如需在桌子构件上布置一植物盆景构件，可按上述方法在"标高 1"视图中桌子构件
上适当位置利用"放置构件"命令布置"盆栽 4 3D"构件；

　　但"盆栽 4 3D"构件限制条件是以"标高 1"为基准，如图 6-17 所示，为保证"盆
栽 4 3D"构件放置在"办工作带抽屉 1"桌子构件的桌面上，应首先点击"办工作带抽屉
1"桌子构件，在其"编辑类型"对话框中查找该桌子的高度为"720"，然后点击"盆栽
4 3D"构件，将"属性"实例属性面板中的"偏移量"设置为"720"，则盆栽即可放置在
桌面上。

图 6-17

第二部分 "小别墅"案例讲解

第7章 "小别墅"案例讲解

7.1 标高与轴网

7.1.1 创建标高

1. 修改"标高2"标高数值

打开 Revit 软件，双击"项目浏览器"→"立面（建筑立面）"→"南"立面，绘图区视图调整至"南立面"视图。

将"标高2"标高"4.000"更改为"3.300"。

将"标高1"更名为"室内地坪"。

2. 绘制"标高"

点击"建筑"选项卡→"基准"面板→"标高"按钮，将鼠标放置"标高2"左侧上方，待左侧出现一条竖直的浅绿色虚线，键盘输入"3000"回车，将鼠标向右平移至"标高2"右侧标头位置，待出现一条数值浅绿色虚线时点击鼠标，则绘制完成"标高3"，如图 7-1 所示。

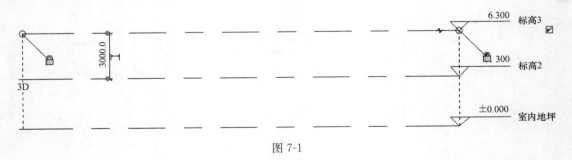

图 7-1

3. 绘制其余标高

将鼠标放置"室内地坪"标高的左侧下方，待左侧出现一条竖直的浅绿色虚线，键盘输入"450"回车，将鼠标向右平移至"室内地坪"右侧标高位置，待出现一条数值浅绿色虚线时点击鼠标，则绘制完成"标高4"。

选择"标高4"，点击"修改|标高"上下文选项卡→"修改"面板→"复制"按钮，勾选"修改|标高"选项栏中"多个"前面的复选框，在绘图区点击"标高4"，竖直向下键盘输入"2850"mm 并回车，生成"标高5"，继续竖直向下键盘输入"200"mm 回车确定，生成"标高6"，按两侧"Esc"退出复制操作。

4. 编辑标头

按住"Ctrl"键选择"标高4"和"标高6"，在图元"属性"下拉三角中选择"下标

118

头",点击图元"属性"→"编辑类型"按钮,在弹出的"类型属性"对话框中将"图形"→"线型图案"改为"中心线"类型,如图 7-2 所示。

将"标高 4"更名为"室外地坪";将"标高 5"更名为"地下一层";将"标高 6"更名为"地下一层-1"。

5. 添加楼层平面

复制生成的"标高 5"(此时为"地下一层")和"标高 6"(此时为"地下一层-1")**标头为黑色**,且在"项目浏览器"→"楼层平面"中不可见。点击"视图"选项卡→"创建"面板→"平面视图"下拉三角卡→"楼层平面"按钮,在弹出的"新建楼层平面"对话框中选择"地下一层"和"地下一层-1",点击"确定"退出,立面视图中"地下一层"和"地下一层-1"标头变为蓝色,如图 7-3 所示,同时在"项目浏览器""→"楼层平面"中添加了"地下一层"和"地下一层-1"两个平面视图。

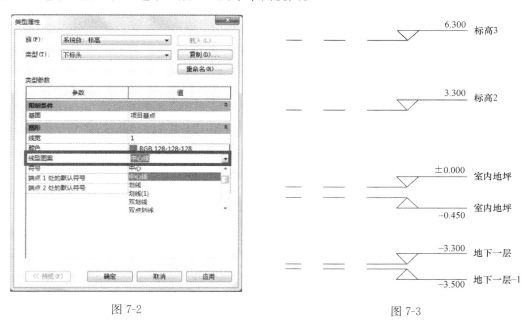

图 7-2   图 7-3

7.1.2 创建轴网

1. 创建纵轴

选择"项目浏览器"→"楼层平面"→"室内地坪"平面视图,在绘图区打开"室内地坪"平面视图。

点击"建筑"选项卡→"基准"面板→"轴网"按钮,在绘图区适当左侧绘制第一根纵轴,轴号为"1",点击选择"1 轴",利用"修改|轴网"上下文选项卡→"修改"面板→"复制"工具复制其余纵轴。

选择"复制"命令后,勾选"修改|轴网"选项栏中"多个"前面的复选框,鼠标点击"1 轴",始终保持水平向右移动鼠标,按图 7-4 中纵向轴网间距复制生成 2~9 轴。

点击"8 轴"编号,将其更名为"1/7",即将"8 轴"改为"7 轴"的附加轴线;同理选择"9 轴"编号,将其改为"8 轴",如图 7-5 所示,将"1/7 轴"两端标头调整至适

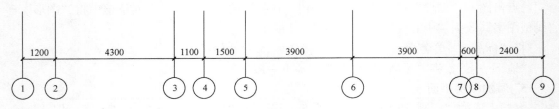

图 7-4

当位置。同理，为"南"立面和"北"立面"1/7 轴"标头添加弯头。

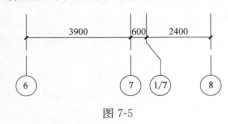

图 7-5

2. 创建水平轴网（横轴）

点击"建筑"选项卡→"基准"面板→"轴网"按钮，在视图区"1 轴"左上方适当位置作为第一根水平轴网的起点，点击鼠标并水平向右移动至"轴 8"右侧一段距离，再次点击鼠标，绘制生成"9 轴"。

点击选择"轴 9"标头文字，将"9"改为"A"。

利用"复制"命令，以"轴 A"为基准复制生成 B～I 轴。选择"A 轴"，选择"修改 | 轴网"上下文选项卡→"修改"面板→"复制"命令，勾选"修改 | 轴网"选项栏中"多个"前面的复选框，鼠标点击"A 轴"，始终保持数值向上移动鼠标，按图 7-6 中水平轴网间距复制生成轴 B～I 轴。

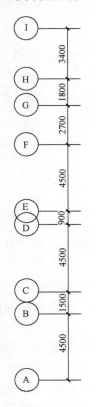

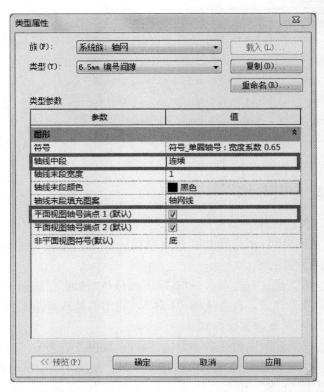

图 7-6

120

选择"I轴",将标头文字"I"改为"J",创建"J轴"(Revit 不能自动识别 I、O、Z轴)。

点击任意轴网,在图元"属性"选择"编辑类型"按钮,在弹出的"类型属性"对话框中,将"轴线中段"设置为"连续",勾选"平面视图轴号端点 1(默认)"后面的复选框。

3. 轴网影响范围

在"室内地坪"平面视图内选择所有轴网,点击"修改|轴网"上下文选项卡→"基准"面板→"影响范围"按钮,在弹出的"影响基准范围"对话框中选择"楼层平面:地下一层、地下一层-1、场地、室外地坪、标高 2、标高 3",点击"确定"退出。

保存文件名为"小别墅练习 01-标高轴网"。

7.2 墙体、门窗和楼板

7.2.1 地下室墙体绘制

1. 设置墙体类型

双击"项目浏览器"→"楼层平面"→"地下一层",在绘图区打开"地下一层"平面视图。

选择"建筑"选项卡→"构建"面板→"墙"工具,本案例共采用多种墙体类型,需提前设置,以"基本墙:常规-200mm"为样板,点击墙图元"属性"面板中的"编辑类型"按钮,在弹出的"类型属性"对话框中选择"复制"命令,根据具体墙类型更改"名称"对话框中的"名称"。

剪力墙:"名称"改为"剪力墙-240mm",点击"类型属性"对话框中"结构"后面的"编辑"按钮,弹出"编辑部件"对话框,按图 7-7(a)设置墙体构造层。

地下一层外墙:"名称"改为"地下一层外墙-240mm",在"编辑部件"对话框中按图 7-7(b)设置墙体构造层。

一层外墙:"名称"改为"一层外墙-240mm",在"编辑部件"对话框中按图 7-7(c)设置墙体构造层。

二层外墙:"名称"改为"二层外墙-240mm",在"编辑部件"对话框中按图 7-7(d)设置墙体构造层,"涂料—灰白色"可通过"材质编辑器"设置。

240mm 内墙:"名称"改为"内墙-240mm",在"编辑部件"对话框中按图 7-7(e)设置墙体构造层。

120mm 内墙:"名称"改为"内墙-120mm",在"编辑部件"对话框中按图 7-7·(f)设置墙体构造层。

2. 绘制地下室外墙墙体

选择"建筑"选项卡→"构建"面板→"墙"工具,在图元"属性"面板下拉三角中选择"剪力墙-240mm"类型,将实例属性面板→"底部限制条件"设定为"地下一层-1","顶部约束"设定为"直到标高:室内地坪"。

在"地下一层"平面视图状态下,按图 7-8 所示轴线位置绘制"剪力墙-240mm"。

在图元"属性"面板下拉三角中选择"地下一层外墙-240mm"类型,将实例属性面板→"底部限制条件"设定为"地下一层-1","顶部约束"设定为"直到标高:室内地坪"。

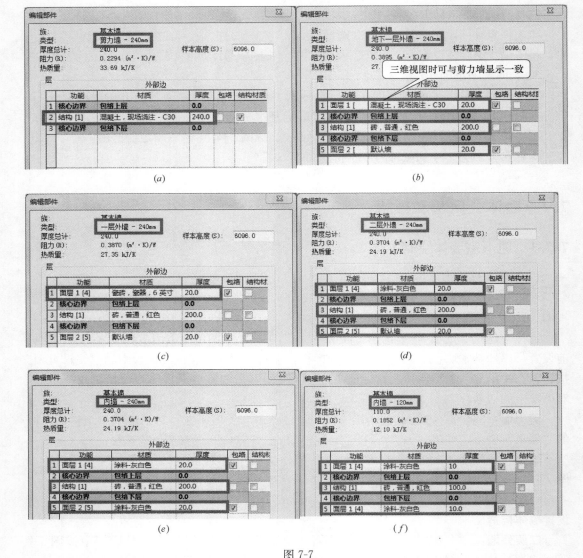

图 7-7

(a) 剪力墙；(b) 地下一层外墙；(c) 一层外墙；(d) 二层外墙；(e) 240 内墙；(f) 120 内墙

在"地下一层"平面视图状态下，按图 7-9 所示，以"轴 7"和"轴 D"为起点，顺时针方向绘制墙体，以保证内外墙面位置不颠倒，由"轴 E"沿"轴 5"向下绘制墙体长度为 8280mm（键盘输入）。

3. 绘制地下室内墙墙体

（1）绘制 240mm 内墙

选择"建筑"选项卡→"构建"面板→"墙"工具，在图元"属性"面板下拉三角中选择"内墙-240mm"类型，将实例属性面板→"底部限制条件"设定为**地下一层**，"顶部约束"设定为"直到标高：室内地坪"。

在"地下一层"平面视图状态下，按图 7-10 所示位置捕捉轴线交点绘制"内墙-240mm"地下室内墙（绘制 240mm 内墙时可与图 7-8 和图 7-9 对照布置）。

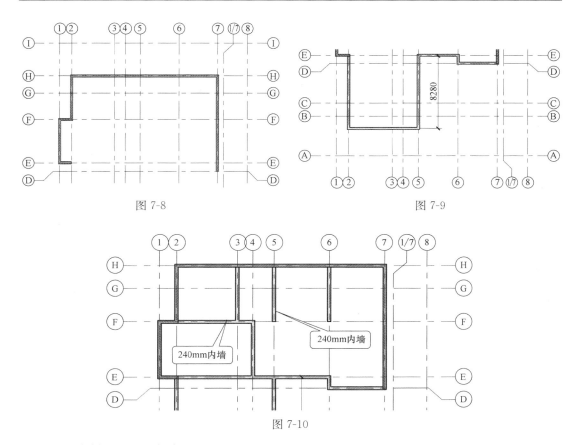

图 7-8

图 7-9

图 7-10

（2）绘制 120mm 内墙

在图元"属性"面板下拉三角中选择"内墙-120mm"类型。

将"修改|放置 墙"选项栏中**"定位线"设置为"面层面：外部"**。

将实例属性面板→"底部限制条件"设定为**"地下一层"**，"顶部约束"设定为"直到标高：室内地坪"。

按图 7-11 所示 120mm 内墙位置捕捉轴线交点，绘制"内墙-120mm"地下室内墙。

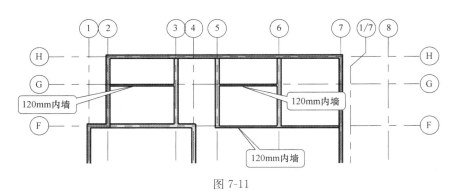

图 7-11

地下室墙体绘制完成样式如图 7-12 所示。

保存文件名为"小别墅练习 02-地下室墙体"。

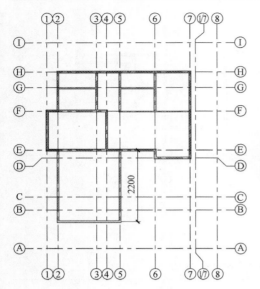

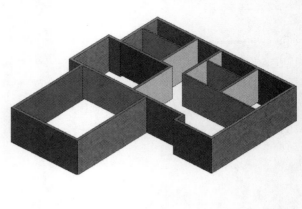

图 7-12

7.2.2　地下室门窗和楼板

门窗的主体为墙体，它们对墙体具有依附关系，删除墙体，该墙体上的门窗也随之被删除。

1. 设置门类型

选择"建筑"选项卡→"构建"面板→"门"工具。

M0821：点击"插入"选项卡→"从库中载入"面板→"载入族"按钮，在"载入族"对话框中选择"Architecture"→"门"→"普通门"→"平开门"→"单扇"→"单扇平开木门14"，在图元"属性"面板下拉三角中选择"单扇平开木门 14 800×2100mm"类型，点击"编辑类型"按钮，在弹出的"类型属性"对话框中点击"重命名"按钮，将"名称"改为"装饰木门-M0821"，将"类型参数"→"标识数据"→"类型标记"改为"M0821"。

M0921：在图元"属性"面板下拉三角中选择"单扇平开木门 14 900×2100mm"类型，点击"编辑类型"按钮，在弹出的"类型属性"对话框中点击"重命名"按钮，将"名称"改为"装饰木门-M0921"，将"类型参数"→"标识数据"→"类型标记"改为"M0921"。

BM0924：点击"插入"选项卡→"从库中载入"面板→"载入族"按钮，在"载入族"对话框中选择"Architecture"→"门"→"普通门"→"平开门"→"单扇"→"单扇平开玻璃门1"，在图元"属性"面板下拉三角中选择"单扇平开玻璃门 1 900×2100mm"类型，点击"编辑类型"按钮，在弹出的"类型属性"对话框中点击"重命名"按钮，将"名称"改为"玻璃门-BM0924"，将"尺寸标注"→"高度"改为"2400"；"标识数据"→"类型标记"改为"BM0924"。

BM1221：点击"插入"选项卡→"从库中载入"面板→"载入族"按钮，在"载入族"对话框中选择"Architecture"→"门"→"普通门"→"平开门"→"双扇"→"双扇平开镶玻璃门5"，在图元"属性"面板下拉三角中选择"双扇平开镶玻璃门 5 1200×2100mm"类型，点击"编辑类型"按钮，在弹出的"类型属性"对话框中点击"重命名"按钮，将

"名称"改为"玻璃门-BM1221",将"标识数据"→"类型标记"改为"BM1221"。

M1824:在"载入族"对话框中选择"Architecture"→"门"→"普通门"→"平开门"→"双扇"→"双扇平开木门5",点击"编辑类型"按钮,在弹出的"类型属性"对话框中点击"重命名"按钮,将"名称"改为"装饰木门-M1824",将"类型参数"→"尺寸标注"→"高度"改为"2400";"宽度"改为"1800";"标识数据"→"类型标记"改为"M1824",如图 7-13 所示。

JLM5422:在"载入族"对话框中选择"Architecture"→"门"→"卷帘门"→"水平卷帘门",点击"编辑类型"按钮,在弹出的"类型属性"对话框中点击"重命名"按钮,将"名称"改为"卷帘门-JLM5422",将"类型参数"→"尺寸标注"→"高度"改为"2200","宽度"改为"5400";"标识数据"→"类型标记"改为"JLM5422"。

TLM1521:在"载入族"对话框中选择"Architecture"→"门"→"普通门"→"推拉门"→"双扇推拉门5",在图元"属性"面板下拉三角中选择"双扇推拉门5 1500×2100mm"类型,点击"编辑类型"按钮,在弹出的"类型属性"对话框中点击"重命名"按钮,将"名称"改为"推拉玻璃门-TLM1521",将"标识数据"→"类型标记"改为"TLM1521"。

图 7-13

TLM1824:在图元"属性"面板下拉三角中选择"双扇推拉门5 1800×2100mm"类型,点击"编辑类型"按钮,在弹出的"类型属性"对话框中点击"重命名"按钮,将"名称"改为"推拉玻璃门-TLM1824",将"类型参数"→"尺寸标注"→**"高度"**改为"2400";"标识数据"→"类型标记"改为"TLM1824"。

TLM2124:在图元"属性"面板下拉三角中选择"双扇推拉门5 2100×2100mm"类型,点击"编辑类型"按钮,在弹出的"类型属性"对话框中点击"重命名"按钮,将"名称"改为"推拉玻璃门-TLM2124",将"类型参数"→"尺寸标注"→**"高度"**改为"2400";"标识数据"→"类型标记"改为"TLM2124"。

TLM3324:在"载入族"对话框中选择"Architecture"→"门"→"普通门"→"推拉门"→"四扇推拉门1",在图元"属性"面板下拉三角中选择"四扇推拉门1 3600×2100mm"类型,点击"编辑类型"按钮,在弹出的"类型属性"对话框中点击"重命名"按钮,将"名称"改为"推拉玻璃门-TLM3324",将"类型参数"→"尺寸标注"→"高度"改为"2400",**宽度**"改为"3300";"标识数据"→"类型标记"改为"TLM3324"。

TLM3624:在图元"属性"面板下拉三角中选择"推拉玻璃门-TLM3324"类型,点击"编辑类型"按钮,在弹出的"类型属性"对话框中点击"复制"按钮,将"名称"改为"推拉玻璃门-TLM3624",将"类型参数"→"尺寸标注"→**"宽度"** 改为"3600";"标识数据"→"类型标记"改为"TLM3624"。

2. 布置地下室门

在"地下一层"平面视图状态下,选择"建筑"选项卡→"构建"面板→"门"工具,在图元"属性"面板下拉三角中选择具体门类型,按图 7-14 所示位置信息,分别布置各种门类型。

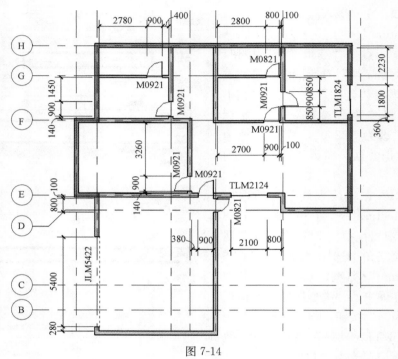

图 7-14

图 7-14 中所标注的尺寸信息为插入门时系统自动显示的门的定位尺寸信息,故学员只需把正确的门类型放置在正确的墙体上,放置时不用刻意顾及具体门类型的定位尺寸,待门布置好后,选择该门,根据图 7-14 所示的尺寸更改门任意一侧的定位尺寸即可。

3. 设置窗类型

选择"建筑"选项卡→"构建"面板→"窗"工具。

C0609:点击"修改|放置 窗"上下文选项卡→"模式"面板→"载入族"按钮,在"载入族"对话框中选择"Architecture"→"窗"→"普通窗"→"固定窗"→"固定窗",在"指定类型"对话框中选择"600×1200mm"类型。

点击图元"属性"面板 中的"编辑类型"按钮,在弹出的"类型属性"对话框中点击"复制"按钮,将"名称"改为"固定窗-C0609",将"类型参数"→"限制条件"→**"窗嵌入"** 设定为 **"100"**;"尺寸标注"→"高度"改为"900","宽度"改为"600";"标识数据"→"类型标记"改为"C0609"。

C0615:在图元"属性"面板下拉三角中选择"固定窗-C0609"类型,点击"编辑类型"按钮,在弹出的"类型属性"对话框中点击"复制"按钮,将"名称"改为"固定窗-C0615",将"类型参数"→"尺寸标注"→"高度"改为"1500";"标识数据"→**"类型标记"** 改为 **"C0615"**。

C0624：在"载入族"对话框中选择"Architecture"→"窗"→"普通窗"→"推拉窗"→"上下推拉 1"，在"指定类型"对话框中选择"600×1800mm"类型。

在图元"属性"面板下拉三角中选择"推拉窗 600×1800mm"类型，点击"编辑类型"按钮，在弹出的"类型属性"对话框中点击"复制"按钮，将"名称"改为"推拉窗-C0624"，将"类型参数"→"限制条件"→**"窗嵌入"**设定为**"100"**；"尺寸标注"→"高度"改为"2400"，"宽度"改为"600"；"标识数据"→**"类型标记"**改为**"C0624"**。

C0625：在图元"属性"面板下拉三角中选择"推拉窗-C0624"类型，点击"编辑类型"按钮，在弹出的"类型属性"对话框中点击"复制"按钮，将"名称"改为"推拉窗-C0625"，将"类型参数"→"尺寸标注"→"高度"改为"2500"；"标识数据"→**"类型标记"**改为**"C0625"**。

C0823：在图元"属性"面板下拉三角中选择"推拉窗-C0624"类型，点击"编辑类型"按钮，在弹出的"类型属性"对话框中点击"复制"按钮，将"名称"改为"推拉窗-C0823"，将"类型参数"→"尺寸标注"→"高度"改为"2300"，"宽度"改为"800"；"标识数据"→**"类型标记"**改为**"C0823"**。

C0825：在图元"属性"面板下拉三角中**选择"推拉窗-C0823"**类型，点击"编辑类型"按钮，在弹出的"类型属性"对话框中点击"复制"按钮，将"名称"改为"推拉窗-C0825"，将"类型参数"→"尺寸标注"→"高度"改为"2500"；"标识数据"→**"类型标记"**改为**"C0825"**。

C0915：在"载入族"对话框中选择"Architecture"→"窗"→"普通窗"→"推拉窗"→"推拉窗 6"，在图元"属性"面板下拉三角中选择"推拉窗 6 1200×1500mm"类型，点击"编辑类型"按钮，在弹出的"类型属性"对话框中点击"复制"按钮，将"名称"改为"推拉窗-C0915"，将"类型参数"→"限制条件"→**"窗嵌入"**设定为**"100"**；"尺寸标注"→"高度"改为"1500"，"宽度"改为"900"；"标识数据"→**"类型标记"**改为**"C0915"**。

C0923：在"载入族"对话框中选择"Architecture"→"窗"→"普通窗"→"组合窗"→"组合窗-双层单列（固定＋推拉）"，在图元"属性"面板下拉三角中选择"组合窗-双层单列（固定＋推拉）1200×1800mm"类型，点击"编辑类型"按钮，在弹出的"类型属性"对话框中点击"复制"按钮，将"名称"改为"推拉窗-C0923"，将"类型参数"→"限制条件"→**"窗嵌入"**设定为**"100"**；"尺寸标注"→"高度"改为"2300"，"宽度"改为"900"；"标识数据"→**"类型标记"**改为**"C0923"**。

C1023：在图元"属性"面板下拉三角中选择"固定窗-C0609"类型，点击"编辑类型"按钮，在弹出的"类型属性"对话框中点击"复制"按钮，将"名称"改为"固定窗-C1023"，将"类型参数"→"尺寸标注"→"高度"改为"2300"，"宽度"改为"1000"；"标识数据"→**"类型标记"**改为**"C1023"**。

C1206：在图元"属性"面板下拉三角中选择"推拉窗-C0915"类型，点击"编辑类型"按钮，在弹出的"类型属性"对话框中点击"复制"按钮，将"名称"改为"推拉窗-C1206"，将"类型参数"→"尺寸标注"→"高度"改为"600"，"宽度"改为"1200"；"标识数据"→**"类型标记"**改为**"C1206"**。

C2406：在图元"属性"面板下拉三角中选择"推拉窗-C1206"类型，点击"编辑类型"按钮，在弹出的"类型属性"对话框中点击"复制"按钮，将"名称"改为"推拉窗-C2406"，将"类型参数"→"尺寸标注"→**"宽度"**改为**"2400"**；"标识数据"→**"类型标**

记"改为"C2406"。

C3415：在"载入族"对话框中选择"Architecture"→"窗"→"普通窗"→"组合窗"→"组合窗-双层四列（两侧平开)-上部固定"，在图元"属性"面板下拉三角中选择"组合窗-双层四列（两侧平开)-上部固定 3600×2400mm"类型，点击"编辑类型"按钮，在弹出的"类型属性"对话框中点击"复制"按钮，将"名称"改为"推拉窗-C3415"，将"类型参数"→"限制条件"→**"窗嵌入"**设定为**"100"**；"尺寸标注"→"高度"改为"1500"，**"上部窗扇高度"**改为**"300"**，"宽度"改为"3400"；"标识数据"→**"类型标记"**改为**"C3415"**。

C3423：在图元"属性"面板下拉三角中选择"推拉窗-C3415"类型，点击"编辑类型"按钮，在弹出的"类型属性"对话框中点击"复制"按钮，将"名称"改为"推拉窗-C3423"，将"类型参数"→"尺寸标注"→"高度"改为"2300"，**"上部窗扇高度"**改为**"600"**；"标识数据"→**"类型标记"**改为**"C3423"**。

4. 布置地下室窗

在"地下一层"平面视图状态下，选择"建筑"选项卡→"构建"面板→"窗"工具，在图元"属性"面板下拉三角中选择具体窗类型，按图 7-15 所示位置信息，分别布置各种窗类型。

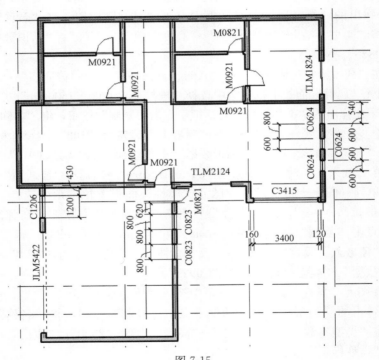

图 7-15

图 7-15 中所标注的尺寸信息为插入窗时系统自动显示的窗的定位尺寸信息，故学员只需把正确的窗类型放置在正确的墙体上，放置时不用刻意顾及具体窗类型的定位尺寸，待窗布置好后，选择该窗，根据图 7-15 所示的尺寸更改窗任意一侧的定位尺寸即可。

上述操作仅把地下室各类型窗户水平布置在墙体内部，由于本案例中各类型窗户的窗台高度不一致，仍需设定各窗户的窗台高度。

本层各类型窗户窗台高度如下：C0624——250mm；C0823——400mm；C1206——1900mm；C3415——1500mm。

学员可在三维视图状态下，根据上述各类型窗户的窗台高度，选择该类型窗户，手动输入相应数值即可。

5. 创建地下室地板（楼板）

打开"地下一层"平面视图，点击"建筑"选项卡→"构建"面板→"楼板"按钮，在"修改|创建楼层边界"上下文选项卡→"绘制"面板上选择"拾取墙"命令，**将选项栏中"偏移"设定为"－20"**。

点击图元"属性"面板下拉三角，选择"楼板 常规-150mm"，点击"编辑类型"按钮，弹出"类型属性"对话框，通过"复制"命令创建"常规-200mm"楼板，并将楼板厚度改为"200"。

在"地下一层"平面视图中，按图 7-16 所示，利用鼠标点取所有外墙外边缘，呈闭合图形。点击"模式"面板上的"√"按钮完成地下室地板的绘制，系统自动弹出"Re-

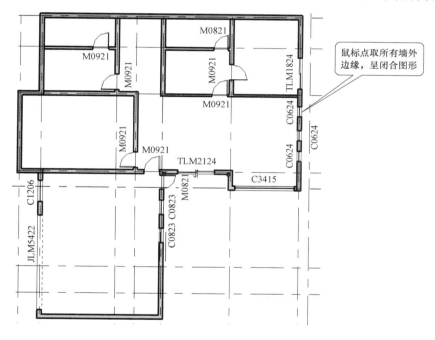

图 7-16

vit"提示对话框，如图 7-17 所示，点击"是"按钮，系统自动将楼板与墙重叠相交的部位剪切。

学员可自行切换至三维视图状态查看效果。（创建楼板以参考标高向下生成有设计厚度的楼板）

保存文件名为"小别墅练习03-地下室门窗和地板"。

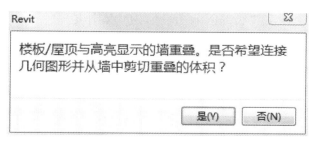

图 7-17

7.3 楼层平面设计

7.3.1 一层平面设计

1. 复制生成一层外墙

在三维视图中，将光标放在地下一层的外墙上，高亮显示后按 Tab 键，所有外墙将全部高亮显示，点击鼠标左键，即可选中所有地下一层外墙。

点击"修改|墙"上下文选项卡→"剪切板"面板→"复制到剪贴板"命令，系统将地下室所有外墙复制到剪贴板备用。

点击"修改|墙"上下文选项卡→"剪切板"面板→"粘贴"下拉三角→"与选定的标高对齐"按钮，在弹出的"选择标高"对话框中选择"室内地坪"，点击"确定"退出，系统自动将地下室所有外墙（以及外墙上附着的门窗）复制到"室内地坪"以上，即一层平面，如图 7-18 所示。

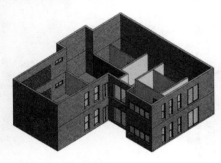

图 7-18

2. 编辑一层外墙

（1）更改外墙类型

在"室内地坪"平面视图中，将鼠标放置在外墙处，待该墙体边线变蓝后按"Tab"键，全部外墙线变蓝，然后点击鼠标选中所有外墙。

在图元"属性"面板下拉三角中选择"一层外墙-240mm"类型，在实例属性面板中核实"底部限制条件"为"室外地坪"，"顶部约束"为"直到标高：标高2"，"顶部偏移"为"0"。

（2）对齐墙体

在"项目浏览器"只双击"楼层平面"→"室内地坪"，打开一层平面视图。

框选所有构件，点击"修改|选择多个"上下文选项卡→"选择"面板→"过滤器"按钮，弹出"过滤器"对话框，在"过滤器"对话框中取消"墙"构件前面的复选框，即不选择"墙"（如果框选选中轴网，也要取消"轴网"的复选框，即仅选择"门"和"窗"），如图 7-19 所示，点击"确定"退出，在键盘上按"Delete"键删除门窗。

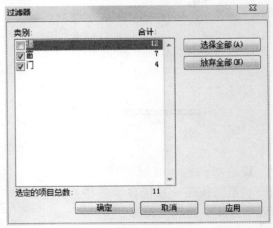

图 7-19

点击"修改"选项卡→"修改"面板→"对齐"命令，如图 7-20 所示，首先点击"B轴"作为对齐目标的依据，再将鼠标"B轴"正下方的横墙上选择该墙体的中心线位置（鼠标移至墙体中心线时，该墙体中心会出现一条蓝色虚线，也可按住 Tab 键选取墙体中心线），最后点击墙体中心线，该墙体会自动与"B轴"对齐。

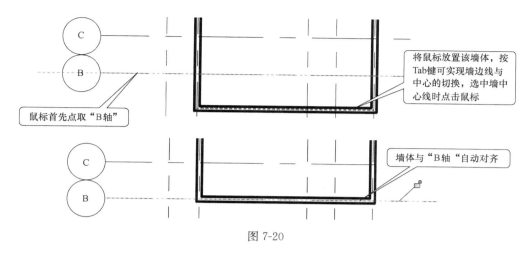

图 7-20

（3）绘制部分一层外墙

点击"建筑"选项卡→"构建"面板→"墙"命令。

在"修改|放置 墙"选项栏中将"定位线"设定为"墙中心线"。

在图元"属性"面板下拉三角中选择"一层外墙-240mm"类型，在实例属性面板中核实"底部限制条件"为"室内地坪"，"顶部约束"为"直到标高：标高 2"，"顶部偏移"为"0"。

按图 7-21 所示，以"轴 5"和"轴 H"交点为起点，**按逆时针方向**选取"轴 5"和"轴 G"交点，"轴 6"和"轴 G"交点，"轴 6"和"轴 H"交点，绘制 3 面墙体。

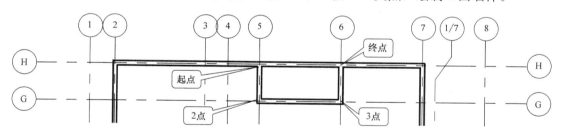

图 7-21

再利用"对齐"命令，按前述方法，将 G 轴墙的外边与 G 轴对齐，如图 7-22 所示。

点击"修改"选项卡→"修改"面板→"拆分图元"命令（如图 7-23 所示），此时鼠标变为一支笔，

然后在"H 轴"上"5 轴"和"6 轴"之间的墙体任意位置点取，将该段墙体拆分为两段，如图 7-24 所示。

点击"修改"选项卡→"修改"面板→"修剪/延伸为角"命令（如图 7-23 所示），鼠标先点取"H 轴"上"5 轴"左侧的墙体，再点击"5 轴"上的墙体，则"H 轴"上"5 轴"右侧至拆分点多余的墙体被删除；同理，删除"H 轴"上"6 轴"左侧至拆分点之间的墙体，如图 7-25 所示。

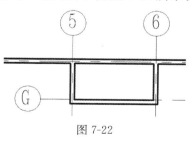

图 7-22

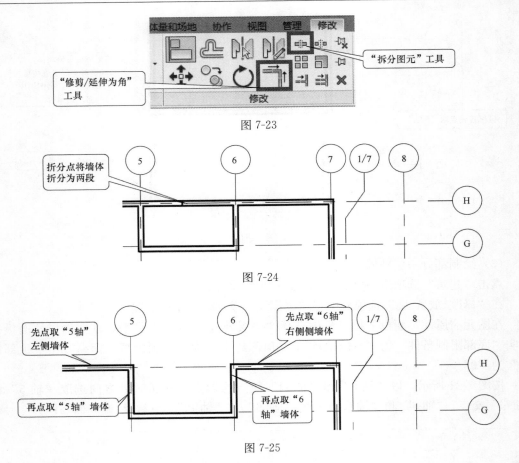

图 7-23

图 7-24

图 7-25

至此绘制并编辑完成一层外墙，视图效果如图 7-26 所示。

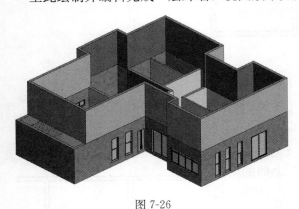

图 7-26

3. 绘制一层内墙

（1）绘制 240mm 内墙

选择"建筑"选项卡→"构建"面板→"墙"工具，在图元"属性"面板下拉三角中选择"内墙-240mm"类型，将实例属性面板→"底部限制条件"设定为"室内地坪"，"顶部约束"设定为"直到标高：标高 2"。

"修改 | 放置 墙"选项栏中"定位线"设置为"墙中心线"。

在"室内地坪"平面视图状态下，按图 7-27 所示位置及尺寸捕捉轴线交点绘制"内墙-240mm"一层内墙。

（2）绘制 120mm 内墙

在图元"属性"面板下拉三角中选择"内墙-120mm"类型，将实例属性面板→"底部限制条件"设定为"室内地坪"，"顶部约束"设定为"直到标高：标高 2"。

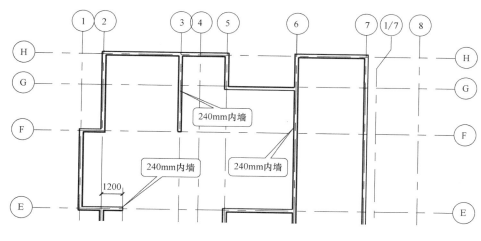

图 7-27

"修改|放置 墙"选项栏中"定位线"设置为"核心面：外部"。

在"室内地坪"平面视图状态下，按图 7-28 所示位置即尺寸捕捉轴线交点绘制"内墙-120mm"一层内墙。

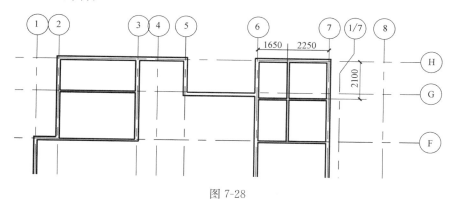

图 7-28

4. 绘制一层门窗

一层平面所需的门窗类型已在 2.2.1 节和 2.2.3 节设置完成，门窗的布置方法与 2.2.2 节和 2.2.4 节相同，学员可根据图 7-29 所示位置自行布置。

本层各类型窗户窗台高度如下：C0609——1400mm；C0615——900mm；C0625——300mm； C0823——100mm； C0825——150mm； C0915——900mm； C2406——1200mm；C3423——100mm，可在三维视图状态下对各类型窗户窗台高度手动调整。

5. 创建一层楼地面（即地下室顶板）

打开"室内地坪"平面视图，点击"建筑"选项卡→"构建"面板→"楼板"按钮，在"修改|创建楼层边界"上下文选项卡→"绘制"面板上选择"拾取墙"命令，**将选项栏中"偏移"设定为"－20"。**

点击图元"属性"面板下拉三角，选择"楼板 常规-150mm"，点击"编辑类型"按钮，弹出"类型属性"对话框，通过"复制"命令创建"常规-100mm"楼板，并将楼板厚度改为"100"。

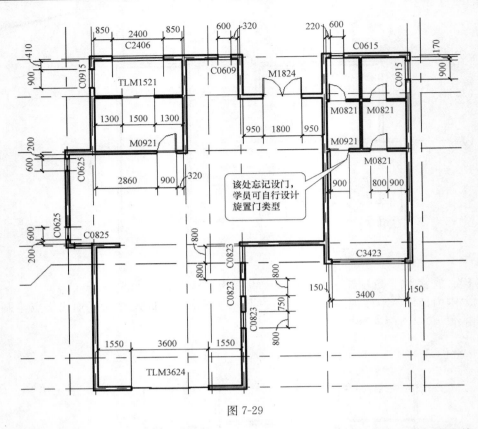

图 7-29

在"室内地坪"平面视图中，按图 7-30 所示，利用鼠标点取所有外墙外边缘，呈闭

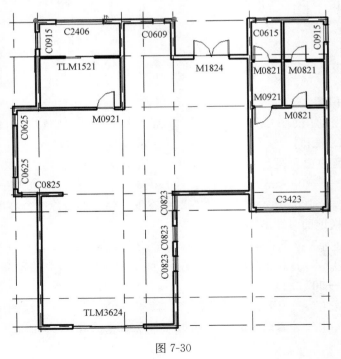

图 7-30

合图形。

选择"B 轴"下面的草图轮廓线（选中为蓝色），点击"修改|创建楼层边界"上下文选项卡→"修改"面板→"移动"命令，点击"B 轴"下方的草图轮廓线，鼠标竖直向下移动，输入"4490"，如图 7-31 所示。

图 7-31

点击"绘图"面板→"直线"命令，按图 7-32 所示绘制直线。

点击"修改"面板→"修剪/延伸为角"命令，分别点击图 7-33 中编号 1 和编号 4；编号 2 和编号 3。

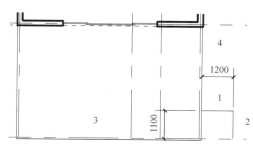

图 7-32

图 7-33

楼板草图边界绘制完成后，点击"模式"面板上的"√"按钮完成一层地板的绘制，系统自动弹出"Revit"提示对话框，**点击"否"按钮**。

点击"是"地下室所有墙体与一层地板重叠处自动连接，楼板溶于地下室墙体；但点击"是"系统却出错提示，三维视图中楼板与墙体顶部有一条缝隙，与实际情况不符；点击"否"，楼板与地下室墙体没融合，在三维视图中墙体与楼板相交处有墙体顶部边线，可用"修改"选项卡→"几何图形"面板→"连接"命令，一一将地下室墙体与楼板连接起来，略显繁琐。

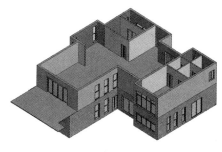

图 7-34

一层设计完成后三维效果如图 7-34 所示。

保存文件名为"小别墅练习 04-一层平面设计"。

7.3.2　二层平面设计

1. 复制生成二层外墙

在"项目浏览器"中选择"南立面"视图。

在"南立面"视图中，从一层构件左上角位置作为起点，鼠标由左上角向右下角框选所有一层构件，如图 7-35 所示。

点击"修改|选择多个"上下文选项卡→"选择"面板→"过滤器"按钮，在弹出的"过滤器"对话框中确保"墙"和"楼板"被勾选（"门"、"窗"是否被勾选无所谓，因为门窗是附着在墙体上的，主要墙体被选中复制，墙体上附着的门窗必将也被复制），点击

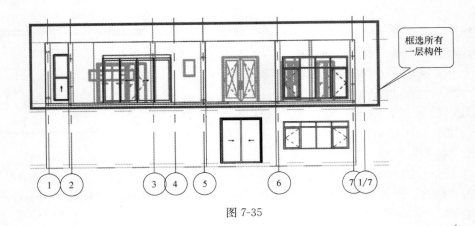

图 7-35

"确定"退出。

点击"修改 | 选择多个"上下文选项卡→"剪贴板"面板→"复制到剪贴板"按钮,将选中的"墙"和"楼板"复制到剪贴板;再点击"剪贴板"面板→"粘贴"下拉三角→"与选定的标高对齐"按钮,在弹出的"选择标高"对话框中选择"标高 2",点击"确定"退出。

一层平面所有构件均被复制到二层平面,如图 7-36 所示。

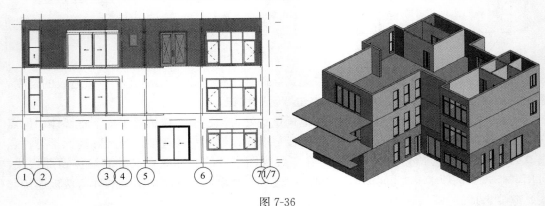

图 7-36

在"标高 2"平面视图中框选所有构件,点击"修改 | 选择多个"上下文选项卡→"选择"面板→"过滤器"按钮,在弹出的"过滤器"对话框中勾选"门"和"窗",点击"确定"退出,在键盘上按"Delete"键删除复制生成的所有门窗。

2. 编辑二层外墙

在"项目浏览器"中切换至"标高 2"平面视图,在平面视图中选择并**删除所有内墙**。

(1)调整外墙位置

方法一:点击"修改"选项卡→"修改"面板→"对齐"命令,鼠标点击"C 轴"作为对齐目标的基准,再移动鼠标至"B 轴"墙上,按 Tab 键拾取墙体的中心线位置单击鼠标,移动该墙体的位置使墙体中心线与"C 轴"对齐,如图 7-37 所示。其余部分外墙也可通过"修剪/延伸为角"命令,最终确定外墙的位置如图 7-38 所示(共计 5 处有变动)。

然后再替换墙体类型**(以往教材做法)**

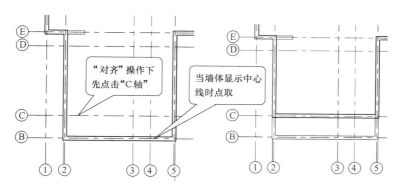

图 7-37

方法二：在"标高 2"平面视图选择所有外墙，点击图元"属性"面板中的下拉三角，选择"二层外墙-240mm"作为"标高 2"楼层外墙类型。

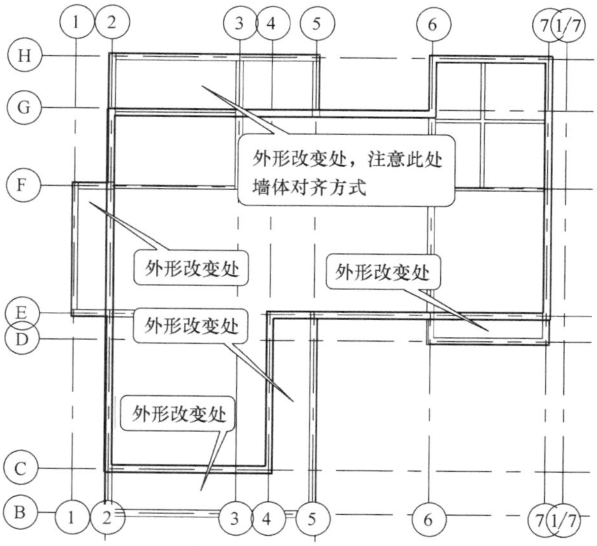

按图 7-39 所示，选择"二层外墙-240mm"类型，在"C 轴"上绘制一道新的墙体（按逆时针绘制墙体，以保证墙体内外边位置正确），然后删除"B 轴"上的墙体，再利用通过"修剪/延伸为角"命令，修剪掉额外的墙体。其他位置墙体编辑方法与过程类似。

3. 绘制二层内墙

（1）绘制 240mm 内墙

图 7-38

选择"建筑"选项卡→"构建"面板→"墙"工具，在图元"属性"面板下拉三角中选择"内墙-240mm"类型，将实例属性面板→"底部限制条件"设定为"标高 2"，"顶部约束"设定为"直到标高：标高 3"。

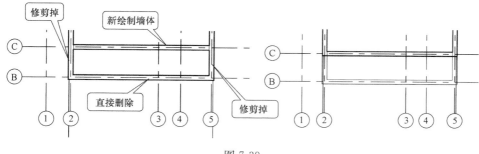

图 7-39

"修改|放置 墙"选项栏中"定位线"设置为"墙中心线"。

在"标高 2"平面视图状态下，按图 7-40（*a*）所示位置及尺寸捕捉轴线交点绘制"内墙-240mm"二层内墙。

（2）绘制 120mm 内墙

在图元"属性"面板下拉三角中选择"内墙-120mm"类型，将实例属性面板→"底部限制条件"设定为"标高 2"，"顶部约束"设定为"直到标高：标高 3"。

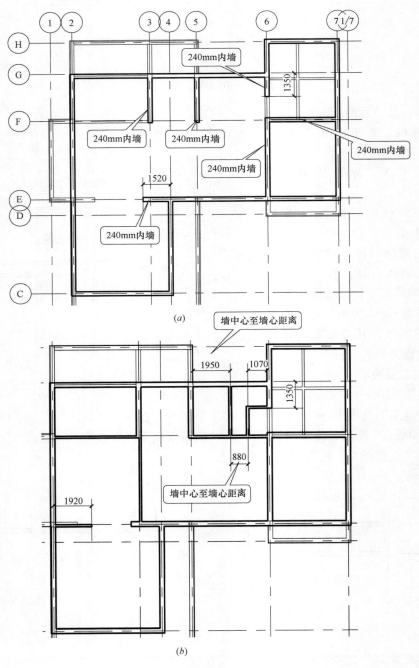

图 7-40

"修改|放置 墙"选项栏中"定位线"设置为"核心面：外部"。

在"标高 2"平面视图状态下，按图 7-40（b）所示位置即尺寸捕捉轴线交点绘制"内墙-120mm"二层内墙。

4. 绘制二层门窗

二层平面所需的门窗类型已在上述内容中设置完成，门窗的布置方法与上述方法相同，学员可根据图 7-41 所示位置自行布置"标高 2"平面视图内的门窗。

本层各类型窗户窗台高度如下：C0609——1450mm；C0615——850mm；C0915——900mm；C0923——100mm；C1023——100mm，可在三维视图状态下对各类型窗户窗台高度手动调整。

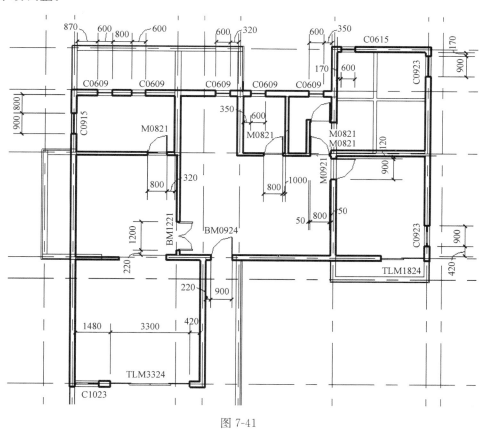

图 7-41

5. 编辑二层楼地面（即一层顶板）

二层楼地面不需创建，刚才复制生成，只需对其边界进行编辑即可。

在"标高 2"平面视图中选中楼板，点击"修改|楼板"上下文选项卡→"模式"面板→"编辑边界"按钮，打开楼板草图轮廓，如图 7-42 所示。

在楼板草图轮廓中按图 7-43 所示，删除图中草图线"1"和草图线"2"，点击"修改"面板→"修剪/延伸为角"按钮，鼠标点击草图线"3"和草图线"4"左侧部分，使草图线"3"和"4"相交。

点击"工作平面"面板→"参照平面"命令，按图 7-44 所示，在"标高 2"平面视图

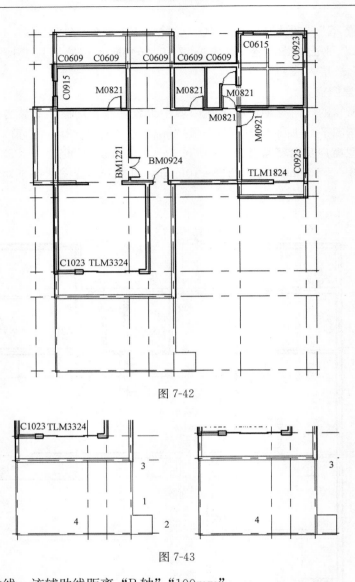

图 7-42

图 7-43

中绘制一条辅助线，该辅助线距离"B 轴""100mm"

可先沿"B 轴"绘制一条水平辅助线，再利用"修改"面板上的"移动"命令，将该

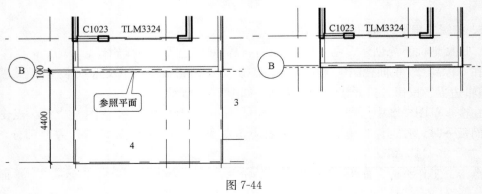

图 7-44

辅助线向下移动 100mm<<手动输入>>。

点击"修改"面板上的"对齐"命令,首先点击刚绘制的辅助线作为对齐基准,再点击草图线"4",则该线将自动对齐至辅助线上。

如图 7-45 所示楼板草图轮廓位置,学员可自行采取措施将草图线"5"和草图线"6"合并成一条线段。

同理,如图 7-46 所示,将草图线"7"和"8"删除,利用"修改"面板上的"修剪/延伸成角"命令将草图线"9"和"10"相交。

编辑完成后的草图样式如图 7-47 所示。

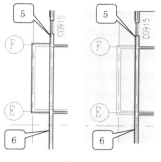

图 7-45

点击"模式"面板上的"√"按钮,完成"标高 2"楼板编辑。

注:楼板轮廓必须是闭合回路,如编辑后点击"模式"面板上的"√"按钮,系统提示无法完成楼板,学员需检查草图轮廓是否闭合或是否有重叠。

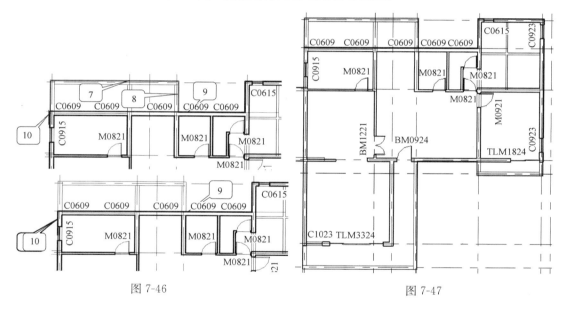

图 7-46

图 7-47

至此二层平面设计完成,学员可自行切换至三维视图状态查看绘制效果。

保存文件名为"小别墅练习 05-二层平面设计"。

7.4 幕墙与屋顶

7.4.1 玻璃幕墙

幕墙是现代建筑设计中广泛使用的一种建筑构件,由幕墙网格、竖梃和幕墙嵌板组成。

在 Revit Architecture 中,根据幕墙的复杂程度分常规幕墙、规则幕墙系统和面幕墙系统三种创建幕墙的方法。

常规幕墙是墙体的一种特殊类型，其绘制方法和常规墙体相同，并具有常规墙体的各种属。

创建幕墙

双击在"项目浏览器"→"楼层平面"→"室内地坪"，打开一层平面视图。

点击"建筑"选项卡→"构建"面板→"墙"按钮，**点击图元"属性"面板中的下拉三角**，在下拉列表中选择"幕墙"→"幕墙"类型。

点击图元"属性"面板中的"编辑类型"按钮，在弹出的"类型属性"对话框中点击"复制"按钮，将"名称"改为"幕墙-C2156"，幕墙的"水平网格样式"、"垂直竖梃"、"水平竖梃"参数设置如图 7-48 所示，同时将"类型标记"设为"C2156"。

如图 7-48 所示，在图元"属性"面板实例属性中将"底部限制条件"设为"室内地坪"；"底部偏移"设为"100"；"顶部约束"设为"无"；"无连接高度"设为"5600"。

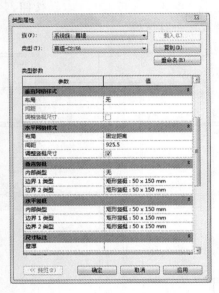

图 7-48

参数设置完成后，如图 7-49 所示，在"E 轴"上"5 轴"和"6 轴"之间墙体上按图示尺寸绘制幕墙。幕墙绘制完时，系统会提示"警告"，点击"关闭"按钮。

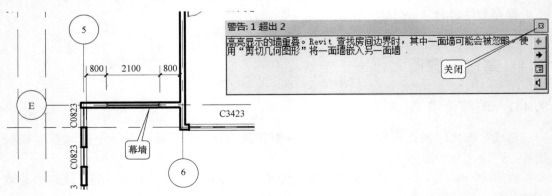

图 7-49

在三维视图或南立面视图中，发现幕墙虽已绘制，但在视图中却不可见（由于幕墙在已有墙体内部，故不可见），此时可通过"剪切"命令使幕墙可见。

在"室内地坪"平面视图中，点击"修改"选项卡→"几何图形"面板→"剪切"命令，点击"E 轴"上"5 轴"和"6 轴"之间的墙体，移动鼠标至幕墙，幕墙两侧出现各出现一条虚线，点击鼠标完成一层平面剪切；点击"标高 2"视图平面重复上述操作，完成幕墙与墙体在二层平面内的剪切（幕墙可见）。

幕墙绘制完成效果如图 7-50 所示。

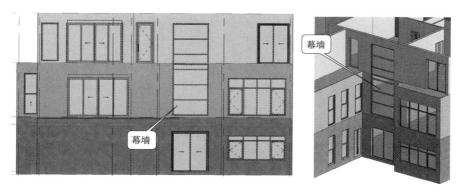

图 7-50

保存文件名为"小别墅练习 06-幕墙"。

7.4.2 屋顶

1. 创建拉伸屋顶

双击在"项目浏览器"→"楼层平面"→"标高 2"，打开二层平面视图（在"属性"-实例属性面板中核实"基线"为"室内地坪"）。

点击"建筑"选项卡→"工作平面"面板→"参照平面"按钮，如图 7-51 所示，在"F轴"和"E 轴"分别向外 800mm 处各绘制一个参照平面，在"1 轴"向左 500mm 处再绘制一个参照平面。

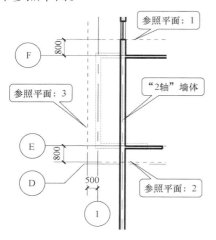

图 7-51

143

点击"建筑"选项卡→"构建"面板→"屋顶"下拉三角→"拉伸屋顶"按钮，弹出"工作平面"对话框，在"工作平面"对话框中选择"拾取一个平面"（默认状态），点击"确定"按钮，点击图 7-51 中"参照平面：3"所在位置的参照平面，弹出"转到视图"对话框，在对话框中选择**"立面：西"**，点击"打开视图"按钮，弹出"屋顶参照标高和偏移"对话框，直接点击"确定"退出，进入拉伸屋顶轮廓绘制界面。

在"西立面"视图中间有两条竖直的绿色虚线（即刚绘制的"参照平面：1"和"参照平面：2"），用来创建拉伸屋顶时精确定位。

点击"绘制"面板上的"直线"命令，如图 7-52 所示尺寸位置绘制拉伸屋顶的轮廓形状线。

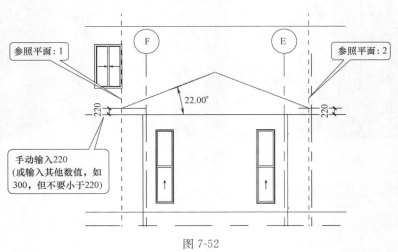

图 7-52

图 7-53

在图元"属性"面板下拉三角中选择"常规-125mm"类型，点击"属性"面板中的"编辑类型"按钮，在弹出的"类型属性"对话框中选择"复制"按钮，将名称改为"常规-200mm"，点击"构造"后面的"编辑…"按钮，按图 7-53 所示设置屋顶材质和尺寸。

如需控制拉屎生成的屋顶长度，可设置图元"属性"-实例属性面板中"拉伸终点"的具体数值（此处为默认设置）。

点击"模式"面板上的"√"按钮完成拉伸屋顶的绘制。

2. 编辑拉伸屋顶

在三维视图中观察所创建的拉伸屋顶，发现拉伸屋顶长度过长，已延伸至二层房间内部，同时拉伸屋顶下方"1 轴"、"E 轴"、"F 轴"墙体未与屋顶连接。

（1）连接屋顶

在三维视图状态下，点击"修改"选项卡→"几何图形"面板→"连接/取消连接屋顶"按钮，如图 7-54 所示，在三维视图区**首先点击**拉伸屋顶的右侧终点边缘，**再点击**左侧"2轴"墙体外墙面，拉伸屋顶即可与"2轴"墙体外墙面对齐。

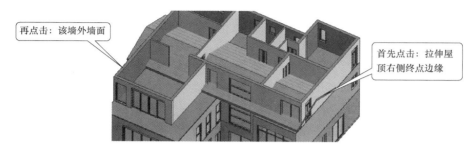

再点击：该墙外墙面

首先点击：拉伸屋顶右侧终点边缘

图 7-54

（2）附着墙体

在三维视图状态下，如图 7-55 所示，按住"Ctrl"键选中拉伸屋顶下的三面墙体，点击"修改|墙"上下文选项卡→"修改墙"面板→"附着顶部/顶部"按钮，在三维视图中点击拉伸屋顶，即可将拉伸屋顶下的三面墙体附着到该屋顶上。

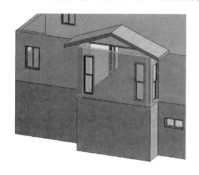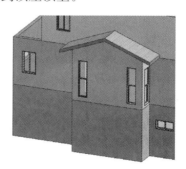

图 7-55

（3）创建屋脊

点击"插入"选项卡→"从库中载入"面板→"载入族"按钮，在"载入族"对话框中载入"Structure"→"结构"→"框架"→"混凝土"→"带壁架的模板托梁"族类型（作为屋脊线，如学员有其他屋脊族类型，也可自行载入，此处将 T 形梁作为屋脊线），点击"结构"选项卡→"结构"面板→"梁"按钮，在图元"属性"面板下拉三角中选择"带壁架的模板托梁 150×350 T 形"梁类型，点击"编辑类型"按钮，在弹出的"类型属性"对话框中点击"复制"按钮，将"名称"改为"屋顶屋脊"，将"类型参数"→"尺寸标注"→"h"改为"400"，点击"确定"退出。

在三维视图中，勾选"修改|放置 梁"选项栏中**"三维捕捉"**前面的复选框，如图 7-56 所示，捕捉拉伸屋顶屋脊的两个端点，创建"屋顶屋脊"，但该"屋顶屋脊"却位于屋脊线下方。

调整至"西"立面视图，在"西立面"视图中选中刚绘制的屋脊，点击"修改|结构框架"上下文选项卡→"修改"面板→"移动"按钮，在"修改|结构框架"选项卡中**仅勾**

选**"分开"**复选框，如图 7-57 所示，将屋脊移动至图示大概位置。

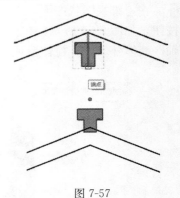

图 7-56

图 7-57

（4）连接屋脊和屋顶

如图 7-58 所示，切换至三维视图"左"立面视图，点击"修改"选项卡→"几何图形"面板→"连接"命令，点击屋脊，再点击拉伸屋顶，即可完成屋脊与屋顶的连接。

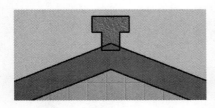
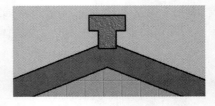

图 7-58

3. 创建二层坡屋顶

利用"迹线屋顶"命令创建项目北侧二层坡屋顶。

将视图调整至"标高 2"平面视图，打开二层平面视图。

点击"建筑"选项卡→"构建"面板→"屋顶"下拉三角→"迹线屋顶"按钮，利用"绘制"面板上的"直线"命令，如图 7-59 所示，在二层平面视图内绘制闭合的屋顶轮廓迹线，轮廓线沿相应轴网向外偏移 800mm。

在图元"属性"下拉三角中选择"常规-200mm"，在实例属性面板中将"尺寸标

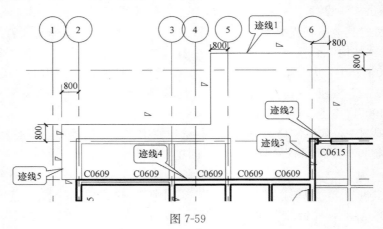

图 7-59

注"→"坡度"改为"22°"。

按住"Ctrl"键选择图 7-59 所示中 5 条屋顶迹线,**取消**"修改|创建屋顶迹线"选项栏中**"定义坡度"前面的复选框**。(取消这 5 条屋顶迹线的坡度)

点击"模式"面板上的按钮完成二层迹线屋顶绘制。

根据上述内容,将迹线屋顶下方 3 堵未连接至屋顶的墙利用"附着"命令附着至迹线屋顶。

根据上述内容,在图 7-60 所示位置创建屋脊,并在"北"立面视图对屋脊进行移动。

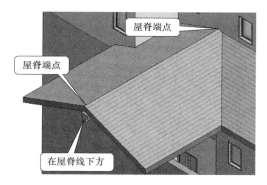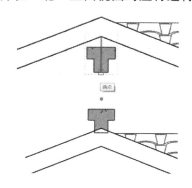

图 7-60

根据上述内容,如图 7-61 所示,将屋脊和屋顶进行连接。

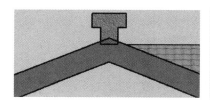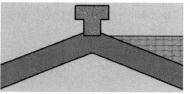

图 7-61

4. 创建三层坡屋顶

在项目浏览器中双击"楼层平面"→"标高 3"平面视图,点击"建筑"选项卡→"构建"面板→"屋顶"下拉三角→"迹线屋顶"按钮,利用"绘制"面板上的"直线"命令,如图 7-62 所示,在三层平面视图内绘制闭合的屋顶轮廓迹线,轮廓线沿相应轴网向外偏移 800mm。

在图元"属性"下拉三角中选择"常规-200mm",在实例属性面板中将"尺寸标注"→"坡度"改为"22°"。

点击"工作平面"面板上的"参照平面"命令,如图 7-62 所示,绘制两条水平参照平面(参照平面与中间两条水平迹线平齐,并和左右最外侧的两条垂直迹线相交)。

点击"修改"面板上的"拆图元"命令,按图 7-62 所示"拆分点"位置对才"参照平面"与最左(右)迹线交点处进行拆分,将最左(右)迹线拆分成上下两段。

按住"Ctrl"键选择图 7-62 所示中 4 条屋顶迹线,**取消**"修改|创建屋顶迹线"选项栏中**"定义坡度"前面的复选框**。(取消这 4 条屋顶迹线的坡度)

点击"模式"面板上的按钮完成三层迹线屋顶绘制。

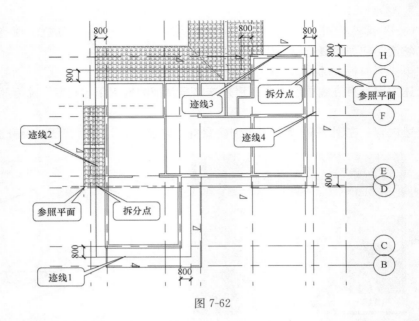

图 7-62

根据上述内容，将迹线屋顶下方所有未连接至屋顶的墙（内墙和外墙）利用"附着"命令附着至迹线屋顶。

通过"项目浏览器"将视图切换至"南立面"视图，在"南立面"视图中如图 7-63 所示框选三层所有构件，点击"选择"面板上的"过滤器"按钮，在弹出的"过滤器"对话框中仅选择"墙"（即所有三层内墙和外墙），确定退出。

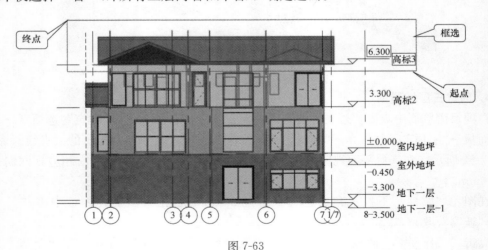

图 7-63

则三层所有墙体被选中，点击"修改墙"面板上的"附着 顶部/底部"命令，然后点击三层迹线屋顶，则三层所有墙体均附着到三层迹线屋顶上。

学员可在三维视图状态下，通过"隐藏"三层迹线屋顶，查看三层墙体的变化情况。

根据上述内容，在图 **7-64** 所示位置创建屋脊并将屋脊移动至合适位置。

保存文件名为"小别墅练习 07-三层平面设计"。

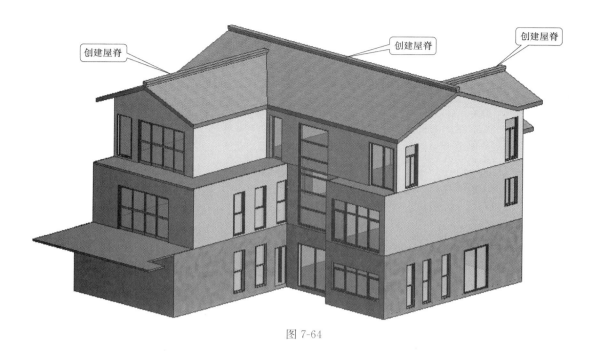

图 7-64

7.5 楼梯和栏杆扶手

1. 室外楼梯和栏杆扶手

（1）设置栏杆扶手类型

点击"建筑"选项卡→"楼梯坡道"面板→"栏杆扶手"按钮，点击图元"属性"面板中的"编辑类型"按钮（此时暂不管栏杆扶手默认为什么类型）。

点击"复制"按钮，将"名称"改为"栏杆-金属栏杆"，如图 7-65 所示，将"构造"→"栏杆偏移"设为"-25"，"使用平台高度调整"设为"否"；"顶部扶栏"→"高度"设为"1050"。

点击"构造"→"扶栏结构（非连续）"后面的"编辑"按钮，按图 7-66 设置各参数。

点击"构造"→"栏杆位置"后面的"编辑"按钮，按图 7-67 设置各参数。

（2）布置外部楼梯

在"项目浏览器"中双击"楼层平面"→"地下一层-1"，打开地下一层平面视图。

图 7-65

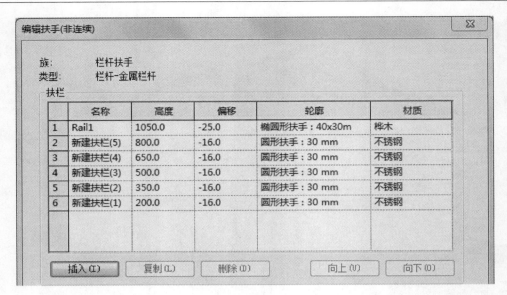

图 7-66

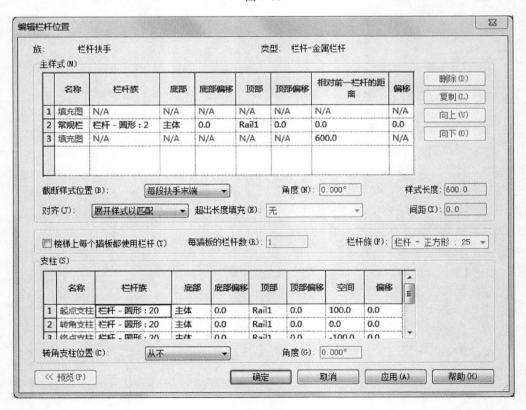

图 7-67

点击"建筑"选项卡→"楼梯坡道"面板→"楼梯"下拉三角→"楼梯（按草图）"按钮。

在图元"属性"面板中下拉三角中选择"整体浇筑楼梯"，将实例属性面板"限制条件"→"底部标高"设为"地下一层-1","顶部标高"设为"室内地坪";"尺寸标注"→"宽度"设为"1200","所需踢面数设为20","实际踏板深度"设为"280"。

选择"绘制"面板上的"直线"命令,在小别墅外侧一定区域单击作为第一跑起点,垂直向下移动鼠标,直至显示"创建了10个踢面,剩余11个"时,单击鼠标,绘制完成第一跑,按"Esc"键退出草图绘制。

点击"工作平面"面板上的"参照平面"命令,如图7-68所示,在第一跑草图正下方900mm处绘制一条辅助线。

进行点击"绘制"面板上的"直线"命令,如图7-69所示鼠标移至第一跑中心线下端,竖直向下移动鼠标至参照平面,待参照平面亮显并提示"交点"时点击捕捉交点作为第二跑起点位置,向下垂直移动光标至尺寸提示长度为"2520",且提示"创建了20个踢面,剩余1个"时点击鼠标,完成第二跑楼梯绘制。

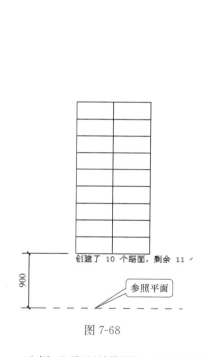

图 7-68

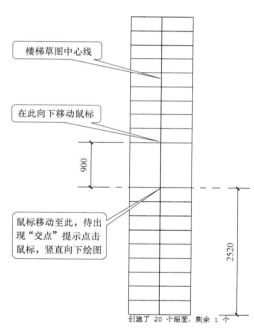

图 7-69

选择"项目浏览器"→"楼层平面"→"室内地坪"平面视图,点击"工作平面"面板上的"参照平面"命令,在"室内地坪"平面视图中如图7-70所示位置绘制一条水平辅助线(参照平面)和一条竖直辅助线(参照平面)。

选中绘制的楼梯草图,点击"修改"面板上的"移动"按钮,点击楼梯草图的左下角,将整个草图一直水平参照平面和数值参照平面的交点位置,如图7-71所示。

点击"模式"面板上的"√"完成外部楼梯绘制,系统出现"警告"提示"实际踢面数与所需踢面数不同"对话框,关闭提示框。

切换至三维视图状体,在三维视图状态删除内侧楼梯扶手,如图7-72所示。

(3)绘制一层平台栏杆

在"项目浏览器"中双击"楼层平面"→"室内地坪",打开一层平面视图。

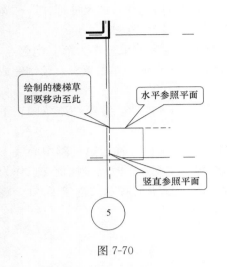

图 7-70

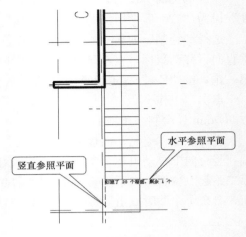

图 7-71

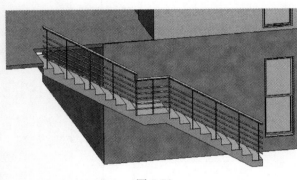

图 7-72

点击"建筑"选项卡→"楼梯坡道"面板→"栏杆扶手"下拉三角→"绘制路径"按钮，选择"绘制"面板上的"直线"命令，将选项栏中的"偏移量"设为"-20"，在图元"属性"面板下拉三角中选择"栏杆-金属栏杆"类型，按图 7-73 所示绘制栏杆扶手路径。

点击"模式"面板上的"√"完成栏杆扶手的绘制。

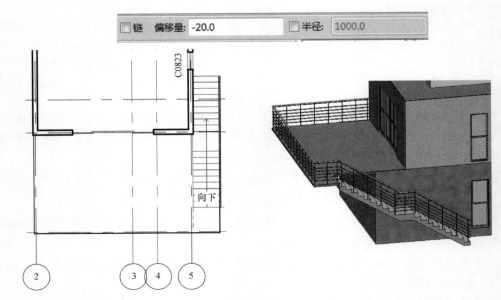

图 7-73

也可以两道楼梯栏杆扶手都删除，利用栏杆扶手"绘制路径"命令一起绘制楼梯外侧栏杆扶手和一层平台栏杆扶手，绘制完成后选择栏杆扶手，利用"工具"→"拾取新主体"命令使楼梯附着到楼梯或平台上。

2. 室内楼梯绘制

（1）绘制参照平面（定位楼梯轮廓用）

在"项目浏览器"中双击"楼层平面"→"地下一层"，地下室平面视图。

点击"工作平面"面板上的"参照平面"命令，如图 7-74 所示在地下一层楼梯间绘制四条参照平面辅助线，并用临时尺寸精确定位参照平面与墙边的距离，两条水平参照平面间距 1820mm。

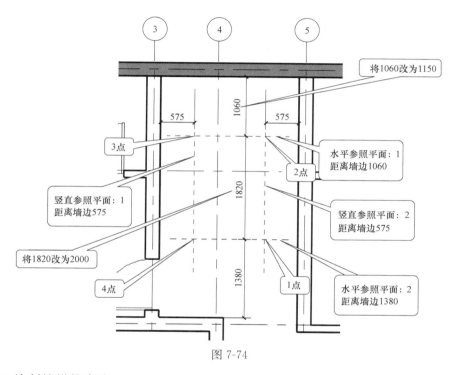

图 7-74

（2）绘制楼梯轮廓线

点击"建筑"选项卡→"楼梯坡道"面板→"楼梯"下拉三角→"楼梯（按草图）"命令，

点击图元"属性"面板"编辑类型"按钮，在弹出的"类型属性"对话框中，将"材质和装饰"→"整体式材质"设为"混凝土-现场浇筑混凝土"；将"踏板"→"最小踏板深度"设为"250"；将"踢面"→"最大踢面高度"设为"200"；将"梯边梁"→"楼梯踏步梁高度"设为"80"，"平台斜梁高度"设为"100"。

在图元"属性"面板下拉三角中选择"整体浇筑楼梯"类型，将"限制条件"→"底部标高"设为"地下一层"，"顶部标高"设为"室内地坪"，"尺寸标注"→"宽度"设为"1150"，"所需踢面数"设为"17"，"实际踏板深度"设为"250"。

点击"绘制"面板上的"直线"按钮，按图 7-74 所示，鼠标首先点取"水平参照平面：2"和"竖直参照平面：2"的交点"1点"在为第一跑的起点，竖直向上移动鼠标至

153

"2 点"（"水平参照平面：1"和"竖直参照平面：2"的交点），点击鼠标绘制完成第一跑草图，鼠标点取"3 点"（"水平参照平面：1"和"竖直参照平面：1"的交点）作为第二跑的起点，鼠标竖直向下移动至矩形预览图形之外单击鼠标，系统会自动创建休息平台和第二跑楼梯草图。

框选楼梯草图线，点击"修改"面板上的"移动"按钮，如图 7-75 所示，将楼梯草图右上角一直下方墙角位置。

点击"模式"面板上的"√"完成室内楼梯绘制。

（3）楼梯间竖井开洞

三维视图状态下查看绘制的室内楼梯，发现楼梯间楼板未开洞，需开楼梯间洞口。

在"项目浏览器"中双击"楼层平面"→"地下一层"（"室内地坪"平面视图暂时无法看到楼梯），打开地下一层平面视图。

点击"建筑"选项卡→"洞口"面板→"竖井"命令，利用"绘制"面板上的"直线"命令，如图 7-76 所示，在"地下一层"视图平面绘制闭合的竖井洞口草图轮廓。

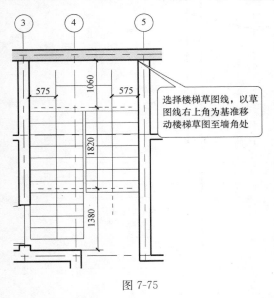

图 7-75

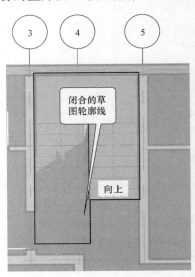

图 7-76

将"属性"-实例属性面板→"限制条件"→"顶部约束"设置为"直到标高：标高 2"。

点击"模式"面板上的"√"完成竖井洞口绘制。

可在三维视图状态下查看竖井洞口效果。

（4）多层楼梯

在"项目浏览器"中双击"楼层平面"→"地下一层"，打开地下一层平面视图。

在地下一层平面视图中选择楼梯，将图元"属性"实例面板中"限制条件"→"多层顶部标高"设置为"标高 2"。

如图 7-77 所示，在三维视图状态下，可以查看楼梯生成效果。

在视图中可发现，楼梯的栏杆扶手在楼层变换处没有自动生成，需学员在相应平面视图中自行绘制。

保存文件名为"小别墅练习 08-楼梯"。

3. 坡道

（1）门口坡道

为图 7-78 所示位置 TLM1824 门口添加坡道。

在"项目浏览器"中双击"楼层平面"→"地下一层-1"。

点击"建筑"选项卡→"楼梯坡道"面板→"坡道"按钮，将图元"属性"-实例属性面板→"限制条件"→"底部标高"设定为"地下一层-1"，"顶部标高"设为"地下一层-1"，"顶部偏移"设为"200"；"尺寸标注"→"宽度"设为"2500"。

点击图元"属性"面板中的"编辑类型"按钮，在弹出的"类型属性"对话框中，将"尺寸标注"→"最大斜坡长度"设为"6000"；"其他"→"坡道最大坡度（1/x）"设为"2.0"，"造型"设置为"实体"，点击"确定"退出。

此处楼梯净高不符合建筑设计要求，需自行编辑墙体，满足楼梯净高要求

在"室内地坪"平面视图自行绘制栏杆扶手

图 7-77

如图 7-79 所示，在"TLM1824"门口绘制坡道，点击"模式"面板上的"√"完成坡道绘制。（现在任意位置点击鼠标作为起点绘制坡道轮廓，键盘输入坡道长度"800"，拖动草图轮廓至图示位置即可）删除坡道两侧栏杆。

（2）车库门口坡度

为车库门口添加带边坡的坡道，上述"坡道"命令不能创建两侧带边坡的坡道，这里将利用"楼板"和"添加点"、"添加分割线"命令创建两侧带边坡的坡道。

在"项目浏览器"中双击"楼层平面"→"地下一层"。

点击"建筑"选项卡→"构建"面板→"楼板"按钮，在图元"属性"下拉三角中选择

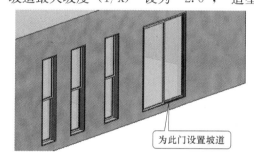

为此门设置坡道

图 7-78

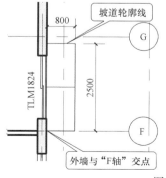

TLM1824

800

坡道轮廓线

G

2500

F

外墙与"F轴"交点

图 7-79

"常规-200mm"楼板类型（由于一般 Revit 建筑样板"楼梯"属性中没有单独的"边坡坡道"类型，这里只能通过普通楼板近似生成坡道）。

点击图元"属性"面板中的"编辑类型"按钮，点击"复制"按钮，将"名称"改为"边坡坡道"，确认楼板厚度为"200"。

点击"绘制"绘制面板上的"直线"命令，按图 7-80 所示尺寸在车库附近任意位置绘制楼板草图轮廓，再将绘制的草图轮廓移动至图示墙角位置。

点击"模式"面板上的"√"完成楼板绘制。

选择绘制的"边坡坡道"楼板，点击"修改|楼板"上下文选项卡→"形状编辑"面板→"添加分割线"命令，按图 7-81 所示，在楼板轮廓内部绘制两条线，同时将图 7-81 中"点 1"-"点 4"4 个点的高度值由"0"改为"-200"，则这 4 个点的高度下降 200mm，回车确定，按"Esc"键退出操作。

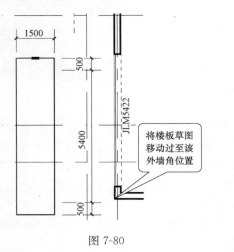

图 7-80

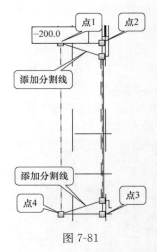

图 7-81

选择绘制的"边坡坡道"楼板，点击"属性"面板中的"编辑类型"按钮，在弹出的"类型属性"对话框中点击"类型参数"-"构造"-"结构"-"编辑…"按钮，弹出"编辑部件"对话框，如图 7-82 所示，在"编辑部件"对话框中勾选"结构 [1]"一栏最后的**"可变"复选框**，依次点击"确定"退出。

添加带边坡的坡道效果如图所示。

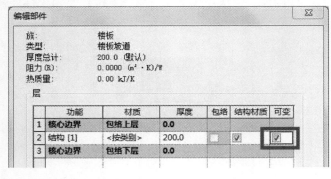

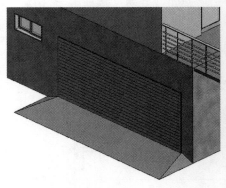

图 7-82

4. 台阶

（1）主入口台阶

在门 M1824 主入口处添加台阶。

双击"项目浏览器"中双击"楼层平面"→"室内地坪"，打开一层平面视图。

点击"建筑"选项卡→"构建"面板→"楼板"按钮，在图元"属性"面板下拉三角中选择"常规-300mm"类型，点击"编辑类型"按钮，在弹出的"类型属性"对话框中点击"复制"按钮，将"名称"改为"常规-450mm"，将该类型楼板厚度改为 450mm，点击"确定"退出。

利用"绘制"面板上的"直线"命令，按图 7-83 所示，绘制楼板草图轮廓，点击"模式"面板上的"√"完成楼板绘制。

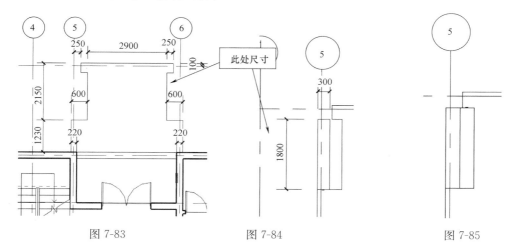

图 7-83   图 7-84   图 7-85

点击"建筑"选项卡→"构建"面板→"楼板"按钮，在图元"属性"面板下拉三角中选择"常规-150mm"类型，将图元"属性"面板中"限制条件"→"标高"设定为"室外地坪"，"自标高的高度…"设为"150"，按图 7-84 所示台阶左侧凹进部位绘制楼板作为第一步台阶，点击"模式"面板上的"√"完成楼板绘制。

在图元"属性"面板下拉三角中选择"常规-300mm"类型，将图元"属性"-实例属性面板→"标高"设定为"室外地坪"，"自标高的高度…"设为"300"，按图 7-85 所示台阶左侧凹进部位绘制楼板作为第二步台阶，点击"模式"面板上的"√"完成楼板绘制。

同理，在台阶右侧凹进部位绘制两步台阶，最终效果如图 7-86 所示。

（2）地下一层台阶

双击"项目浏览器"中双击"楼层平面"→"地下一层-1"平面视图。

点击"建筑"选项卡→"构建"面板→"楼板"按钮。

在图元"属性"面板下拉三角中选择"常规-100mm"类型，将图元"属性"面板中"限制条

图 7-86

件"→"标高"设定为"地下一层-1","自标高的高度…"设为"100",按图 7-87 所示位置绘制楼板草图轮廓线,点击"模式"面板上的"√"完成楼板绘制。

在图元"属性"面板下拉三角中选择"常规-200mm"类型,将图元"属性"面板中"限制条件"→"标高"设定为"地下一层-1","自标高的高度…"设为"200",按图 7-88 所示位置绘制楼板草图轮廓线,点击"模式"面板上的"√"完成楼板绘制。

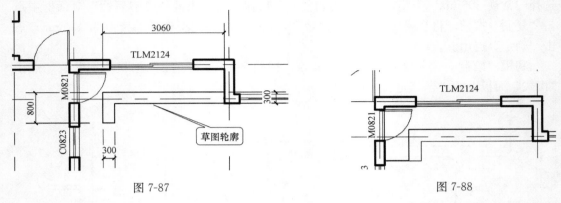

图 7-87   图 7-88

点击"建筑"选项卡→"构建"面板→"墙"按钮,在图元"属性"面板下拉三角中选择"内部 - 砌块墙 100mm"类型。

将图元"属性"面板中"限制条件"→"底部限制条件"设定为"地下一层-1","顶部约束"设为"未连接","无连接高度"设为"400"。

将"修改|放置 墙"选项栏中"定位线"设为"面层面:外部"。

按图 7-89 所示位置绘制 100 厚矮墙作为台阶挡板。

选中矮墙,点击"修改|墙"上下文选项卡→"模式"面板→"编辑轮廓"按钮,矮墙变为粉色轮廓线,将视图调整为南立面视图,按图 7-90 所示编辑墙体轮廓,点击"模式"面板上的"√"完成编辑。

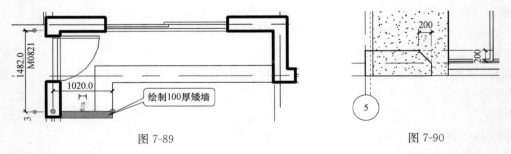

图 7-89   图 7-90

可在三维视图状态下,查看绘制效果。

保存文件为"小别墅练习 09-台阶"。

7.6 梁与柱

1. 地下一层平面结构柱

双击"项目浏览器"中双击"楼层平面"→"地下一层-1"平面视图。

点击"插入"选项卡→"从库中载入"面板→"载入族"按钮,在弹出的"载入族"对话框中载入"Architecture"→"结构"→"柱"→"混凝土"→"混凝土-矩形-柱"。

点击"建筑"选项卡→"工作平面"面板→"参照平面"按钮,按图 7-91 所示位置绘制 3 个参照平面。

点击"建筑"选项卡→"构建"面板→"柱"下拉三角→"结构柱"按钮,选择"混凝土-矩形-柱 300450mm"类型。

将"修改|放置 结构柱"选项栏中设定为"高度"、"未连接"、"2500"。

在图 7-91 所示位置绘制 2 个混凝土矩形柱。

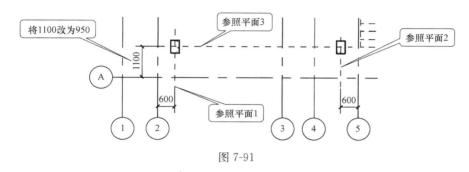

图 7-91

在三维视图中点击柱子,再点击"修改|结构柱"上下文选项卡→"修改柱"面板→"附着 顶部/底部"按钮,选择结构柱上面的平台楼板,则结构柱将附着于平台楼板。

2. 一层平台梁

双击"项目浏览器"中双击"楼层平面"→"室内地坪"平面视图。

点击"插入"选项卡→"从库中载入"面板→"载入族"按钮,在弹出的"载入族"对话框中载入"Architecture"→"结构"→"框架"→"混凝土"→"混凝土-矩形梁"。

点击"结构"选项卡→"结构"面板→"梁"按钮,选择"混凝土-矩形梁 300×600mm"类型。

按图 7-92 所示布置梁,"梁 1"、"梁 2"和"梁 3"中心线分别为"参照平面 1"、"参

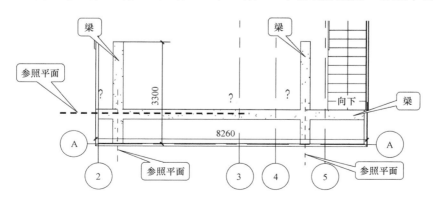

图 7-92

照平面 2"和"参照平面 3",即把图元"属性"-实例属性面板→"限制条件"→"侧向对正"设定为"中心线"。

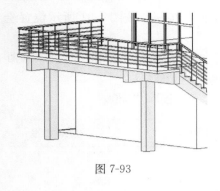

图 7-93

绘制完成后三维视图效果如图 7-93 所示。

3. 一层主入口处布置结构柱

双击"项目浏览器"中双击"楼层平面"→"室内地坪"平面视图。

点击"建筑"选项卡→"构建"面板→"柱"下拉三角→"结构柱"按钮,点击图元"属性"面板中的"编辑类型"按钮,在弹出的"类型属性"对话框中点击"复制"按钮,将名称改为"350×350mm",并将"类型属性"中的"尺寸标注"→"b"和"h"均改为"350",点击"确定"退出。

按图 7-94 所示在一层注入口处布置两个"350×350mm"结构柱。(如图三维视图中结构柱没有和台阶紧密接触,可通过"移动"命令将结构柱移动至设计位置)

点击选择绘制的结构柱,将"属性"-实例属性面板→"限制条件"→**"底部标高"**设为**"室外地坪"**,"顶部标高"设为"室内地坪","顶部偏移"设为"2800"。

点击"建筑"选项卡→"构建"面板→"柱"下拉三角→**"建筑柱"**按钮,点击图元"属性"面板中的"编辑类型"按钮,在弹出的"类型属性"对话框中点击"复制"按钮,将名称改为"250×250mm",并将"类型属性"中的"尺寸标注"→"深度"和"宽度"均改为"250",点击"确定"退出。

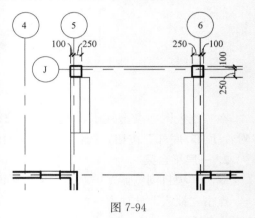

图 7-94

在图 7-94 所示两个"350×350mm"结构柱中心位置布置各布置一个"250×250mm"建筑柱。

选择布置的建筑柱,将"属性"-实例属性面板→"限制条件"→**"底部标高"**设为**"室内地坪"**,**"底部偏移"**设为**"2800"**。

点击"修改|柱"上下文选项卡→"修改柱"面板→"附着 顶部/底部"按钮,将"修改|柱"选项栏中"附着对正"设为"最大相交",然后再点击建筑柱上方的拉伸屋顶,完成附着操作。

修改|柱	附着柱:◉ 顶 ○ 底	附着样式: 剪切柱 ▼	附着对正: 最大相交 ▼

一层主入口处布置完成柱的三维效果如图 7-95 所示。

4. 二层平台处布置建筑柱

双击"项目浏览器"中双击"楼层平面"→"标高 2"平面视图。

点击"建筑"选项卡→"构建"面板→"柱"下拉三角→**"建筑柱"**按钮,点击图元

"属性"面板中的"编辑类型"按钮,在弹出的
"类型属性"对话框中点击"复制"按钮,将名称
改为"300×200mm",并将"类型属性"中的
"尺寸标注"→"深度"改为"200","宽度"改为
"300",点击"确定"退出。

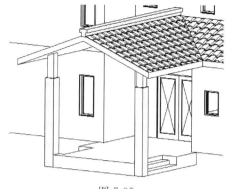

　　按图 7-96 所示,在"4 轴"和"B 轴"相交
处放置一根"300×200mm"建筑柱;点击"修改
|放置 柱"选项栏中"放置后旋转"前面的复选
框,然后在"5 轴"和"C 轴"相交处放置一根
"300×200mm"建筑柱,并将柱旋转 90°。

图 7-95

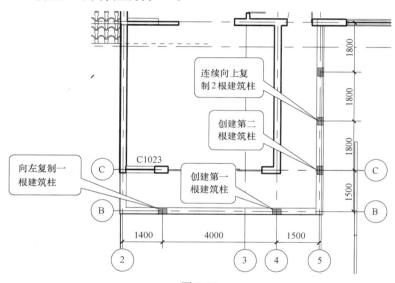

图 7-96

　　点击选中"4 轴"和"B 轴"相交处的建筑柱,然后选择"几何图形"面板上的"复
制"命令,水平移动鼠标,输入"4000"后回车,在左侧 4000mm 处复制一根建筑柱。

　　点击选中"5 轴"和"C 轴"相交处的建筑柱,同理"几何图形"面板上的"复制"
命令,并勾选"修改|柱"选项栏中"多个"前面的对话框,竖直向上移动鼠标,并连续
两次输入"1800"回车确定,右上方复制两个建筑柱。

　　绘制完成后三维视图效果如图 7-97 所示。

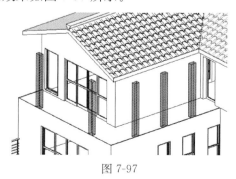

图 7-97

161

保存文件名为"小别墅练习 10-柱、梁"。

7.7 内建模型

1. 二层雨棚玻璃

双击"项目浏览器"中双击"楼层平面"→"标高 2"平面视图。

点击"建筑"选项卡→"构建"面板→"屋顶"下拉三角→"迹线屋顶"按钮。

取消选项栏中"定义坡度"前面的复选框。

点击图元"属性"面板下拉三角,选择"玻璃斜窗"类型,将图元"属性"-实例属性面板→"限制条件"→"自标高的底部…"设为"2600"。

如图 7-98 所示,在二层南侧创建雨棚玻璃草图轮廓线。

点击"模式"面板上的"√"完成雨棚玻璃绘制。

三维视图效果如图 7-99 所示。

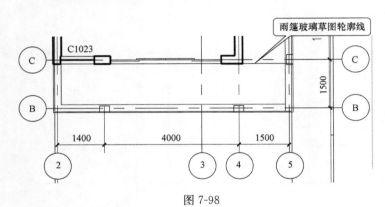

图 7-98   图 7-99

2. 二层雨棚工字钢梁

二层南侧雨棚玻璃上的工字钢梁可以通过创建内建族的方式布置,内建构件仅能存在于本项目中,不能载入其他项目。

双击"项目浏览器"中双击"楼层平面"→"标高 2"平面视图。

点击"建筑"选项卡→"构建"面板→"构件"下拉三角→"内建模型"按钮,在弹出的"族类别和族参数"对话框中选择"屋顶"类型(本案例中为使建筑柱附着至构件,所选族类型可为"屋顶"或"楼板"类型),点击"确定"退出,弹出"名称"对话框,将"名称"命名为"工字钢梁",点击"确定"按钮,进入内建族编辑器模式。

点击"创建"选项卡→"模型"面板→"模型线"按钮,利用"修改|放置线"上下文选项卡→"绘制"面板→"直线"命令,如图 7-100 所示,绘制直线作

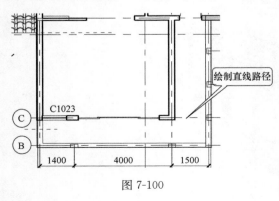

图 7-100

为路径。

点击"创建"选项卡→"模型"面板→"参照平面"按钮，利用"修改|放置 参照线"上下文选项卡→"绘制"面板→"直线"命令，在图 7-100 所示适当位置绘制水平参照线。

（1）放样生成工字钢梁

点击"创建"选项卡→"形状"面板→"放样"按钮，选择"修改|放样"上下文选项卡→"放样"面板→"拾取路径"命令，鼠标选择图 7-100 中所绘制的直线路径，点击"模式"面板上"√"的按钮完路径拾取。

选择"修改|放样"上下文选项卡→"放样"面板→"编辑轮廓"命令，在弹出的"转到视图"对话框中选择"立面：南"，点击"打开视图"按钮，视图调整为"南立面"。

在"南立面"视图中按图 7-101 所示，在雨棚玻璃最左侧下方绘制工字钢梁草图轮廓线。

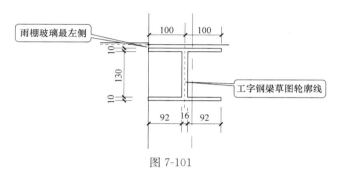

图 7-101

两次点击"模式"面板上的"√"完成工字钢梁放样。

点击"属性"-实例属性面板→"材质和装饰"→"＜按类别＞"按钮，在弹出的"材质浏览器"中选择"金属-钢"。

（2）拉伸生成工字钢梁

点击"创建"选项卡→"形状"面板→"拉伸"按钮，选择"修改|创建拉伸"上下文选项卡→"工作平面"面板→"设置"命令，在弹出的"工作平面"对话框中选择"拾取一个平面"，点击"确定"后点击选择"B 轴"，系统自动弹出"转到视图"对话框，在对话框中选择"立面：南"，点击"打开视图"按钮。

在"南立面"视图中二层位置最左侧"300×200mm"建筑柱位置按图 7-102 所示绘制工字钢梁草图轮廓。

点击"模式"面板上的"√"完成草图轮廓绘制。

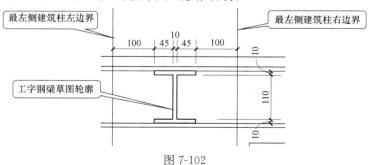

图 7-102

163

将"属性"-实例属性面板→"限制条件"→"拉伸起点"设为"-1480","拉伸终点"设为"-80";"材质和装饰"设为"金属-钢"

在"南立面"视图中可利用"复制"命令将最左侧的工字钢梁向右复制 3 个（复制间距约 1333mm），如图 7-103 所示。

选择刚创建的 4 个工字钢梁，将"属性"面板实例属性中的"限制条件"→"拉伸起点"设为"1400","拉伸终点"设为"0"，最终效果如图 7-103 所示。点击"在为编辑器"面板上的"√"完成内建族的创建。

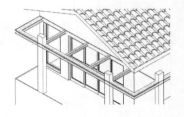

复制该工字钢梁生成另外3个工字钢梁

图 7-103

三维视图中选择二层平台上的"300×200mm"建筑柱，点击"修改柱"面板上的"附着 顶部/底部"按钮，再点击工字钢梁，将建筑柱附着至工字钢梁。

3. 二层阳台栏杆扶手

双击"项目浏览器"中双击"楼层平面"→"标高 2"平面视图。

点击"建筑"选项卡→"楼梯坡道"面板→"栏杆扶手"下拉三角→"绘制路径"按钮，将选项栏中"偏移量"设为"50"，按图 7-104 所示阳台位置，以外墙边为基准（向内偏移 50mm）**逆时针**绘制栏杆扶手轮廓线。

点击"模式"面板上的"√"完成草图轮廓绘制。

点击"模式"面板上的"√"完成栏杆扶手轮廓绘制。

同理，在该"L 形"阳台，"5 轴"上"300×200mm"建筑柱之间分别绘制栏杆扶手（由于绘制的栏杆扶手轮廓线必须连续，此处仅能在两柱之间一段一段的绘制）。

最终效果如图 7-105 所示。

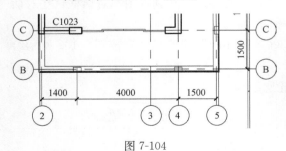

图 7-104

图 7-105

同理如图 7-106 所示，在二层"6 轴"和"7 轴"之间的阳台上绘制栏杆扶手。

4. 地下一层雨棚

（1）绘制挡土墙

双击"项目浏览器"中双击"楼层平面"→"地下一层-1"平面视图。

点击"建筑"选项卡→"构建"面板→"墙"按钮，在"属性"面板下拉三角中选择

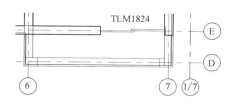
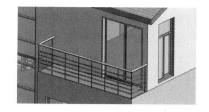

图 7-106

"挡土墙-240 混凝土"类型（没有该类型，学员可自行创建），将"限制条件"→"底部限制条件"设为"地下一层-1"，"顶部约束"设为"直到标高：室内地坪"。

利用"绘制"面板上的"直线"命令按图 7-107 所示，绘制挡土墙。

（2）绘制雨棚玻璃

与**上述所讲内容**类似，利用"迹线屋顶"→"玻璃斜窗"命令绘制雨棚玻璃。

双击"项目浏览器"中双击"楼层平面"→"室内地坪"平面视图。

点击"建筑"选项卡→"构建"面板→"屋顶"下拉三角→"迹线屋顶"按钮。

取消选项栏中"定义坡度"前面的复选框。

点击图元"属性"面板下拉三角，选择"玻璃斜窗"类型，将图元"属性"-实例属性面板→"限制条件"→"底部标高"设为"室内地坪"，"自标高的底部…"设为"550"，按图 7-108 所示，利用"绘制"面板上的"直线"命令，绘制雨棚玻璃草图轮廓线。

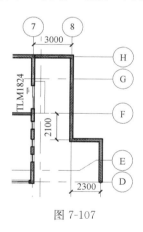

图 7-107

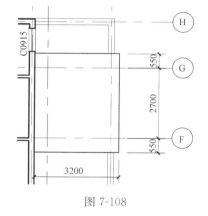

图 7-108

点击"模式"面板上的"√"完成草图轮廓绘制。

（3）雨棚玻璃底部支撑

双击"项目浏览器"中双击"楼层平面"→"室内地坪"平面视图。

点击"建筑"选项卡→"构建"面板→"墙"按钮，在"属性"面板下拉三角中选择"基本墙：常规-90mm 砖"类型。

点击"属性"面板中的"编辑类型"按钮，在弹出的"类型属性"对话框中点击"复制"按钮，将"名称"改为"支撑构件"，点击"类型参数"→"构造"→"结构"→"编辑…"按钮，在弹出的"编辑部件"对话框中将"结构［1］"的"材质"设为"钢"，"厚度"设为"100"，依次点击"确定"退出。

将图元"属性"-实例属性面板→"限制条件"→"定位线"设为"墙中心线"，"底部限

165

制条件"设为"室内地坪","底部偏移"设为"0","顶部约束"设为"未连接","无连接高度"设为"550"。

按图 7-109 所示位置绘制一面墙体，长度为 3000mm，绘制效果如图所示。

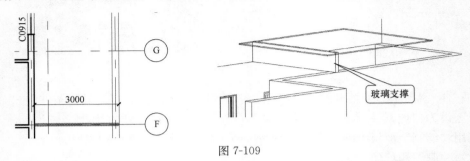

图 7-109

编辑支撑构件轮廓：点击创建的支撑构件，点将视图调整为三维视图"前"视图或"南立面"视图，点击"修改|墙"上下文选项卡→"模式"面板→"编辑轮廓"按钮，利用"绘制"面板上的"直线"命令，如图 7-110 所示编辑支撑构件轮廓，点击"模式"面板上的"√"完成轮廓编辑。

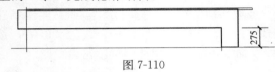

图 7-110

阵列生成其他支撑构件：在"室外地坪"平面视图中"临时隐藏"玻璃雨棚，选择支撑构件，点击"修改|墙"上下文选项卡→"修改"面板→"阵列"按钮，将"修改|墙"选项栏中"数目数"设为"4（包括参照支撑构件）","移动到：最后一个"。

如图 7-111 所示，先点击挡土墙与"F 轴"交点作为起点，再点击挡土墙与"G 轴"交点作为最后一个构件阵列范围。

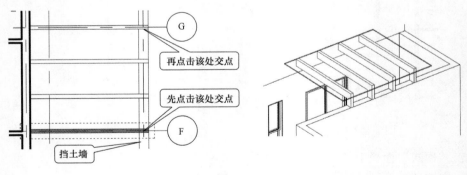

图 7-111

保存文件名为"小别墅练习 11-内建构件"。

7.8　场地与明细表

7.8.1　场地

1. 地形表面

地形表面是建筑场地地形或地块地形的图形表示。

双击"项目浏览器"中双击"楼层平面"→"场地"平面视图。

点击"建筑"选项卡→"工作平面"面板→"参照平面"按钮,按图 7-112 所示,绘制 6 条参照平面作为地形的边界轮廓。

参照平面:**1**——"1 轴"左侧 10000mm;参照平面:**2**——"8 轴"右侧 10000mm;

参照平面:**3**——"J 轴"上侧 10000mm;参照平面:**4**——"H 轴"上侧 240mm;

参照平面:**5**——"D 轴"下侧 1100mm;参照平面:**6**——"A 轴"下侧 10000mm;

6 条参照平面彼此相交出 A~H 8 个交点,具体位置如图所示。

点击"体量和场地"选项卡→"场地建模"面板→"地形表面"按钮,

将"修改|编辑表面"选项栏中"高程"设为"-450",在绘图区点击交点 A、B、C、D 位置;

将"修改|编辑表面"选项栏中"高程"设为"-3500",在绘图区点击交点 E、F、G、H 位置;

放置完成点后,点击"工具"面板上的"√"按钮,完成场地地形表面的绘制。

在三维视图中点击绘制的地形表面,点击"属性"-实例属性面板→"材质和装饰"→"<按类型>"后面的按钮,在弹出的"材质浏览器"中选择"其他-草",即为场地地形表面赋予材质。

2. 建筑地坪

上述内容创建了一个带有简单坡度的地形表面,而建筑的首层底面是水平的,因此需创建建筑地坪。

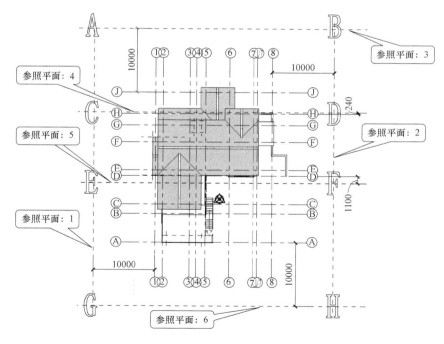

图 7-112

双击"项目浏览器"中双击"楼层平面"→"地下一层-1"平面视图。

点击"体量和场地"选项卡→"场地建模"面板→"建筑地坪"按钮,利用"绘制"面板上的"直线"命令，参照图 7-113 所示位置绘制**闭合的**建筑地坪轮廓线。

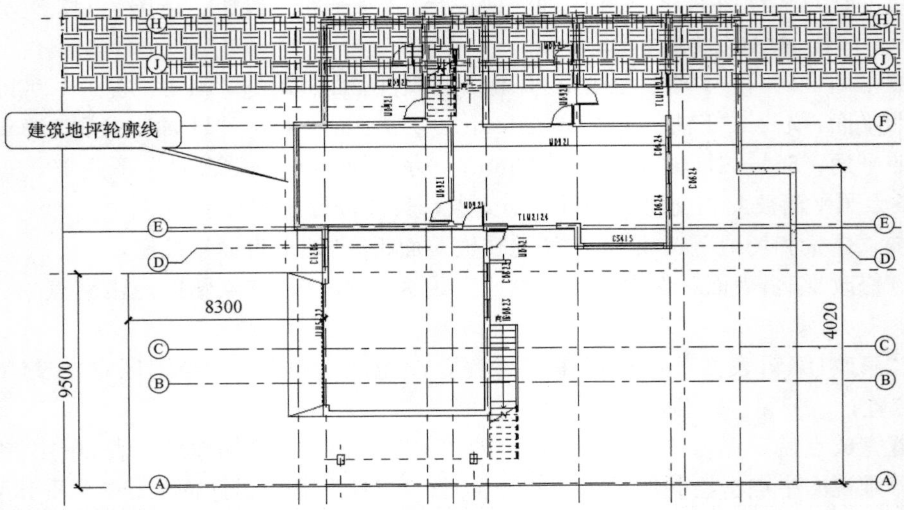

图 7-113

3. 子面域（道路）

"子面域"是在现有地形表面上绘制的区域，可使用"子面域"命令在地形表面创建道路、水域、停车场等。

"子面域"命令和"建筑地坪"不同，"建筑地坪"命令会创建出具有独立的水平表面，并剪切地形表面；而"子面域"命令不会生成独立的地形平面，而是在地形表面上圈定一定区域，该区域可以赋予不同的材质以表示不同的场地信息。

双击"项目浏览器"中双击"楼层平面"→"室外地坪"平面视图。

点击"体量和场地"选项卡→"修改场地"面板→"子面域"按钮，利用"绘制"面板上的"直线"命令和"起点-终点-半径弧"命令，参照图 7-114 所示尺寸绘制**闭合的**子面域边界轮廓线。

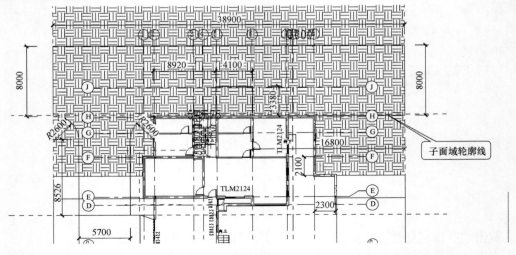

图 7-114

点击"模式"面板上的"√"完成子面域设置。

4. 场地构件

地形表面和道路创建完成后，可根据需要为场地配上花草、树木、路灯等各种场地构件及停车场构件，以丰富场地场景。

双击"项目浏览器"中双击"楼层平面"→"场地"平面视图。

点击"体量和场地"选项卡→"场地建模"面板→"场地构件"按钮，在图元"属性"面板下拉三角中选择需要的场地构件（可点击"插入"选项卡→"从库中载入"面板→"载入族"按钮，在"Architecture"→"植物"或"场地"文件夹中载入需要的场地构件，载入的构件有可能通过"建筑"选项卡→"构建"面板→"构件"下拉三角→"放置构件"按钮，并在图元"属性"面板下拉三角中选择）。

在图元"属性"下拉三角中选中需要的场地构件后，即可在场地范围内适当位置随意放置构件。

如需在场地上布置停车场，可需点击"体量和场地"→"场地建模"面板→"停车场构件"按钮，在图元"属性"面板下拉三角中选择停车场类型，在场地适当位置布置停车场。

场地布置效果如图 7-115 所示。

保存文件名为"小别墅练习-场地"。

7.8.2 明细表

1. Revit 明细表

Revit 可以自动提取各种建筑构件、房间面积、注释、视图、图纸等图元的属性参数，并以表格的形式显示图元信息，从而自动创建门窗等构件统计表、墙体统计表、材质明细表等各种表格。

操作者可以在设计过程中的任何时候创建明细表，明细表将自动更新以反映对

图 7-115

项目的修改，明细表是项目信息的另一种表示和查看方式。

明细表以表格的形式表示信息，这些信息是从项目中的图元属性中提取出来的。

2. 构件明细表

（1）明细表生成

点击"视图"选项卡→"创建"面板→"明细表"下拉三角→"明细表/数量"按钮，或在"项目浏览器"→"明细表/数量"位置右击，在弹出的菜单中选择"明细表/数量…"；

在弹出的"新建明细表"对话框中，选择需要的类别，如"墙"，则"名称"一栏自动命名为"墙明细表"（也可根据需要补充该名称），点击"确定"退出；

如图 7-116 所示，在弹出的"明细表属性"对话框中，根据实际需要，可在"字段"选项→"可用的字段"中选择具体字段，如"体积"、"厚度"、"长度"、"族与类型"、"面积"等。

每选中一个"可用的字段"，可点击"添加（A）-->"按钮或双击选中字段，则该字段

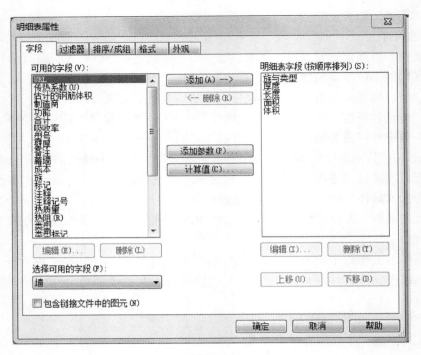

图 7-116

添加到对话框右侧的"明细表字段（按顺序排列）"一栏，可通过"上移（U）"或"下移（D）"按钮调整字段在明细表中的位置。

明细表字段添加完成后，点击"确定"按钮，系统自动切换至"墙明细表"显示窗口，如图 7-117 所示。

墙明细表				
族与类型	厚度	长度	面积	体积
基本墙: 剪力墙 - 240mm	240	1200	5.00	1.15
基本墙: 剪力墙 - 240mm	240	4500	15.75	3.59
基本墙: 剪力墙 - 240mm	240	1200	4.16	0.96
基本墙: 剪力墙 - 240mm	240	4500	15.75	3.59
基本墙: 剪力墙 - 240mm	240	14700	49.80	11.34
基本墙: 剪力墙 - 240mm	240	9900	26.01	5.83
基本墙: 地下 层外墙 240mm	240	3900	8.55	1.91

图 7-117

（2）表格数据处理

如需对生成的明细表排序进行细部处理，可点击图元"属性"-实例属性面板→"其他"→"排序/成组"→"编辑…"按钮，重新回到"明细表属性"对话框-"排序/成组"选项；

如图 7-118 所示，在"排序/成组"选项→"排序方式"→"无"下拉三角中选择以哪个字段作为控制排序的内容，也可选择按"升序"或"降序"排序，以及是否加入"页眉"和"页脚"，同时也可选择"否则按"其他多个字段进行更细致的要求，以及是否进行总数"总计"，点击"确定"退出。

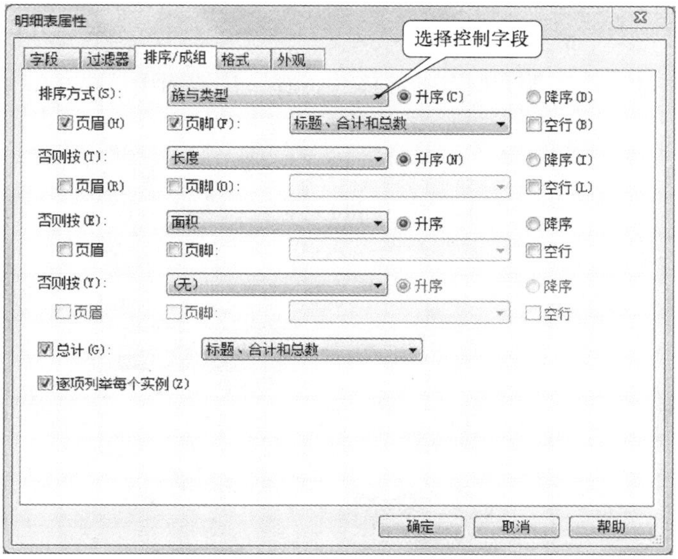

图 7-118

图 7-119 为对明细表排序进行处理的结果。

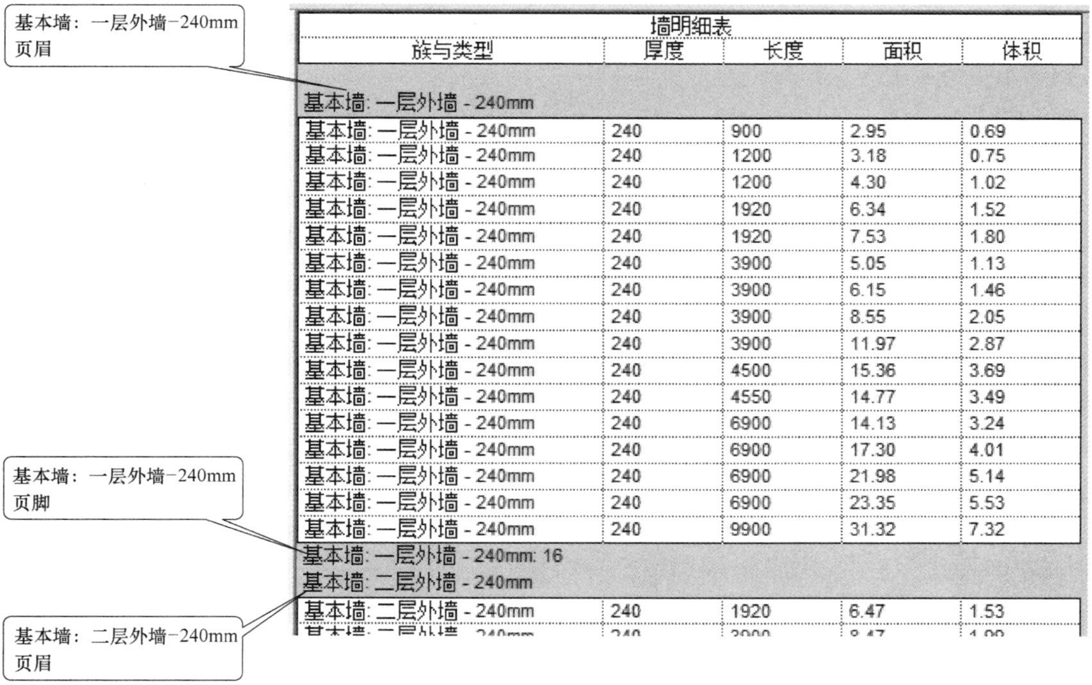

图 7-119

图 7-118 中的"总计"为总数量的统计，如若需要明确总面积或总体积的统计数值，可点击图元"属性"-实例属性面板→"其他"→"格式"→"编辑…"按钮，重新回到"明细表属性"对话框-"格式"选项；

分别选择"格式"选项→"字段"→"面积"或"体积",并勾选对话框右侧下方的"计算总数"复选框,点击"确定"退出。

则在明细表中每一"族与类型"的墙体**"页脚"**位置列出该类型墙体的总面积和总体积,有助于工程量计算。

也可通过点击"明细表属性"对话框"格式"选项→"字段格式…"按钮,弹出"格式"对话框,取消勾选"使用项目设置",自行每一字段的"单位"、"舍入"、"单位符合"等,如图 7-120 所示。

图 7-120

添加"成本":

如需在明细表中添加"成本"计算,可点击图元"属性"-实例属性面板→"其他"→"字段"→"编辑…"按钮,重新回到"明细表属性"对话框-"字段"选项,在"可用的字段"一栏中选择"成本"并"添加",点击"确定",则墙明细表中增加了"成本"一项内容。

Revit 明细表中虽然有"成本"这一项字段,但并没有给出"成本"的具体内容,需要在明细表中自行输入,同一类型的成本(即单价)是一样的,因此在明细表中在同一类型中任意一个栏输入具体成本值时,**该类型所有图元均被赋予同一数值**,如图 7-121 所示。

墙明细表					
族与类型	厚度	长度	面积	体积	成本
基本墙: 一层外墙 - 240mm					
基本墙: 一层外墙 - 240mm	240	900	2.95 m²	0.69 m³	100.00
基本墙: 一层外墙 - 240mm	240	1200	3.18 m²	0.75 m³	100.00
基本墙: 一层外墙 - 240mm	240	1200	4.30 m²	1.02 m³	100.00
基本墙: 一层外墙 - 240mm	240	1920	6.34 m²	1.52 m³	100.00
基本墙: 一层外墙 - 240mm	240	1920	7.53 m²	1.80 m³	100.00
基本墙: 一层外墙 - 240mm	240	3900	5.05 m²	1.13 m³	

此类"成本"赋予同一数值

图 7-121

创建"计算值":

点击图元"属性"-实例属性面板→"其他"→"字段"→"编辑…"按钮,进入"明细表属性"对话框-"字段"选项,点击对话框中间位置的"计算值"按钮,弹出"计算值"对话框，如图 7-122 所示。

在"计算值"对话框-"名称"中添加计算结果的名称，如"造价（或其他名称）"；利用"公式"一栏确定计算方法，点击"公式"一栏后面的"…"按钮，选择**"面积 * 成本"**，点击"确定"，系统自动弹出"Revit"提示框（提示：单位不一致），应在"公式"一栏后面利用"…"按钮输入**"面积 * 成本/1"**，点击"确定"退出。

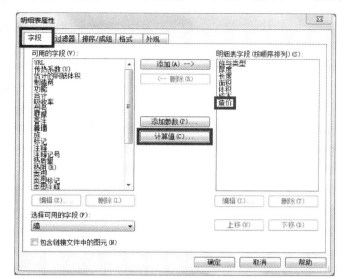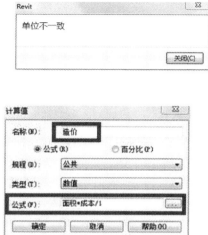

图 7-122

"明细表属性"对话框中-"字段"选项→"明细表字段（按顺序排列）"一栏中添加了"造价"字段，点击"确定"退出后，墙明细表最后一列即为"造价"，其计算方法为表中的"面积"值"成本"（单价）。

可通过点击图元"属性"-实例属性面板→"其他"→"格式"→"编辑…"按钮，在"明细表属性"对话框-"格式"选项，调整"造价"的"字段格式"，以满足实际建表样式需要。

过滤器：

当明细表中的内容较多，根据工程需要仅对满足某些要求的字段进行查看，可使用图元"属性"-实例属性面板→"其他"→"过滤器"→"编辑…"命令，通过"过滤器条件"的设置实现满足要求内容的显示编辑。

（3）表格使用

选择明细表中任意一栏（或需要查询显示的一栏），点击"修改明细表/数量"选项卡→"图元"面板→"在模型中高亮显示"按钮，如含有该栏信息的图元没有打开，如图7-123 所示，则系统自动弹出"Revit"提示，可点击"确定"，系统则开始在不同视图中高亮显示图元（明细表中选中图元信息的一栏），同时弹出"显示视图中的图元"对话框，依次点击"显示"按钮，将在含有该图元不同视图中切换。

3. 材质提取

点击"视图"选项卡→"创建"面板→"明细表"下拉三角→"材质提取"按钮，或在"项目浏览器"→"明细表/数量"位置右击，在弹出的菜单中选择"新建材质提取…"；

弹出"新建材质提取"对话框，在"类别"中选择具体图元类型，如选择"墙"，则

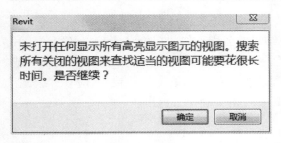
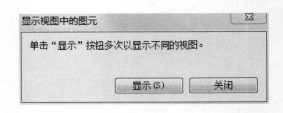

图 7-123

"名称"位置自动命名为"墙材质提取",点击"确定"按钮;

弹出"材质提取属性"对话框,在"可用的字段"中选择需要的材质字段,如选择"族与类型"、"**材质**:名称"、"**材质**:面积"、"**材质**:体积"、"**材质**:成本"等,点击"添加(A)-->"按钮或双击选中字段,则该字段添加到对话框右侧的"明细表字段(按顺序排列)"一栏,可通过"上移(U)"或"下移(D)"按钮调整字段在材质提取中的位置,点击"确定"退出,视图中将显示"墙材质提取"表。

与"明细表"操作类似,可通过图元"属性"-实例属性面板→"其他"→"字段"("过滤器"、"排序/成组"、"格式"、"外观")→"编辑…"命令,对"材质提取"表进行编辑。

经编辑显示的"墙材质提取"表如图 7-124 所示。

墙材质提取				
族与类型	材质:名称	材质:面积	材质:体积	材质:成本
基本墙: 一层外墙 - 240mm	默认墙	30.42	0.60	110.00
基本墙: 二层外墙 - 240mm	默认墙	30.55	0.62	110.00
基本墙: 二层外墙 - 240mm	默认墙	33.04	0.66	110.00
基本墙: 二层外墙 - 240mm	默认墙	45.62	0.91	110.00
默认墙: 4		139.62	2.79	
基本墙: 二层外墙 - 240mm	砖,普通,红色	30.89	6.19	105.00
基本墙: 二层外墙 - 240mm	砖,普通,红色	31.24	6.10	105.00
基本墙: 二层外墙 - 240mm	砖,普通,红色	32.95	6.49	105.00
基本墙: 二层外墙 - 240mm	砖,普通,红色	45.58	9.07	105.00
砖,普通,红色: 4		140.66	27.87	
基本墙: 一层外墙 - 240	瓷砖,瓷器,6 英寸	31.32	0.62	100.00
瓷砖,瓷器,6 英寸: 1		31.32	0.62	
基本墙: 剪力墙 - 240mm	混凝土,现场浇注 - C30	49.80	11.34	105.00
混凝土,现场浇注 - C30: 1		49.80	11.34	
基本墙: 二层外墙 - 240mm	涂料-灰白色	30.92	0.62	115.00
基本墙: 内墙 - 120mm	涂料-灰白色	30.96	0.31	115.00

图 7-124

与"明细表"操作类似,也可点击图元"属性"-实例属性面板→"其他"→"字段"(→"编辑…"命令,在弹出的"材质提取属性"对话框-"字段"选项中点击"计算值(C)…"按钮,在弹出的"计算值"对话框中将"名称"命名为"材质:费用(或其他名称)",利用"公式"一栏确定计算方法,点击"公式"一栏后面的"…"按钮,选择输入"**材质:面积 ∗ 材质:成本/1**",点击"确定"退出。

"材质提取属性"对话框中-"字段"选项→"明细表字段(按顺序排列)"一栏中添加了"材质:费用"字段,点击"确定"退出后,墙明细表最后一列即为"材质:费用",其计算方法为表中的"材质:面积"值"材质:成本"(单价)。通过设定"格式"选项→"字段"中"材质:费用"的"字段格式",以满足实际建表样式需要,如图 7-125 所示。

"材质提取"表格使用的方法与"明细表"类似，这里不再赘述。

墙材质提取					
族与类型	材质:名称	材质:面积	材质:体积	材质:成本	材质:费用
基本墙: 一层外墙 - 240mm	默认墙	30.42	0.60	110.00	3345.78
基本墙: 二层外墙 - 240mm	默认墙	30.55	0.62	110.00	3359.95
基本墙: 二层外墙 - 240mm	默认墙	33.04	0.66	110.00	3634.62
基本墙: 二层外墙 - 240mm	默认墙	45.62	0.91	110.00	5018.08
默认墙: 4		139.62	2.79		15358.43
基本墙: 二层外墙 - 240mm	砖, 普通, 红色	30.89	6.19	105.00	3243.38
基本墙: 二层外墙 - 240mm	砖, 普通, 红色	31.24	6.10	105.00	3279.97

图 7-125

4. 明细表的导出

Revit 不能自动导出 Execl 格式的明细表信息，仅能导出 . TXT 文本格式的明细表信息；

双击"项目浏览器"中双击"明细表/数量"→需要导出的明细表；

点击右上角"应用程序菜单"→"导出"→"报告"→"明细表"，选择"导出明细表"保存目录，设置"明细表外观"及"输出选项"，点击"确定"按钮，即可在选择目录中保存导出的明细表。

可以用 Excel 导入明细表 . TXT 文本文档。

7.9 房间和总建筑面积

7.9.1 房间和总建筑面积

1. 房间

（1）房间创建

双击"项目浏览器"中双击"楼层平面"→"地下一层"平面视图。

如果不需要显示平面视图中门、窗的标记，可点击"视图"选项卡→"图形"面板→"可见性/图形"按钮，在弹出的"楼层平面：*的可见性/图形替换"对话框中选择"注释类别"选项，在"可见性"列表中取消勾选"门"、"窗"前面的复选框。

点击"建筑"选项卡→"房建和面积"面板→"房间"按钮，按图 7-126 所示布置地下室各"房间"并更改"房间"名称（先选择"房间"二字，待该房间内部轮廓变红后，再点击"房间"二字进行编辑修改状态，即可更改"房间"二字的名称）。

同理按图 7-127 所示，创建"室内地坪"和"标高 2"平面，即一层和二层"房间"及更改"房间"名称。

（2）编辑房间名称

选择具体"房间"，可以通过修改图元"属性"面板下拉列表中的"标记 _ 房间"类型来控制是否显示面积或显示字体。

也可通过具体操作添加、修改房间标记内容。

双击"房间"二字（或已重命名后的房间名字），或点击"房间"，再点击"修改|房

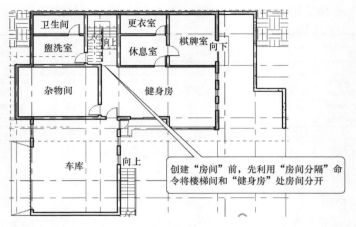

图 7-126

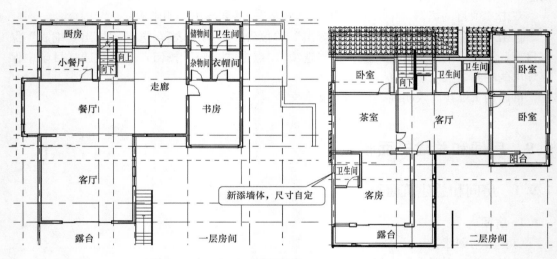

图 7-127

间标记"上下文选项卡→"模式"面板→"编辑族"按钮，进入对"房间名称"的编辑模式，如图 7-128 所示。

图 7-128

选中"房间名称"，点击"修改|标签"上下文选项卡→"标签"面板→"编辑标签"命令，弹出"编辑标签"对话框，双击"类别参数"中需要的字段内容，或者选中具体字段内容然后点击"将参数添加到标签"按钮，即可在"标签参数"中添加具体字段内容，如图 7-129 所示。

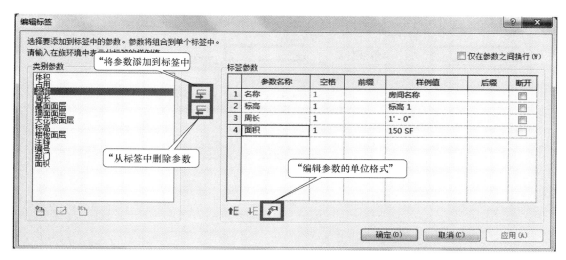

图 7-129

如需对"标签参数"中具体参数的单击编辑格式，可选择"编辑标签"对话框下方的"编辑参数的单位格式"按钮，弹出"格式"对话框，取消勾选"使用项目设置"，设定"单位"、"舍入"、"单位符号"等内容。

依次点击"确定"按钮，回到"房间名称"编辑模式，点击"修改|标签"上下文选项卡→"族编辑器"面板→"载入到项目中"命令，若弹出"族已存在"对话框，则点击"覆盖现有版本及其参数值"选项，即可在房间内添加具体字段。

（3）房间填充颜色

双击"项目浏览器"中双击"楼层平面"→"地下一层"平面视图。

点击"建筑"选项卡→"房间和面积"面板下拉菜单→"颜色方案"按钮，弹出"编辑颜色方案"对话框。

在"编辑颜色方案"对话框"类别"中选择"房间"，在"方案定义"→"颜色"中选择"名称"，弹出"不保留颜色"对话框，点击确定，如图 7-130 所示。

"编辑颜色方案"对话框中将显示"值"-具体各房间名称、"颜色"（可修改）、"填充样式"（可修改）等内容，点击"确定"退出。

点击图元"属性"-实例属性面板→"图形"→"颜色方案"→"<无>"按钮，弹出"编辑颜色方案"对话框，在"编辑颜色方案"对话框中将"类别"设置为"房间"，再选择"方案 1"，此时对话框右侧出现刚才设置具体房间名称及显示颜色，单击"确定"退出，则为地下一层各房间填充颜色，如图 7-131 所示。

分别双击"项目浏览器"中双击"楼层平面"→"室内地坪"和"标高 2"，分别打开一层平面和二层平面，发现一层平面和二层平面房间内均未填充颜色。

只需点击相应平面视图的图元"属性"-实例属性面板→"图形"→"颜色方案"→"<无>"按钮，弹出"编辑颜色方案"对话框，在"编辑颜色方案"对话框中将"类别"设置为"房间"，再选择"方案 1"，点击"确定"即可显示房间填充颜色。

2. 总建筑面积

（1）创建平面总建筑面积

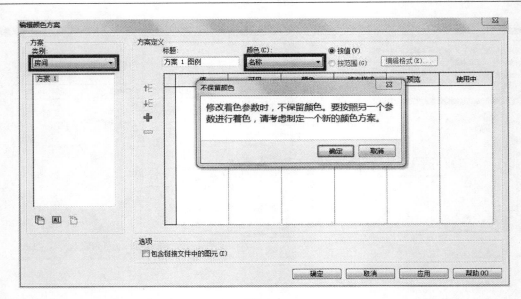

图 7-130

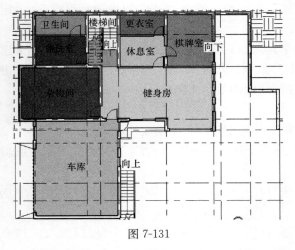

图 7-131

点击"建筑"选项卡→"房间和面积"面板→"面积"下拉三角→"面积平面"按钮，在弹出的"新建面积平面"对话框中将"类型"改为"总建筑面积"，如图 7-132 所示，在"为新建的视图选择一个或多个标高"一栏中选择"地下一层"（此栏中没有"室内地坪"和"标高 2"平面，是因为这两个平面已在"项目浏览器"—"面积平面（总建筑平面）"中），点击"确定"按钮，系统弹出"Revit"对话框时，选择"否"，即手动绘制总面积边界。

双击"项目浏览器"→"面积平面（总建筑面积）"→"地下一层"。

点击"建筑"选项卡→"房间和面积"面板→"面积 边界"按钮，利用"绘制"面板上"直线"命令，如图 7-133 所示，沿外墙外侧边缘线绘闭合轮廓线。

点击"建筑"选项卡→"房间和面积"面板→"面积"下拉三角→"面积"按钮，在上述闭合轮廓线内适当位置放置地下室总面积。

同理创建"室内地坪"和"标高 2"，即一层平面和二层平面的总面积，如图 7-134 所示，注意阳台位置按一半面积作为总面积。

（2）总建筑面积明细表

点击"视图"选项卡→"创建"面板→"明细表"下拉三角→"明细表/数量"按钮，弹出"新建明细表"对话框，如图 7-135 所示，在"新建明细表"对话框中选择"面积（总建筑面积）"，在"名称"中输入"总建筑面积明细表"，点击"确定"弹出"明细表属性"对话框。

图 7-132

图 7-133

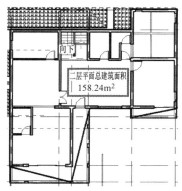

图 7-134

在"明细表属性"对话框—"字段"选项,"可用的字段"中选择添加"标高"和"面积"作为明细表的字段内容,同时在"排序/成组"选项中勾选"总计",在"格式"选项中调整"面积"的"字段样式",最后点击"确定"按钮,如图 7-136 所示,完成总建筑面积明细表的创建。

图 7-135

总建筑面积明细表	
标高	面积
地下一层	206.58 m²
室内地坪	204.78 m²
标高 2	158.24 m²
总计:3	569.60 m²

图 7-136

7.10　渲染和漫游

7.10.1　相机

"相机"创建透视图：点击"视图"选项卡→"创建"面板→"三维视图"下拉三角→"相机"按钮，或点击最上方快捷访问工具栏中"默认三维视图"后面的下拉三角→"相机"按钮，。

在选项栏中可调整"偏移量"的具体数值，决定相机的高度，如图 7-137 所示在平面视图中适当位置布置相机，并确定相机投射方向，点击鼠标，视图自动切换至以相机高度为视角的三维视图。

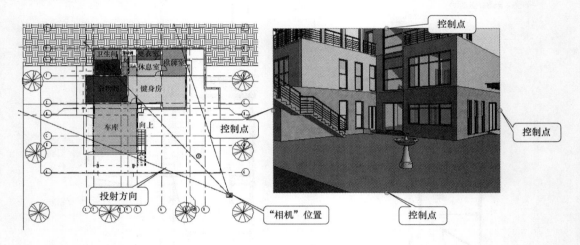

图 7-137

在"项目浏览器"→"三维视图"中生成此次相机拍摄的视图"三维视图 1"，可通过右击"三维视图 1"对其重命名。

如图 7-137 所示，"三维视图 1"上下左右四边中间位置各有一个控制点，通过调整控制点可以改变视图的范围。通过调整视图区右上角的三维视图控制工具，可以改变"三维视图 1"的三维视图角度。

也可通过调整"属性"-实例属性面板→"相机"→"视点高度"和"目标高度"，改变"三维视图 1"的视图范围。

同理也可在建筑室内照相生成**房间内部三维视图**。

7.10.2　渲染

对相机生成的透视图进行渲染：点击"视图"选项卡→"图形"面板→"渲染"按钮，或点击软件下方的视图控制栏中"显示渲染对话框"按钮。

弹出"渲染"对话框，如图 7-138 所示，

通过调整"质量"-"设置"后面的选项，可以控制渲染的质量，渲染质量越高，渲染

效果越好,渲染速度越慢;

"输出设置"-"分辨率"为"屏幕"还是"打印机";

"照明"-"方案",选择照明光源类型,同时通过点击"日光设置"后面的"···"按钮,弹出"日光设置"对话框,可以设置日光的一些状态。

"背景"-"样式"设置天空类别。

如果"渲染"对话框中各种参数设定完成后,点击对话框上方的"渲染"按钮,系统弹出"渲染进度"对话框,显示渲染进度。

如果对渲染完成的视图保存,可点击"渲染"对话框中的"保存到项目中"按钮,弹出"保存到项目中"对话框,可更改"名称",点击"确定"按钮,在"项目浏览器"→"渲染"中会有保存的渲染图片,可通过导出操作对渲染的图片进行导出,具体操作:点击"应用程序菜单按钮"→"导出"→"图像和动画"→"图像",弹出"导出图像"对话框,在对话框中选择"输出""名称"和位置,"导出范围"等,点击"确定"导出图像。

图 7-138

7.10.3 漫游

"漫游"相当于"相机"连续拍摄,点击"视图"选项卡→"创建"面板→"三维视图"下拉三角→"漫游"按钮,在"修改|漫游"选项栏中可以设置漫游时视角的"偏移量"参数值。

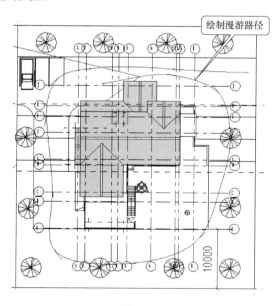

图 7-139

在平面视图中,小别墅外面设置漫游路径,如图 7-139 所示,漫游路径设置完成后,点击"修改|相机"上下文选项卡→"漫游"面板→"编辑漫游"按钮,弹出"编辑漫游"选项卡,在视图区绘制的漫游路径上出现若干红色关键点(绘制漫游路径时的鼠标拾取点,又称关键帧)。

点击"编辑漫游"选项卡→"漫游"面板→"上一关键帧"或"下一关键帧"按钮,选中的"关键帧"位置出现一个相机图标,调整相机投射线中间带十字的圆圈,将各个关键帧的投射方向永远指向建筑物,如图7-140所示。

每一个关键帧投射方向设定完成后,点击"编辑漫游"选项卡→"漫游"面板→"打开漫游"按钮,视图切换至第一个相机拍到的透视图,点击"漫游"面板上的"下一关键帧"或"上一关键帧"实现不同关键点处相机投射图的切换。

调整至第一关键帧位置，点击"编辑漫游"选项卡→"漫游"面板→"播放"按钮，即开始沿漫游路径播放漫游。

可通过导出操作导出漫游视频，具体操作：点击"应用程序菜单按钮"→"导出"→"图像和动画"→"漫游"，弹出"长度/格式"对话框，如图 7-141 所示，将"尺寸"设定为"1024"，点击"确定"按钮，弹出"导出漫游"对话框，选择视频保存位置后，点击"保存"按钮，弹出"视频压缩"对话框，直接点击"确定"按钮。

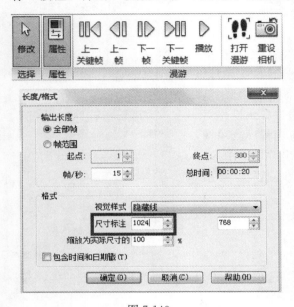

图 7-140

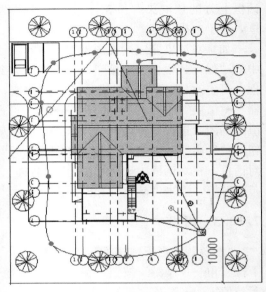

图 7-141

视图区再次漫游后即可在指定文件位置保存漫游视频。

7.11　成果输出

7.11.1　视图

1. 创建视图

（1）剖面图

双击"项目浏览器"→"楼层平面"→"室内地坪"，打开一层平面视图。

点击"视图"选项卡→"创建"面板→"剖面"按钮，在"属性"面板下拉三角中选择"建筑剖面"类型，即可在一层平面视图需要位置创建剖面图（一般在楼梯间位置），如图 7-142 所示。

如图 7-142 所示，点击剖切符号中间的直线，出现若干剖面控制符号：

循环剖面标头：点击"循环剖面标头"可控制标头"剖面 1"的位置和有无；

翻转剖面：点击"翻转剖面"可控制投射方向线的朝向；

拖拽线段方向柄：通过线段方向柄，实现对标头的沿剖切方向的拖拽；

"拖拽"控制点：通过"拖拽"改变剖面图视图范围。

在一层平面图视图中创建剖切符号后，即可在"项目浏览器"→"剖面（建筑剖面）"中出现"剖面 1"。

双击一层平面视图中的"剖面 1"标头；

或右击"剖面 1"标头，点击菜单中的"转到视图"；

或双击"项目浏览器"→"剖面（建筑剖面）"→"剖面 1"，均可在视图中打开剖面图 1，如图 7-143 所示。打开剖面视图状态下，可通过"属性"-实例属性面板→"标识数据"→"视图名称"对"剖面 1"进行重命名；或通过右击"项目浏览器"→"剖面（建筑剖面）"→"剖面 1"对其"重命名"。

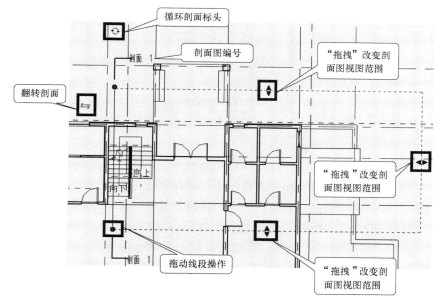

图 7-142

如图 7-143 所示，在剖面图四周有一矩形框，点击矩形框，在矩形框四条边中间位置各出现一个圈形"控制"点，通过调整"控制"点的位置，可以改变剖面图的视图范围。

注：一层平面图中剖面图符号中的各"拖拽"点与剖面图中的各"控制"点是一一对应的，在平面图中调整剖面图"拖拽"点的位置，则剖面图中相应"控制"点的范围也相应发生变化，反之亦然。

（2）立面图

在"项目浏览器"→"立面（建筑立面）"中有"东"、"北"、"南"、"西"四个立面，点击任意方向立面，系统将转换为该朝向立面图。

如图 7-144 所示，在任意楼层平面视图的四个方向均有一个"立面"注释符号（若没有该注释符号，说明"立面"符号处于不可见状态，点击"视图"选项卡→"图形"面板→"可见性/图形"按钮，在"＊可见性/图形替换"对话框-"注释类别"选项中找到"立面"并勾选即可在平面视图中显示该立面注释符号）。

在平面视图中，**双击**任意方向的"立面"注释符号蓝色部位，视图将自动切换至该方位朝向的立面视图。

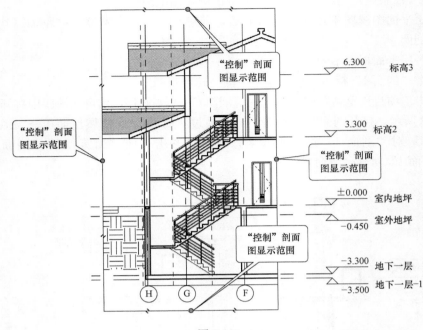

图 7-143

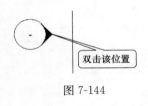

图 7-144

在平面视图中，**单击**任意方向的"立面"注释符号蓝色部位（如"西"立面注释符号），"属性"面板由"楼层平面"转换为"立面 建筑立面"形式。点击"属性"-实例属性面板→"范围"→"远裁剪"后面的"不裁剪"（默认值），弹出"远裁剪"对话框，可选择"不裁剪"、"裁剪时无截面线"、"裁剪时有截面线"三种形式：

"不裁剪"——不对立面视图进行裁剪，即立面图远处的信息均可见；

"裁剪时无截面线"——对立面视图进行裁剪，远处一定范围信息不可见，但没有截面线；

"裁剪时有截面线"——对立面视图进行裁剪，有裁剪截面线，通过调整裁剪线上的拖拽符号（如图 7-145 所示），可以改变立面视图范围。

图 7-145

（3）详图

创建详图前，通过点击"快速访问工具栏"中的"细线"按钮，将视图中所有信息以细线形式显示。

点击"视图"选项卡→"创建"面板→"详图索引"按钮，在平面视图区需要创建详图的位置框选，如图 7-146 所示，通过"详图索引"各控制点可调整其样式和位置。

在平面视图区相应位置绘制完"详图索引"后，点击该"详图索引"（**必须点击选中**），可在"楼层平面""属性"-实例属性面板→"标识数据"→"视图名称"位置修改"详图索引"名称。

在平面视图区相应位置绘制完"详图索引"后，如图 7-147 所示，在"项目浏览器"→

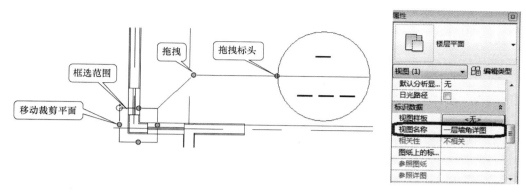

图 7-146

"楼层平面"中同时会显示刚创建的详图名
称，也可右击该名称，利用"重命名"命
令修改"详图索引"名称。

打开详图视图：

双击"项目浏览器"→"楼层平面"→
"一层墙角详图"；

或在视图区选中绘制的"详图索引"
并右击，在菜单中选择"转到视图"；

或直接双击索引符号（即圆圈）边缘
及内部，均可进入详图视图状态，如图
7-148所示。

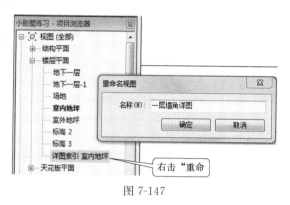

图 7-147

如图 7-148 所示，进入详图视图后，即可通过"注释"等操作对详图材质、尺寸等信
息进行标注。

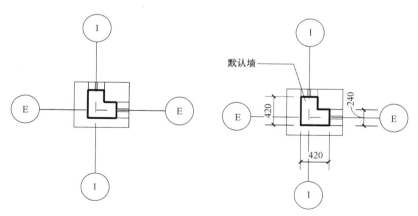

图 7-148

2. 视图样板

（1）创建视图样板

如某平面视图已经设计好标准的格式，如已在"室内地坪"楼层创建好"房间"和
"颜色填充"，即可将其作为一个视图样板，其他楼层平面的"颜色填充"视图均以该楼层

"颜色填充"为标准。

选择"室内地坪"楼层平面（后其他楼层平面），点击"视图"选项卡→"图形"面板→"视图样板"下拉三角→"从当前视图创建样板"按钮，弹出"新视图样板"对话框，在"名称"位置输入视图样板名称，如"楼层平面视图样板"，点击"确定"按钮，弹出"视图样板"对话框，如无需改动具体设置可直接点击"确定"按钮退出，即完成视图样板的创建。

（2）视图样板应用

应用方法 1：打开需应用视图样板的楼层平面视图，点击"属性"-实例属性面板→"标识数据"→"视图样板"→"＜无＞"按钮，弹出"应用视图样板"对话框，在"名称"一列选择刚建立的视图样板"楼层平面视图样板"，点击"确定"退出，则该楼层平面即可应用已创建的视图样板。

应用方法 2：打开需应用视图样板的楼层平面视图，点击"视图"选项卡→"图形"面板→"视图样板"下拉三角→"将样板属性应用于当前视图"按钮，弹出"应用视图样板"对话框，在"名称"一列选择刚建立的视图样板"楼层平面视图样板"，点击"确定"退出，则该楼层平面即可应用已创建的视图样板。

3. 视图显示属性

（1）平面视图范围

选择任一平面视图，点击"属性"-实例属性面板→"范围"→"视图范围"→"编辑…"按钮，弹出"视图范围"对话框，如图 7-149 所示，

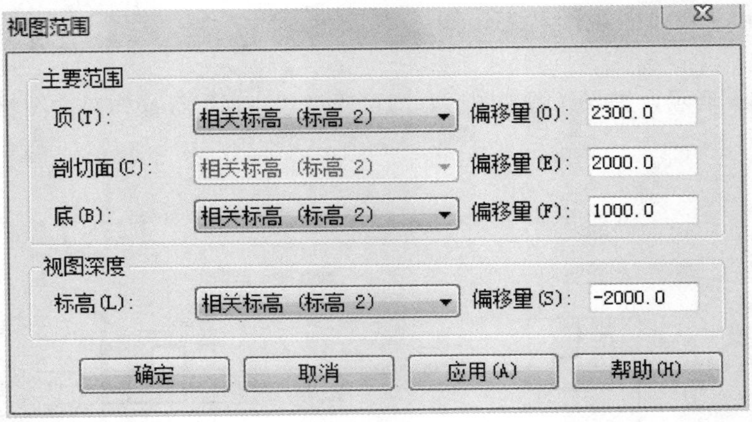

图 7-149

图 7-149 中，"主要范围"中包括"顶"、"剖切面"和"底"。其中"剖切面"设定的"偏移量"决定了门窗显示与否，其值介于"顶"和"底"的"偏移量"之间变化取值，

即："顶"的"偏移量"≥"剖切面"的"偏移量"≥"底"的"偏移量"；

"视图深度"偏移量≤"底"的"偏移量"，即以"剖切面"的"偏移量"位置为基准，向下能投射（看）到的信息范围。

（2）显示比例

方法一：如图 7-150 所示，通过调整"属性"-实例属性面板→"图形"→"视图比例"→"1：?"的具体比例值，实现视图显示比例的更改；

方法二：如图 7-151 所示，点击"视图控制栏"中的显示比例按钮，在弹出的比例值中选择合适的比例值，也可点击"自定义…"按钮，在弹出的"自定义比例"对话框中自行设置"比率"。

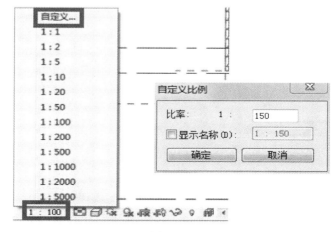

图 7-150   图 7-151

4. 视图可见性及过滤器

（1）视图可见性控制

点击"视图"选项卡→"图形"面板→"可见性/图形"按钮，弹出" * 的可见性/图形替换"对话框，通过勾选"模型类别"选项或"注释类别"选项中模型图元或注释图元前面的复选框，控制相应图元的可见性。

可以通过点击"属性"-实例属性面板→"图形"面板→"可见性/图形…"→"编辑…"按钮，弹出" * 的可见性/图形替换"对话框，进行模型图元或注释图元的可见性控制。

（2）视图过滤器

按上述讲授方法，调出" * 的可见性/图形替换"对话框，点击对话框中"过滤器"按钮，如图 7-152 所示。

"过滤器"选项中显示"此视图未应用任何过滤器"，可点击下方的"添加"按钮应用一个过滤器，点击"添加"按钮，弹出"添加过滤器"对话框，如图 7-152 所示。

若弹出的"添加过滤器"对话框中有需要的过滤器内容，即对话框中的"地下室混凝土墙"、"天花板"、"普通墙"等内容就是需要的过滤器内容，则可直接选择，并点击"确定"按钮；

若弹出的"添加过滤器"对话框中没有需要的过滤器内容，则点击"添加过滤器"对话框中的"编辑/新建…"按钮，弹出"过滤器"对话框，如图 7-153 所示。

在"过滤器"对话框-"过滤器"选项中选择"普通墙"，点击"复制"按钮（应用"复制"命令而不用"新建"命令，是因为计划添加墙的过滤器，应用"复制"命令可不必重设"过滤器规则"），将复制的"普通墙（1）"改名为"内墙"，并将"过滤器规则"-"过滤条件"设为"功能"-"等于"-"内部"；

同理"复制"并更名"外墙"，将"过滤器规则"-"过滤条件"设为"功能"-"等于"-"外部"。

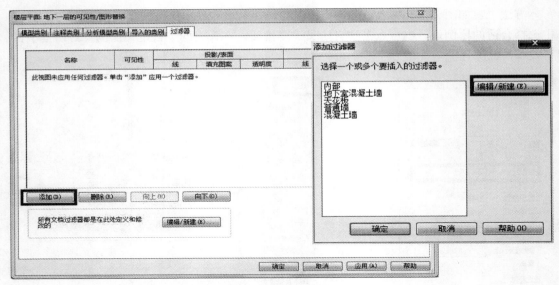

图 7-152

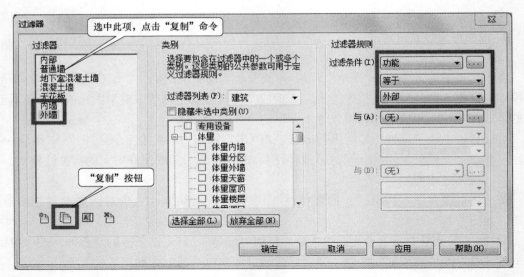

图 7-153

点击"过滤器"对话框中的"确定"按钮，回到"添加过滤器"对话框，在"添加过滤器"对话框中按住 Ctrl 键选择"内墙"和"外墙"作为过滤器，点击"确定"按钮，回到"＊的可见性/图形替换"对话框-"过滤器"选项，如图 7-154 所示。

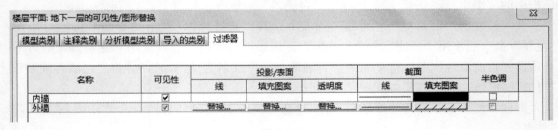

图 7-154

此时"＊的可见性/图形替换"对话框-"过滤器"选项中添加了"内墙"和"外墙"两个过滤器,将两个"过滤器"的"截面"-"线"和"填充图案"分别设置为不同类型,点击"确定"按钮退出。

如图 7-155 所示,所选平面墙体将按设定的"过滤器"显示样式发生变化。图中内墙并未按"过滤器"-"内墙"设定样式显示,而按"过滤器"-"内墙"设定样式显示,是因为创建墙体时将内墙位置的墙体的"功能"设定为了"外部"形式。

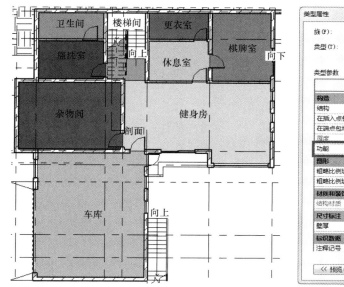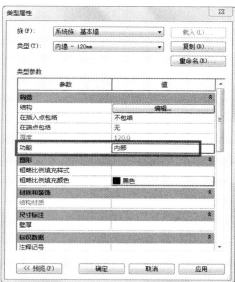

图 7-155

需选择视图中的内墙,点击"属性"面板中的"编辑类型"按钮,在弹出的"类型属性"对话框中,将"类型参数"-"构造"-"功能"更改为"内部"即可。

通过上述方法可以检查墙体的功能设置。

5. 线型与线宽

线型和线宽的设置:

如图 7-156 所示,可分别选择 **"管理"** 选项卡→"设置"面板→"其他设置"下拉三角→"线样式"、"线宽"、"线型图案"等按钮,分别弹出"线样式"对话框、"线宽"对话框、"线型图案"对话框。

如"线样式"对话框中的"＜草图＞"线,系统默认的线宽为"3"颜色为"紫色"、"线型图案"为"实线",这些默认值均可自行更改。

"线宽"对话框,包括"模型线宽"、"透视视图线宽"和"注释线宽"三种选项,每一选项有 16 种线宽,其中"模型线宽"中每一种线宽又根据比例尺的变化有所差别。

"线型图案"对话框中罗列了系统中的各种线型图案,这些线型图案在"线样式"对话框中有所应用。

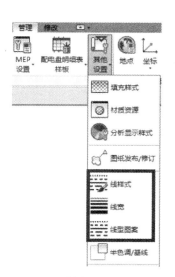

图 7-156

189

6. 对象样式

按上述讲授方法打开"*的可见性/图形替换"对话框，可对"模型类别"选项中的模型图元的样式进行设置。

如对"墙"构件的样式进行设置，可点击"墙"构件所在的一栏，该栏出现若干"替换…"字段，其中"投影/表面"一列主要控制"墙"面的显示（如立面图），"截面"一列主要控制"墙"截面的显示（如剖面图），点击相应列下面的"替换…"字段，可对构件的"线"、"填充图案"等显示形式进行设置。

7.11.2 注释

1. 尺寸标注

如图 7-157 所示，"注释"选项卡→"尺寸标注"面板，从左至右依次可采用"对齐"标注、"线性"标注、"角度"标注、"径向"标注、"直径"标注、"弧长"标注等。

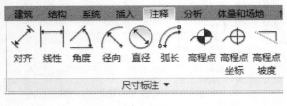

图 7-157

对齐标注：

用于在平行参照之间或多点之间放置尺寸标注。

点击"注释"选项卡→"尺寸标注"面板→"对齐"按钮，同时可选择"修改 | 放置尺寸标注"选项栏中的"参照…"选项（尺寸界线以墙面、中心等为参照）。标注时务必认真观察并及时调整"参照"对象线，按 Tab 键可随时切换所参照的线（中心线、外墙面线、内墙面线等）。

在选项栏中还可以设置"拾取"-"单个参照点"或"整个墙"。选择"拾取"-"整个墙"选项时，可点击选项栏最后的"选项"按钮，如图 7-158 所示，弹出"自动尺寸标注选项"对话框中，通过"选择参照"的设置，控制自动生成尺寸标注时的内容（学员可自行练习此操作）。

图 7-158

点击"属性"下拉三角，可以选择不同样类型的"尺寸标注样式"，点击面板中的"编辑类型"按钮，弹出"类型属性"对话框，可对标注的"引线"、"线宽"、"尺寸界线"、"中心线（尺寸起止符）"、"文字"等参数的样式进行设置。

当标注完成后，点击选中标注，在"修改|尺寸标注"选项栏中勾选或取消"引线"前面的复选框，决定视图中标注是否显示引线，如图 7-159 所示，标注附近的小锁处于解开状态时，可以任意更改标注对象，如将 120mm 厚墙体改为 240mm 厚墙体，则标注尺寸也随着更改；但当点击小锁标注对象被锁定之后，再更改标注对象时，系统会弹出错误对话框，如图 7-160 所示，可以点击"接触限制条件"，则标注对象和标注尺寸一起被更改，而小锁又处于解锁状态。

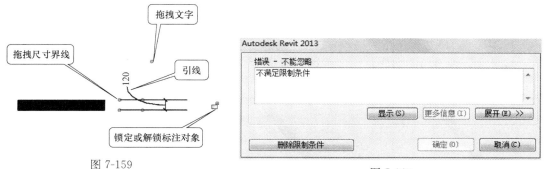

图 7-159

图 7-160

如图 7-161 所示，在绘图区绘制任一墙体并标注尺寸，点击该墙体（对象），则尺寸变成临时尺寸标注，处于可编辑状体，点击标注文字，即可任意更改尺寸数值，回车之后，标注对象的长度也随之更改，从而实现由尺寸标注修改标注对象尺寸。

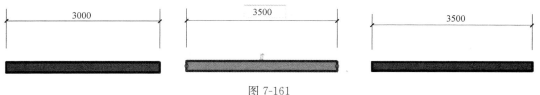

图 7-161

线性标注：

只能放置水平或竖直的标注，便于测量参照点之间的距离。

点击"注释"选项卡→"尺寸标注"面板→"线性"命令，其"属性"设置与"对齐"命令类似。

标注区别在于：

"对齐"标注与标注对象平行，"线性"标注只能标注水平或竖直方向；

"对齐"标注时一般拾取的是线（也可以拾取点），"线性"标注时拾取的是点，如图 7-162 所示。

角度标注：

点击"注释"选项卡→"尺寸标注"面板→"角度"命令，即可使用标注角度工具，如图 7-163 所示，分别拾取组成夹角的两条线后，即可在图示Ⅰ、Ⅱ、Ⅲ、Ⅳ四个区域中任一放置角度。

如图 7-164 所示，在绘图区绘制成夹角的两面墙体并标注角度，点击选中不同的墙

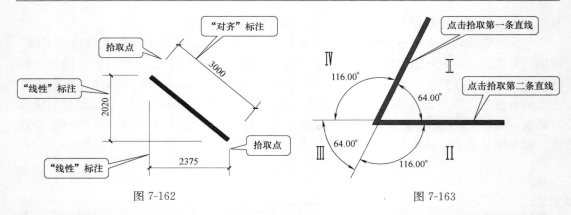

图 7-162　　　　　　　　　　　图 7-163

体，均可重新编辑角度标注，则未被选中的墙体位置不动，被选中的墙体按输入的新角度旋转变动，从而实现由角度标注修改标注对象之间的夹角。

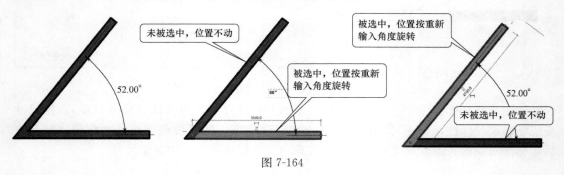

图 7-164

半径或直径标注：

点击"注释"选项卡→"尺寸标注"面板→"径向"或"直径"命令，即可使用半径或直径标注操作，同时需注意"修改|放置尺寸标注"选项栏中的"参照…"设置。

半径或直径标注样式如图 7-165 所示。

弧长标注：

点击"注释"选项卡→"尺寸标注"面板→"弧长"命令，即可使用弧长标注操作，同时需注意"修改|放置尺寸标注"选项栏中的"参照…"设置。

如图 7-166 所示，标注时先选择要标注的弧线，再选择弧线的两个端点，然后将弧长标注放置适当位置，点击鼠标即可放置弧长标注。

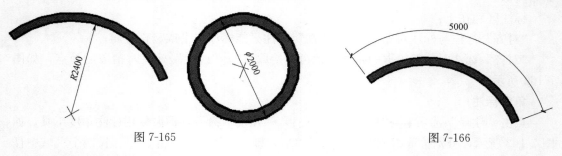

图 7-165　　　　　　　　　　　图 7-166

2. 高程点和坡度

高程点：

点击"注释"选项卡→"尺寸标注"面板→"高程点"命令,即可在平面视图、立面视图或三维视图中相应位置处标注高程,如图 7-167 所示。

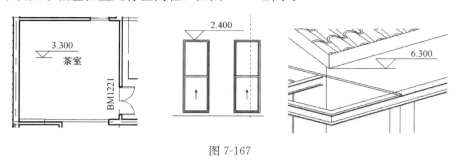

图 7-167

坡度:

点击"注释"选项卡→"尺寸标注"面板→"高程点坡度"命令,即可在平面视图中需要标注坡度的位置标注坡度,如图 7-168 所示。

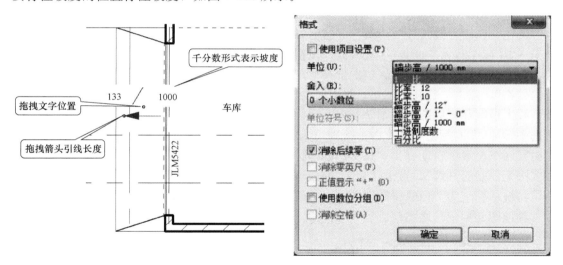

图 7-168

如需改变坡度文字的单位格式,可选中坡度标注,点击"属性"面板中的"编辑类型"按钮,在弹出的"类型属性"对话框中点击"文字"→"单位格式"后面的按钮,弹出"格式"对话框,在"单位"一栏中选择需要的单位格式,同时注意"舍入"和"单位符号"的设置。

3. 门窗标记

单个标记门窗:

点击"注释"选项卡→"标记"面板→"按类别标记"命令,根据需要设置"修改|标记"选项栏中的标记为"水平"或"竖直"方向,以及是否带"引线",如图所示。

设置完成后即可在视图区点击门、窗，对门或窗进行标记，每次仅标记一个对象。

被标记的门或窗的标记编号，为门或窗"类型属性"对话框中→"标识数据"→"类型标记"位置所设定的编号内容。

一次标记视图中所有的门窗：

也可点击"注释"选项卡→"标记"面板→"全部标记"按钮，弹出"标记所有未标记的对象"对话框，在"类型"中找到"窗标记"，点击"确定"按钮，则当前视图中所有的窗被标记；同理也可在当前视图中标记所有的门。

其他对象标记：

利用上述"按类别标记"命令，不仅可以标记门、窗，还可以标记其他对象，若查看可标记的对象，可点击"注释"选项卡→"标记"面板下拉三角→"载入的标记"按钮，弹出"载入的标记"对话框，对话框的"类别"一列罗列了所有已被载入的可标记的对象。

若需标记的对象不包括在"载入的标记"对话框中，如需标记图 7-169 中的植物，选择"注释"选项卡→"标记"面板→"按类别标记"按钮，鼠标点击该植物对象，由于"载入的标记"对话框中没有植物标记，则系统自动弹出"未载入标记"对话框，点击"确定"按钮，弹出"载入族"对话框（若已知植物标记未被载入，也可直接点击"插入"选项卡→"从库中载入"面板→"载入族"按钮，弹出"载入族"对话框）。

在"载入族"对话框中，依次选择"Architecture"→"注释"→"标记"→"场地"→"标记_植物"，点击"打开"按钮，载入植物标记。

载入植物标记后即可对图 7-169 所示的植物进行标记，但引出线旁显示"?"号，点击选中带"?"的标记，再点击一次即可为该植物标记命名，如图 7-169 所示命名为"白蜡树"回车，系统自动弹出"Revit"对话框，提示"正在修改类型参数，这可能影响到许多图元。是否继续"，点击"是"，完成该类型植物标记命名，再标记视图中同类型的植物，将统一标记为"白蜡树"。

其他图元标记与之类似。

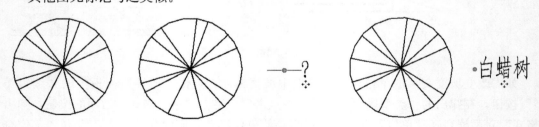

图 7-169

4. 材质标记

与上述刚刚介绍的 **"其他对象标记："** 类似，若"载入的标记"对话框中没有载入材质标记，则应先载入材质标记。

点击"插入"选项卡→"从库中载入"面板→"载入族"按钮，弹出"载入族"对话框，在对话框中载入"Architecture"→"注释"→"标记"→"建筑"→"标记-材质名称"。

载入材质标记后，即可利用"注释"选项卡→"标记"面板→"材质标记"工具，在平面视图或立面视图中标记图元的材质。

5. 文字

若需在当前视图中添加文字，可点击"注释"选项卡→"文字"面板→"文字"按钮，或直接点击"快速访问工具栏"中的"文字"按钮。

在"修改|放置 文字"上下文选项卡→"格式"面板上方有一系列文字引线样式，如图 7-170 所示，选择引线样式后，即可在视图中添加文字。

文字添加完成后，点击文字的引线或文字周边矩形框，"格式"面板上方如图 7-171 所示变化，可对文字引线进行编辑。

双击文字部分，如图 7-172 所示，可对文字内容进行修改，也可通过"格式"上方的编辑命令对文字的样式进行编辑。

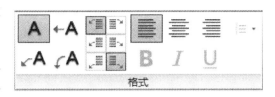

图 7-170

图 7-171

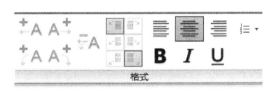

图 7-172

7.11.3 布图与打印

1. 图纸布置

点击"视图"选项卡→"图纸组合"面板→"图纸"按钮；或者**右击**"项目浏览器"→"图纸"，在弹出的菜单中选择"新建图纸…"命令。

上述两种方法均弹出"新建图纸"对话框，如图 7-173 所示，在"新建图纸"对话框中选中图纸尺寸后，点击"确定"按钮。

系统在视图区新建了一张图纸，同时在"项目浏览器"→"图纸"目录下自动生成一张图纸名称"J0-1-未命名"，右击"J0-1-未命名"，在菜单中选择"重命名"，对图纸重命名，如图 7-174 所示。

布图：

方法一：在"项目浏览器"中单击选中图纸布置的内容，按住鼠标拖动至视图区图纸位置，松开鼠标，出现一个矩形布图范围框，将布图范围框移动至相应位置，点击鼠标，即可完成布图。

方法二：在"项目浏览器""→"图纸"目录下右击需布图的图纸名称，在菜单中选择

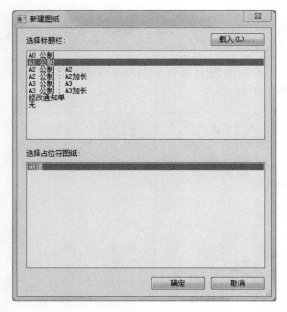

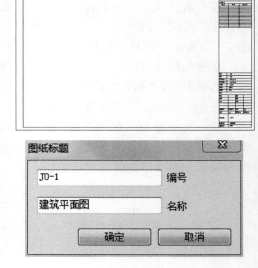

图 7-173

图 7-174

"添加视图"按钮,弹出"视图"对话框,在对话框中选择需布图的内容,如图 7-175 所示,点击"在图纸中添加视图"按钮,同样在图纸视图区出现一个矩形布图范围框,将布图范围框移动至相应位置,点击鼠标,即可完成布图。

图 11-175

在图纸视图中布置的内容是不能编辑修改的,只能拖动改变位置。

若想在图纸视图中更改布图内容,可在图纸视图中点击布图内容,此时在布图内容周围出现一矩形框,点击"修改|视口"上下文选项卡→"视口"面板→"激活视图"按钮,即可对布图内容进行具体操作,修改操作完成后,双击"项目浏览器"→"图纸"下的图纸名称,则图纸中的布图内容又重新回到不可编辑状态。

在图纸视图中通过"激活视图"命令对布置的内容进行修改,也会影响到相应的平面视图或立面视图;

也可通过直接修改平面视图或立面视图中的内容来影响相应图纸视图中的信息。(Revit 参数化设计)

视图裁剪:

点击"视图控制栏"中的"显示/隐藏裁剪区域"按钮,决定在视图周围是否出现一矩形裁剪框,当显示裁剪框时,点击该裁剪框,在矩形四个边中间各出现一个"控制"点,通过调整"控制"点可以控制裁剪范围,如图 7-176 所示,裁剪"控制"点用来控制裁剪范围,而点击"裁剪/不裁剪视图"按钮来控制是否在视图中进行裁剪。

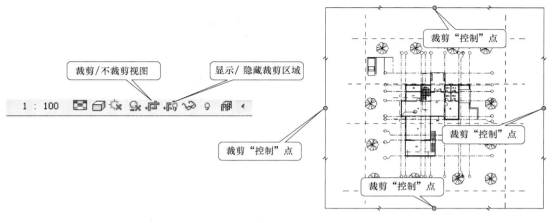

图 7-176

如在视图中应用裁剪操作,该操作结果同样反应到图纸视图中,即图纸视图中的内容也被裁剪显示。

注释裁剪:

上述裁剪操作,也可通过勾选或取消勾选"属性"-实例属性面板→"范围"→"裁剪视图"或"裁剪区域可见"复选框进行控制。

如图 7-177 所示,"属性"-实例属性面板→"范围"中还有一个"注释裁剪"操作,勾选"注释裁剪"前面的复选框(该操作有效需以勾选"裁剪区域可见"复选框为前提),在视图区点击实线矩形裁剪框,会在矩形裁剪框外围出现一虚线矩形注释裁剪框。

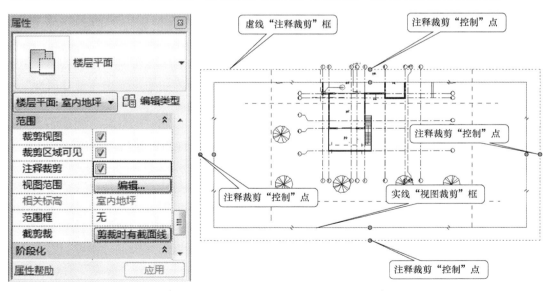

图 7-177

在虚线"注释裁剪"框四条边中间各有一"控制"点,通过"控制"点可以调整"注释裁剪"的范围,但该范围不能小于"视图裁剪"框。

197

2. 标题栏

双击"项目浏览器"→"图纸"→"J0-1-建筑平面图（也可能是其他名称）"，打开图纸视图，如图 7-178 所示，在图纸视图右侧是图纸的标题栏，点击标题栏位置，图纸边框及标题栏为蓝色，在"属性"-实例属性面板中罗列了标题栏的各种信息。

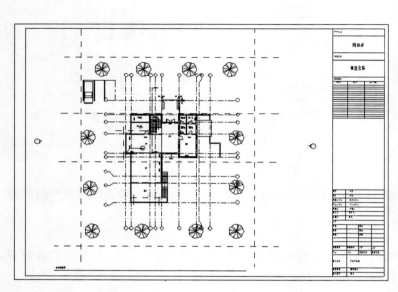

图 7-178

图纸视图标题栏中部分设计信息可根据工程情况，自行输入修改，如"所有者"、"项目名称"、"设计者"、"绘图员"、"图纸名称"、"出图日期"等信息。

但有部分设计信息不能输入修改，但可通过输入修改图纸视图"属性"-实例属性面板中的相关信息，来实现对图纸标题栏设计信息的修改。

也可通过点击**"管理"面板**→"设置"面板→"项目信息"按钮，弹出"项目属性"对话框，通过"项目属性"对话框，对部分设计信息进行修改。

3. 图纸打印输出

点击软件左上角的"应用程序菜单"→"打印"三角→"打印"按钮，弹出"打印"对话框，如图 7-179 所示。

在"打印"对话框中通过"打印范围"设置中可以选择打印"当前窗口"、"当前窗口可见部分"或"所选视图/图纸"，当选择"所选视图/图纸"时，可通过点击"选择…"按钮，在弹出的"视图/图纸集"对话框中选择具体的"打印范围"，如图 7-180 所示。

选择完成后点击"确定"按钮，弹出"保存设置"对话框，如果点击"否"则直接回到图 7-179 所示的"打印"对话框；如果选择"是"按钮，则弹出"新建"对话框，将"新建"对话框中的"名称"更名（相当于建立了一个打印文件集合），点击"确定"按钮，回到图 7-179 所示的"打印"对话框，所见的文件集合名称在图 7-179 所示的"打印"对话框-"打印范围"-"所选视图/图纸"下可见。

再次点击"所选视图/图纸"下面的"选择…"按钮，在弹出的"视图/图纸集"对话

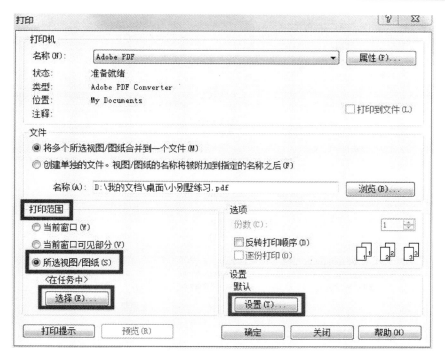

图 7-179

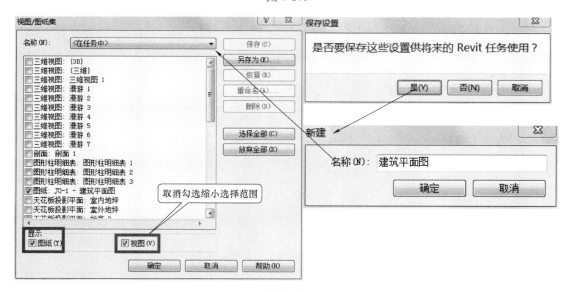

图 7-180

框-"名称"-"＜在任务中＞"后面的下拉三角中可见图 7-180"新建"对话框设置的打印文件集合名称。

如需对打印样式进行设置,可点击图 7-179"打印"对话框中的"设置…"按钮,弹出"打印设置"对话框,如图 7-181 所示,可按实际打印需要进行设置。

设置完成后,点击图 7-179"打印"对话框中的"确定"按钮,即可打印(保存)图纸(或视图)。

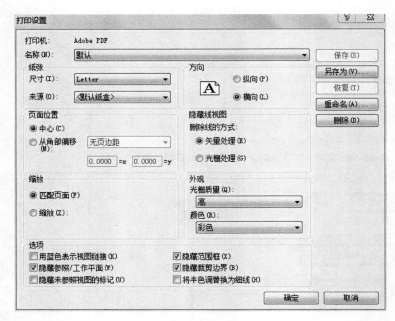

图 7-181

第三部分　族 的 创 建

第8章 系 统 族

8.1 高程点

1. 创建一个实心高程点符号

（1）打开样板文件

单击应用程序菜单下拉按钮，选择"新建＞族"命令，双击打开"注释"文件夹，选择"M-高程点符号"，单击"打开"。

（2）绘制高程点符号

单击"创建"选项卡＞"详图"面板＞"直线"命令，线的子类别选择高程点符号。绘制高程点符号，一个等腰三角形，三角形的尺寸如下，符号的尖端在参照线的交点处，如图 8-1 所示。再单击"创建"选项卡＞"详图"面板＞"填充区域"命令，进入创建填充区域边界界面，单击"创建填充区域边界"选项卡＞"绘制"面板＞"拾取线"命令，拾取所画等腰三角形的三条边，再完成编辑模式，得到如图 8-2 所示。

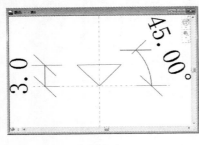

图 8-1

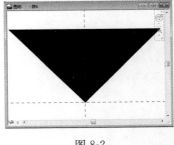

图 8-2

（3）载入项目中进行测试。

（4）保存文件为"符号-实心高程点"。

2. 创建一个带目标引线的高程点符号

按照制图标准，需要创建一个带目标的引线的高程点符号。

（1）打开样板文件

单击应用程序菜单下拉按钮，选择"新建＞族"命令，双击打开"注释"文件夹，选择"M-高程点符号"，单击"打开"。

（2）绘制高程点符号

单击"创建"选项卡＞"详图"面板＞"直线"命令，线的子类别选择高程点符号。绘制高程点符号一个等腰三角形，三角形的尺寸如下，符号的尖端在参照线的交点处，如图 8-3 所示。

再绘制引线。单击"创建"选项卡＞"详图"面板＞"直线"命令，线的子类别选择高程点符号。线的起点在参照平面交点处，如图 8-4 所示。对参照平面和第二条引线进行标注，如图 8-5 所示。选中标注，点击左上角的"标签"栏选择"添加参数"，弹出"参数属性"对话框，选择"族参数"，在"参数数据"下的"名称"选项中对参数输入名称，这个可以由操作者自行编辑（自己看得懂的同时最好也能让别人也能看懂），这里给出的是引线长度参数，所以输入名称"引线长度"，如图 8-5 所示，单击确定。

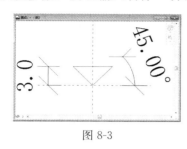

图 8-3

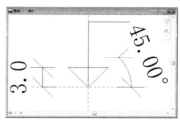

图 8-4

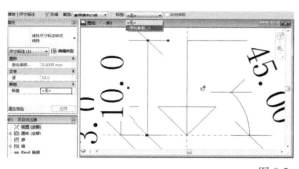

图 8-5

在族类型里测试参数是否可行。单击族类型，调整参数值，看引线长度是否随着变化，如图 8-6 所示。

（3）载入项目中进行测试。测试过程与测试空心高程点过程相同。【注意】：可以在项目中更改引线长度。步骤如下：在项目中的项目浏览器中找到所载入的高程点符号族，点击右键＞类型属性，如图 8-7 所示。弹出"类型属性"对话框，如图 8-8 所示，可以在里

图 8-6

图 8-7

图 8-8

面调整所载入族的引线长度。单击确定即可。

（4）保存文件为"符号-带目标的引线的高程点"。

3. 创建详图索引标头

先引用制图标准里关于索引符号与详图符号的规定，如下：

图样中的某一局部或构件，如需另见详图，应以索引符号索引（图 8-9（a））。索引符号是由直径为 10mm 的圆和水平直径组成，圆及水平直径均应以细实线绘制。索引符号应按下列规定编写：

索引出的详图，如与被索引的详图同在一张图纸内，应在索引符号的上半圆中用阿拉伯数字注明该详图的编号，并在下半圆中间画一段水平细实线（图 8-9（b））。

索引出的详图，如与被索引的详图不在同一张图纸内，应在索引符号的上半圆中用阿拉伯数字注明该详图的编号，在索引符号的下半圆中用阿拉伯数字注明该详图所在图纸的编号（图 8-9（c））。数字较多时，可加文字标注。

索引出的详图，如采用标准图，应在索引符号水平直径的延长线上加注该标准图册的编号（图 8-9（d））。

开始创建详图索引标头

（1）打开样板文件

单击应用程序菜单下拉按钮，选择"新建＞族"命令，双击打开"注释"文件夹，选择"M-详图索引标头"，单击"打开"。

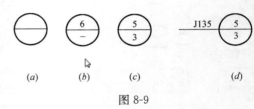

图 8-9

（2）绘制详图索引标头

依据制图标准，绘制一个直径为 10mm 的圆，圆心在参照平面的交点处，再画一条水平直径，如图 8-10 所示。

（3）添加标签到详图索引标头标记

单击"创建"选项卡＞"文字"面板＞"标签"命令，打开"放置标签"的上下文选项卡。选中"对齐"面板中的"⚌"和"⚌"按钮。标签的类型选择 3.5mm。分别单击标头圆的上下半圆，添加"详图编号"标签到上半圆，"图纸编号"标签到下半圆，如图 8-11 所示。

（4）载入项目中进行测试。在项目中，单击"管理"选项卡＞"设置"面板＞"其他设

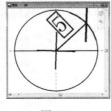

图 8-10

图 8-11

置"命令 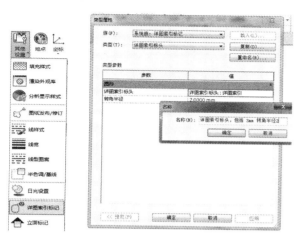，在下拉菜单中，选择详图索引标记；弹出"类型属性"对话框。单击"复制"，将其名称命名为"详图索引标头，包括 3mm 转角半径 2"，如图 8-12 所示。将"类型参数"＞"图形"＞"详图索引标头"的值选择刚刚载入的详图索引标头文件，如图8-13所示，单击确定。

图 8-12

图 8-13

进入 F1 平面视图，单击"视图"选项卡＞"创建"面板＞"详图索引"命令，单击"属性"面板＞"编辑类型"命令，弹出"类型属性"对话框，调整类型参数，在详图索引标记栏里使用刚新建的详图索引标记类型，如图 8-14 所示。创建详图索引，如图 8-15 所示。这时会看到标记里面没有提取任何东西，需要将详图放在图纸里面才能自动提取出图号和图名。过程如下：

图 8-14

图 8-15

新建一张图纸，在项目浏览器里面找到详图视图里刚创建的详图 0，将其拖入图纸中，如图 8-16 所示。再进入 F1 视图，此时会看到详图索引标记里已经自动提取了图名和图号，如图 8-17 所示，测试成功。

（5）保存文件为"符号-详图索引标头"。

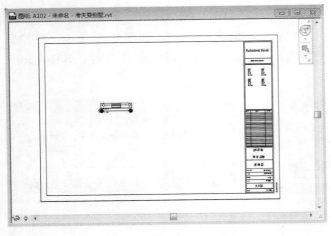

图 8-16

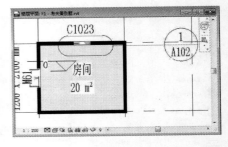

图 8-17

8.2 常规注释

8.2.1 创建常规注释

现在以创建一个详图索引符号为例。详图索引符号用来注释详图所在的图纸和图号等信息。

（1）打开样板文件

单击应用程序菜单下拉按钮，选择"新建＞族"命令，双击打开"注释"文件夹，选择"常规注释"，单击"打开"。

（2）绘制详图索引图形

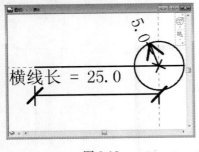

图 8-18

依据制图标准，绘制一个直径为 10mm 的圆，圆心在参照平面的交点处，再画一条引线；标注引线长度再添加参数，名称为"横线长"，如图 8-18 所示。

（3）添加标签到详图索引。

单击"创建"选项卡＞"文字"面板＞"标签"命令，打开"放置标签"的上下文选项卡。选中"对齐"面板中的"▤"和"▤"按钮。标签的类型选择 3.5mm。

单击圆的下半圆，进入编辑参数对话框。在类别参数栏添加参数。单击"添加参数"命令 ，添加"图纸编号"类别参数，参数类型选择文字，如图 8-19 所示。再将图纸编号添加到标签参数，样例值上写 A101，如图 8-20 所示，单击确定。所得到的图形如图 8-21所示。

再依次添加新建"详图编号"、"图纸名称"、"注释"到类别参数，参数类型均选择文字，再添加到标签参数，样例值上分别写上"1"、"88J5"、"注释"（样例值可以按照自己的需要填写）。标签的位置如图 8-22 所示。在属性里勾选随构件旋转等，如图 8-23 所示。

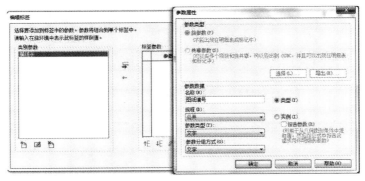

图 8-19

图 8-20

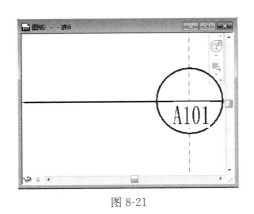

图 8-21

图 8-22

图 8-23

（4）载入到项目中进行测试。

进入项目里的平面视图，单击"注释"选项卡＞"符号"面板＞"符号"命令，单击"属性"面板＞"类型选择器"，选择刚载入进去的符号，放置详图索引符号，如图 8-24 所示。点击详图索引符号，会出现四个问号，可以将问号手动更改为你要表达的信息。更改的时候会出现一个确认对话框，单击"是"，如图 8-25 所示，测试成功。

注意：放置详图符号的时候可以利用空格键旋转到你所需要的方向，或者勾选左上"放置后旋转"；符号的横线长度可以在类型属性中调整，还可以选择添加或者删除引线，如图 8-26 所示。

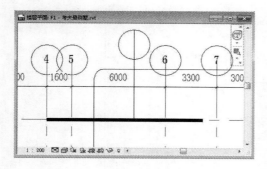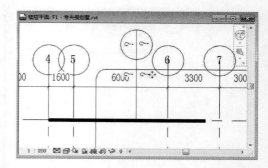

图 8-24

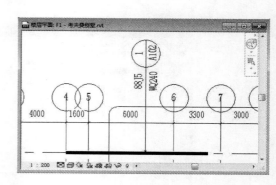

图 8-25

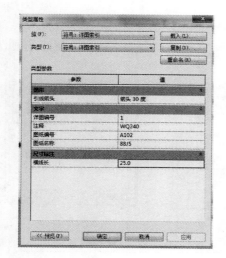

图 8-26

（5）保存文件为"符号-详图索引"。

8.3　轮廓族

本节重点：

1）理解族样板；

2）定位关系，是否需要参数；

3）载入项目后，轮廓族的通用性，所以命名需要区分。

8.3.1 轮廓族的介绍

轮廓族的分类：主体轮廓族、分隔缝轮廓族、楼梯前缘轮廓族、扶手轮廓族和竖挺轮廓族。

这些类别轮廓族在载入项目中时具有一定的通用性。当绘制完轮廓族后，可以在"族属性"面板中选择"类别和参数"工具，在弹出的"族类别和族参数"对话框中，可以设置轮廓族的"轮廓用途"选择"常规"可以使该轮廓族在多种情况下使用，如墙饰条、分隔缝等。当"轮廓用途"选择"墙饰条"或其他某一种时，该轮廓只能被用于墙饰条的轮廓中。

在绘制轮廓族的过程中可以为轮廓族的定位添加参数，但添加的参数不能再被载入的项目中显示，但修改参数仍在绘制轮廓族时起作用，所以定义的参数只有在为该轮廓族添加不同的类型时有用。

8.3.2 创建轮廓主体

特点：这类族用于项目设计中的主体放样功能中的楼板边、墙饰条、屋顶封檐带、屋顶檐槽。使用"公制轮廓—主体"族样板来制作。

（1）打开样板文件

单击应用程序菜单下拉按钮，选择"新建＞族"命令，打开"新族-选择样板文件"对话框，选择"公制轮廓—主体"族样板，在族样板文件中可以清楚的提示，放样的插入点位于垂直、水平参照线的交点，主体的位置位于第二、三象限，轮廓草图绘制的位置一般位于第一、四象限（图 8-27）。

（2）绘制轮廓线

单击"创建"选项卡＞"详图"面板＞"直线"命令，绘制图形（图 8-28）。

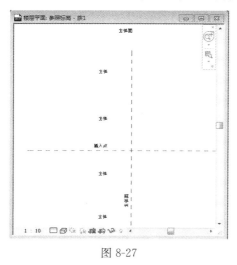

图 8-27　　　　　　　　　　　　　　　　图 8-28

（3）添加尺寸标签

在视图上添加参照平面，单击"注释"面板＞"尺寸标注"命令为其添加尺寸标注。

ESC 键结束尺寸标注，选择标注的尺寸，点击左上角的"标签"栏选择"添加参数"，弹出"参数属性"对话框，选择"族参数"，在"参数数据"下的"名称"选项中对参数输入名称"高度"，点击确定（如图 8-29 所示）。用相同方法添加其他参数。

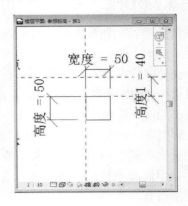

图 8-29

（4）载入到项目中，以墙饰条来进行测试。

单击"创建"选项卡＞"构建"面板＞"墙"命令下拉菜单＞"墙饰条"按钮，点击"属性"面板＞"编辑类型"命令，在弹出的"类型属性"对话框＞"构造"—"轮廓"栏中选择刚才载入的"族 1"。在项目浏览器里面可以选择刚载入的族 1 进行族类型属性（如刚刚添加的尺寸标签参数）更改（图 8-30）。

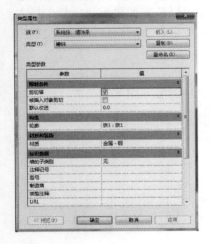
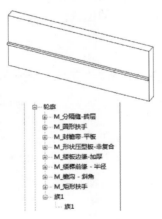

图 8-30

8.3.3　创建轮廓分隔缝

特点：这类族用于项目设计中的主体放样功能中分隔缝，通过"公制轮廓—分隔缝"族样板（通过单击应用程序菜单中的"新建＞族"，打开"新族-选择样板文件"对话框，选择"公制轮廓—分隔缝"族样板）来制作。在族样板文件中可以看到清楚的提示，放样的插入点位于垂直、水平参照线的交点，主体的位置和主体轮廓族不同，位于第一、四象限，但由于分隔缝是用于在主体中消减部分的轮廓，因此绘制轮廓族草图的位置应该位于主体一侧，同样在第一、四象限（图 8-31）。

创建分隔缝轮廓族与创建主体轮廓族的
步骤基本一样，只是样本文件不一样，而且
分隔缝轮廓族在项目中只能应用于墙体分隔
缝中。在此就不多做赘述了。

特点：这类族在项目文件中的楼梯的
"图元属性"对话框中进行调用通过"公制轮
廓—楼梯前缘 .rft"族样板（通过单击应用
程序菜单中的"新建＞族"，打开"新族-选
择样板文件"对话框，选择"公制轮廓—楼
梯前缘"族样板）来制作。这个类型的轮廓
族的绘制位置与以上的不同，楼梯踏步的主
体位于第四象限，绘制轮廓草图应该在第三
象限（图 8-32）。

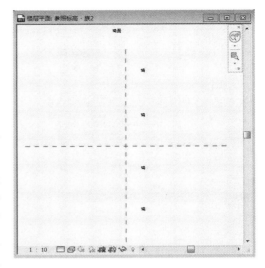

图 8-31　创建轮廓楼梯前缘

创建楼梯前缘轮廓族与创建主体轮廓族的步骤基本一样，只是样本文件不一样，而且
楼梯前缘轮廓族在项目中只能应用于楼梯前缘中（图 8-33）。

8.3.4　创建公制轮廓扶手

特点：这类族在项目设计中的扶手族的"类型属性"对话框中的"编辑扶手"对话框
中进行调用。通过"公制轮廓—扶手"族样板（通过单击应用程序菜单中的"新建＞族"，
打开"新族-选择样板文件"对话框，选择"公制轮廓—扶手"族样板）来制作。在族样
板文件中可以清楚看到提示，扶手的顶面位于水平参照平面，垂直参照平面则是扶手的中
心线，因此我们绘制轮廓草图的位置应该在第三、四象限（图 8-34）。

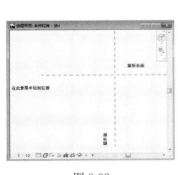

图 8-32

图 8-33

图 8-34

创建扶手轮廓族与创建主体轮廓族的步骤基本一样，只是样本文件不一样，而且扶手
轮廓族在项目中只能应用于扶手结构中（图 8-35）。

8.3.5　创建公制轮廓竖挺

特点：这类族在项目设计中矩形竖挺的"类型属性"对话框中进行调用。通过"公制

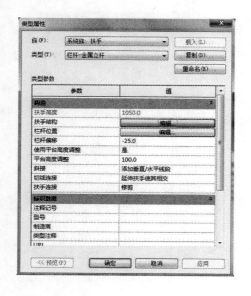

图 8-35

轮廓—竖挺"族样板（通过单击应用程序菜单中的"新建＞族"，打开"新族-选择样板文件"对话框，选择"公制轮廓—竖挺"族样板）来制作。在族样板文件中的水平和垂直参照线的焦点是竖挺断面的中心，因此我们绘制轮廓草图的位置应该充满四个象限。

创建竖挺轮廓族与创建主体轮廓族的步骤基本一样，只是样本文件不一样，且竖挺轮廓族在项目中只能应用于竖挺中。【注意】要使轮廓草图位置充满四个象限，需要用"EQ"对齐锁定，使竖挺一直位于幕墙的中心线处（图 8-36）。

在项目中进行测试时，要使竖挺轮廓族应用于竖挺中（图 8-37）。

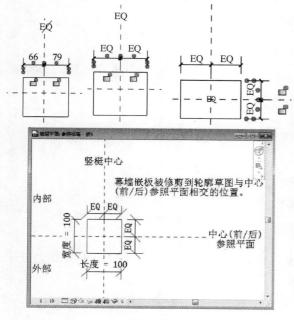
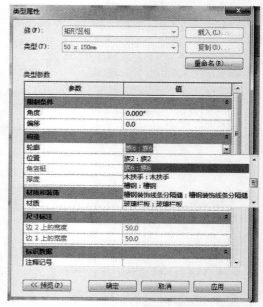

图 8-36

图 8-37

第9章 标准构件族

9.1 运用公制详图构件制作土壤详图

本节重点：

1）添加参数并设置公式。

2）重复详图。

3）遮盖多余部分。

4）以土壤为例介绍详图构件族。

1. 打开样板文件：单击应用程序菜单下拉按钮，选择"新建＞族"命令，打开"新族-选择样板文件"对话框，选择"公制详图构件"，单击"打开"。

2. 绘制土壤族图案：

在素土夯实的图例符号绘制时，我们是以地坪的下表面为基线来绘制的，而这些图例是位于这条基线之下的，因此我们应该在第一象限来绘制土壤的图例。

（1）绘制参照平面并进行尺寸标注：以"公制详图构件"的原有参照平面定位绘制两条参照平面，完成后进行标注，并进行锁定，绘制结果（图9-1）。

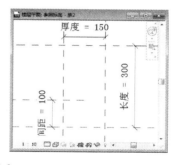

图 9-1

（2）添加尺寸参数。选择长度为300的尺寸标注，点击左上角的"标签"栏选择"添加参数"，弹出"参数属性"对话框，选择"族参数"，在"参数数据"下的"名称"选项中对参数输入名称"长度"，点击确定。同理，将长度为150的尺寸标注添加厚度参数，将长度为100的尺寸标注添加间距参数（图9-2）。

（3）单击"属性"面板＞"族类型"命令，打开"族类型"对话框，设置参数公式。板中的"类

图 9-2

213

型命令",打开"族类型"对话框,设置参数公式。【注意】在输入公式时数字与符号一定要在英文输入法的状态下进行输入。

3. 绘制符号:单击"创建"选项卡>"详图"面板>"直线"命令,选择"轻磅线"子类别,以间距 100 的参照平面为起点,绘制角度为 45 度的第一条斜线,然后以 70 为距离复制 3 条,对其进行尺寸标注,并均分。并将这四条直线的端点分别与对应的参照平面对齐。单击"详图"面板>"直线"命令,绘制弧线(图 9-3)。

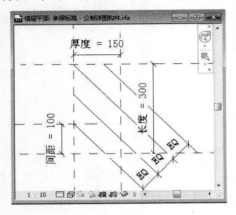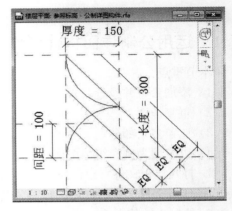

图 9-3

单击"创建"选项栏>"详图"面板>"填充区域"命令,拾取刚画好的弧线和垂直参照平面,修剪使围合成区域,单击"属性"面板>"类型选择器",将填充样式设为"实体填充—黑色",单击完成(图 9-4)。

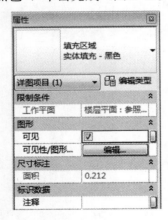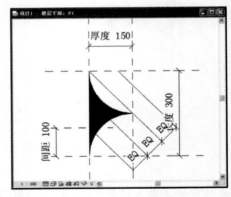

图 9-4

4. 保存文件为"公制详图构件"。

5. 将其载入到项目中应用:单击"注释"选项卡>"详图"面板中>"构件"命令下拉按钮>"重复详图构件"命令,单击"属性"面板>"编辑类型"命令,单击"复制"新建一个"土壤"族,其参数设置如图 9-5 所示。

【注意】当在项目中重复详图时,鼠标单击的距离与详图实际距离可能不同,这是因为在项目中它是按整数重复详图的。若想让鼠标单击的距离与详图实际距离相同,采用基于线的详图构件制作土壤详图。

214

图 9-5

9.2　创建 RPC 族

9.2.1　创建 RPC 人物族

在本课程中，将会创建一个人物族。平面上用符号线表示出来，绘出轮廓，有渲染效果。

（1）打开样板文件　单击应用程序菜单下拉按钮，选择"新建＞族"命令，选择"公制 RPC 族 . rft"，单击"打开"。如图 9-6，图 9-7 所示。

图 9-6

图 9-7

（2）调节渲染效果图在参照标高平面视图中单击第三方平面效果，单击"属性"面板＞"渲染外观属性"后，选择"无"，单击"确定"如图 9-8 所示。

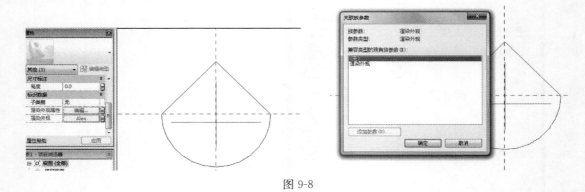

图 9-8

再单击"渲染外观"后的"Alex"，弹出"渲染外观库"对话框，选择"拉龙 1"确定，如图 9-9 所示。

图 9-9

可见性设置　转到参考标高视图，单击 RPC 图，勾选属性"可见"如图 9-10 所示。

（3）载入到项目中测试，渲染，如图 9-11 所示。

图 9-10

图 9-11

（4）保存文件，改名为"人物-拉龙"。

9.2.2　创建 RPC 植物族

在本课程中，将创建一个植物族。平面上用符号线表示出来，绘出轮廓，有渲染效果。这里我们以樱花树为例。

（1）打开样板文件　单击应用程序菜单下拉按钮，选择"新建＞族"命令，选择"公制 RPC 族 .rft"，单击"打开"，如图 9-12 所示。

图 9-12

（2）绘制平面表达　在项目浏览器中，点击参照标高，进入参照标高平面视图，单击"注释"选项卡＞"详图"面板＞"符号线"命令，选择绘制面板下的"圆形"命令，以参照平面的焦点为圆心，绘制半径为 3000mm 的圆，单击"绘制"面板下的"线"命令，绘制如图 9-13 所示的图形。

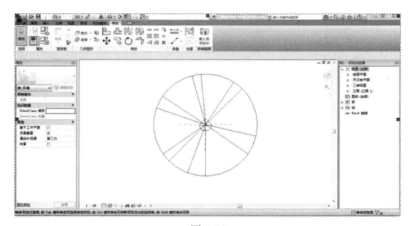

图 9-13

（3）调节渲染效果图　在参照标高平面视图中单击第三方平面效果，单击"属性"面板＞"渲染外观属性"后，选择"无"，单击"确定"，如图 9-14 所示。

再单击"渲染外观"后的"Alex"，弹出"渲染外观库"对话框，选择"日本樱花"确定，如图 9-15 所示。

（4）可见性设置　进入参照标高平面视图，单击第三方渲染外观图，单击"修改｜日本樱花"选项卡＞"可见性"面板＞"可见性设置"，取消勾选"平面/天花板平面视图"确定，如图 9-16 所示。

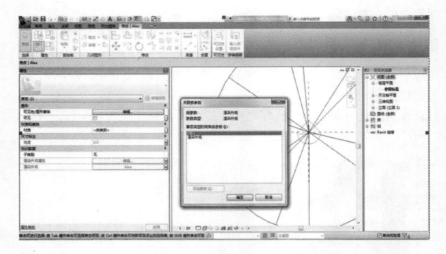

图 9-14

图 9-15

（5）载入项目中测试，渲染，如图 9-17 所示。

（6）保存文件，改名为"日本樱花"。

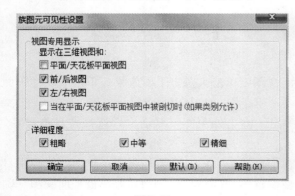

图 9-16

图 9-17

218

9.3 创建家具

9.3.1 创建公制家具-沙发

本节重点：

1）放样命令的应用；

2）放样命令与拉伸命令的结合；

3）不同形体的关联锁定。

1. 创建公制家具

（1）单击"应用菜单"＞"新建"＞"族"。

（2）在"新建-选择样板文件"对话框中，选择"公制家具.rft"，单击打开，如图9-18所示。

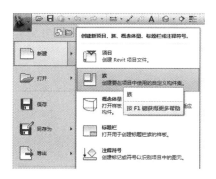

图 9-18

用放样及拉伸命令制作坐垫。

（3）绘制参照平面 打开"参照标高"视图，单击"创建"选项卡＞"基准"面板＞"参照平面"命令，单击左键开始绘制，再次单击结束一条参照平面的绘制，具体定位不重要，如图9-19所示。

（4）定位参照平面 单击"注释"选项卡＞"尺寸标注"面板＞"对齐"命令或快捷键"di"，标注参照平面，连续标注会出现EQ，单击，切换成，使三个参照平面间距相等，如图9-20所示。

（5）添加参数 选择刚放置的横向尺寸标注，点击左上角的"标签"栏选择"添加参数"，弹出"参数属性"对话框，选择"族参数"，在"参数数据"下的"名称"选项中对参数输入名称"宽度"，单击"确定"；同样的方法添加长度参数；并修改参数来定位参照平面和确保参照平面的可调整，如图9-21所示。

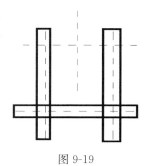

图 9-19

（6）确定坐垫距地高度 打开立面"前"视图，单击"参照平面"，绘制两条水平参照平面，单击"对齐"命令或快捷键"di"，标注参照平面；选择250的尺寸标注，添加"高度"参数，如图9-22所示。

（7）用"放样"命令制作坐垫边缘 在立面"前"视图中，单击"创建"选项卡＞

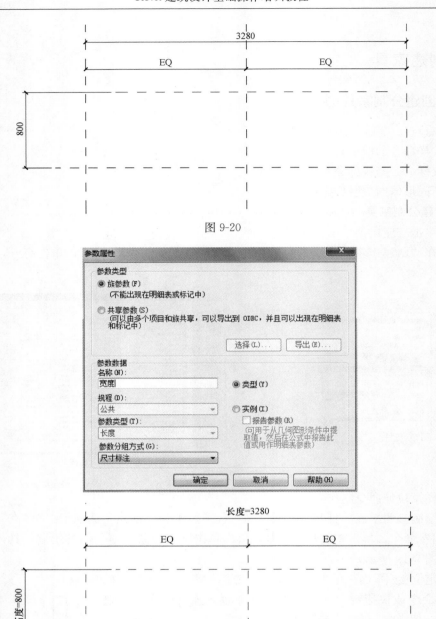

图 9-20

图 9-21

"工作平面"面板＞"设置"命令，在工作平面对话框中，选择"拾取一个工作平面"，单击"确定"；在视图中单击参照标高来选择工作平面；在"转到视图"对话框中，选择"楼层平面：参照标高"，单击"打开视图"，如图 9-23 所示。

单击"创建"选项卡＞"形状"面板＞"放样"命令，单击"放样"面板＞"绘制路径"命令，选择 ▢ 绘制路径，且和参照平面锁定，单击 ✔ 完成路径绘制，如图 9-24 所示。

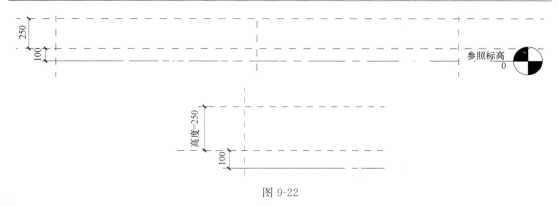

图 9-22

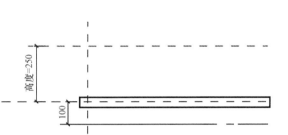

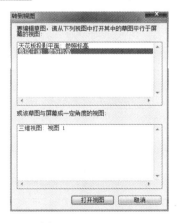

图 9-23

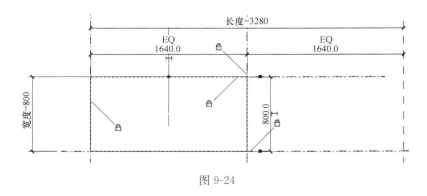

图 9-24

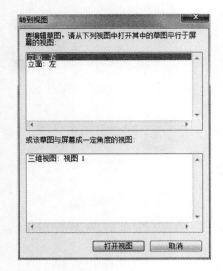

图 9-25

单击"放样"面板＞"编辑轮廓"命令，在弹出的对话框中单击"打开视图"，进入立面"右"视图，进行轮廓的绘制，如图 9-25 所示。

单击 绘制矩形，并与参照平面锁定，单击 绘制圆角，如图 9-26 所示。

两次单击完成放样。调整参数，确保坐垫的"长度"、"宽度"、"高度"可调整。

（8）用"拉伸"命令制作坐垫面　打开"参照标高"视图，单击"创建"选项卡＞"形状"面板＞"拉伸"命令，进入拉伸绘图模式，单击 ，拾取坐垫边缘内侧，且与坐垫边缘锁定，完成绘制，如图 9-27 所示。

打开立面"前"视图，选中刚拉伸绘制的形体，拉伸上部与坐垫边缘上部对齐锁定，如图 9-28 所示。

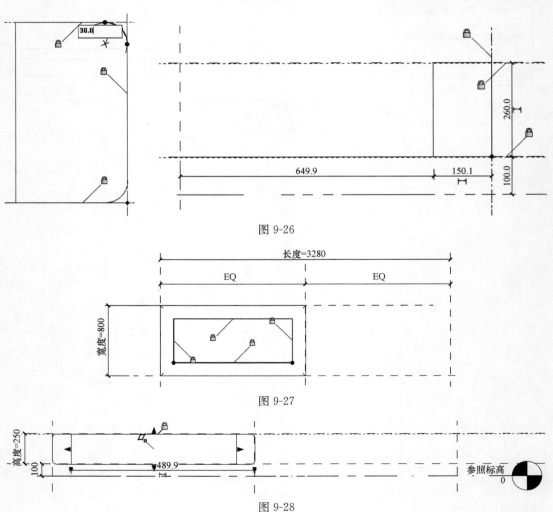

图 9-26

图 9-27

图 9-28

222

打开三维视图，单击"修改"选项卡＞"几何图形"面板＞"连接"命令，单击坐垫边缘，再单击坐垫面，来连接两者，如图 9-29 所示。调整参数，确保床板整体可调整。

用"放样"命令创建靠背

（9）绘制参照平面　打开立面"前"视图，绘制水平参照平面，距离下方参照平面 350mm，打开"参照平面"视图，绘制参照平面，"di"快捷键进行标注，如图 9-30 所示。

图 9-29

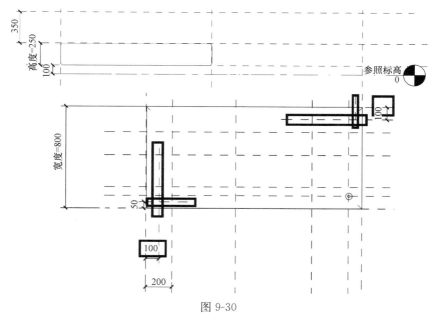

图 9-30

用"放样"命令绘制靠背主体　打开立面"前"视图，单击"设置"，拾取参照平面作为绘图平面，转到立面"楼层平面：参照标高"视图，单击"放样"命令，绘制放样轮廓，并与参照平面锁定，完成轮廓绘制，如图 9-31 所示。

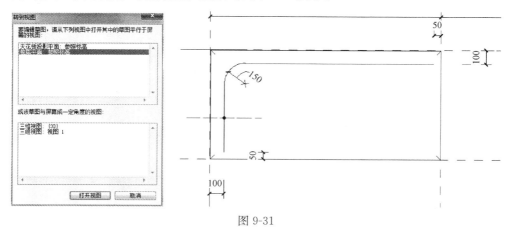

图 9-31

单击"绘制轮廓"命令，转到"立面：前"视图，用"椭圆"命令，绘制放样轮廓，如图 9-32 所示，单击完成。

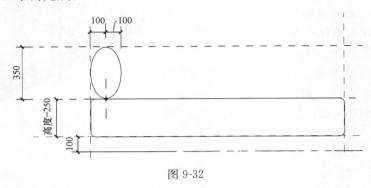

图 9-32

（10）调整参数，确保参数可调整。

（11）用"放样"命令创建靠背边缘　打开立面"前"视图，单击"放样"命令，进入绘图模式；用"椭圆"命令，绘制放样路径，与靠背主体轮廓重合，完成路径。单击"编辑轮廓"，转到"楼层平面：参照标高"视图，绘制放样轮廓，并与参照平面锁定，完成放样，如图 9-33 所示。

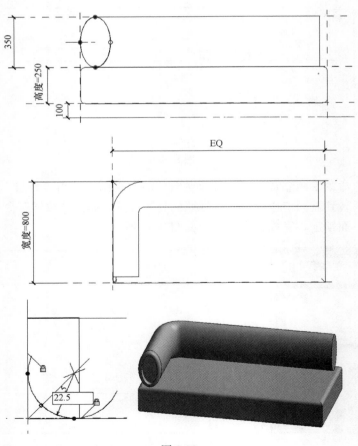

图 9-33

【注意】绘制轮廓时，宽度不需具体定位，但不宜过大，否则可能无法进行放样。

（12）用"拉伸"命令调整靠背边缘 打开立面"前"视图，单击"拉伸"命令，用"椭圆"命令绘制轮廓，轮廓要与靠背边缘内侧对齐，完成拉伸。打开立面"右"视图，调整拉伸形体，并锁定，单击"修改"选项卡＞"几何图形"面板＞"连接"命令，连接拉伸的形体与靠背边缘，如图 9-34 所示。

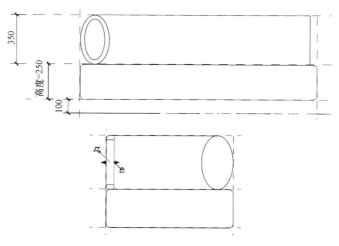

图 9-34

（13）用同样的方法创建另外一边的靠背边缘。调整参数，确保参数可调整，如图 9-35 所示。

用"放样"与"拉伸"命令创建靠枕

（14）绘制参照平面 打开立面"前"视图，绘制参照平面，并标注尺寸。打开立面"右"视图绘制参照平面，不标注尺寸，如图 9-36 所示。

（15）用"放样"命令绘制靠枕边缘 打开立面"右"视图，单击"设置"命令，选择参照平面作为绘图平面，转到"立面：前"视图，如图 9-37 所示。

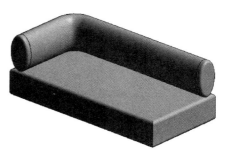

图 9-35

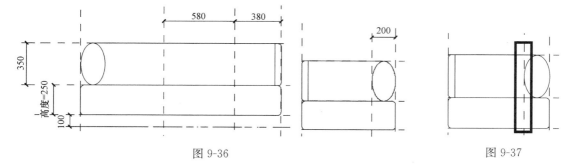

图 9-36

图 9-37

单击"放样"命令，绘制路径，并与参照平面锁定，完成路径绘制。单击"放样轮廓"，绘制轮廓，完成放样，如图 9-38 所示。

（16）用"拉伸"命令绘制靠枕面 打开立面"前"视图，单击"拉伸"命令，捕捉

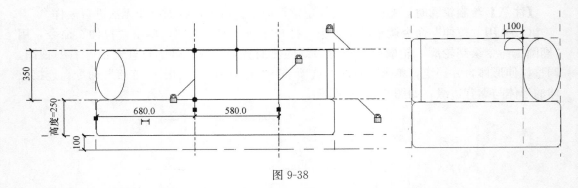

图 9-38

靠枕边缘内侧，绘制拉伸轮廓，且与靠枕边缘锁定，如图 9-39 所示。

（17）调整拉伸　打开立面"右"视图，调整靠枕面，并锁定。单击"连接"命令，连接靠枕边缘和靠枕面，如图 9-40 所示。

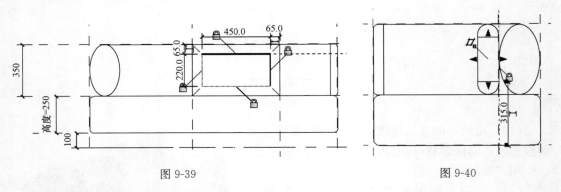

图 9-39　　　　　　　　　　　　　　　图 9-40

（18）调整参数，确保参数可调整。

（19）用同样的方法绘制另一个 250mm×250mm 的枕头。调整参数，确保参数可调整，如图 9-41 所示。

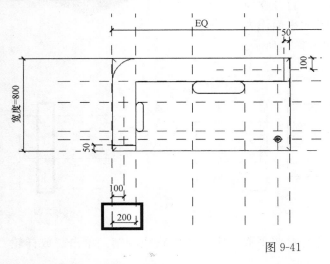

图 9-41

用"旋转"命令创建沙发支撑。

（20）绘制参照平面　打开立面"前"视图，绘制参照平面，距离右侧的参照平面100mm，并标注尺寸。打开立面"右"视图，绘制参照平面，并标注尺寸，如图9-42所示。

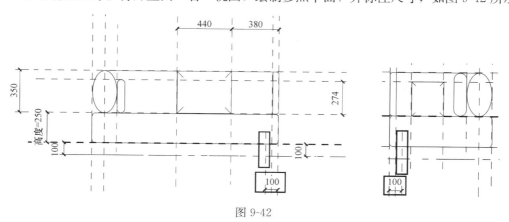

图 9-42

（21）用"旋转"命令创建沙发支撑　单击"设置"命令，选中刚绘制的参照平面为绘图平面，转到"立面：右"视图。单击"旋转"命令，进入绘图模式，绘制旋转轮廓；单击"轴线"，用"拾取"命令，拾取轴线，完成绘制，如图9-43所示。

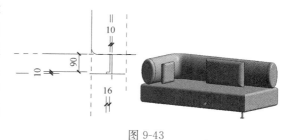

图 9-43

（22）调整参数，确保参数可调整。

（23）用同样的方法在立面视图中绘制参照平面，并标注尺寸，之后用"旋转"命令创建其余三个支撑，如图9-44所示。

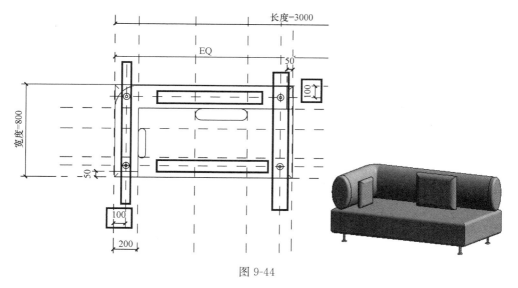

图 9-44

【注意】在"参照平面"视图中，有的参照平面可共用，不需再次绘制。

（24）调整参数，确保参数可调整。

用"镜像-拾取轴"命令绘制另一半沙发

（25）打开"参照平面"视图，选中所有形体、垂直参照平面和垂直参照平面的尺寸标注，但"长度"参数及尺寸标注、EQ 标注、样板自带的"中心（左/右）"参照平面、最左边的垂直参照平面不选中。打开立面"前"视图、立面"右"视图选中在"参照平面"视图中没有选中的参照平面及尺寸标注，完成选择，打开"参照平面"视图，单击"镜像-拾取轴"命令，选中"中心（左/右）"参照平面作为轴，完成另一半沙发形体的复制，具体参照图片，如图 9-45 所示。

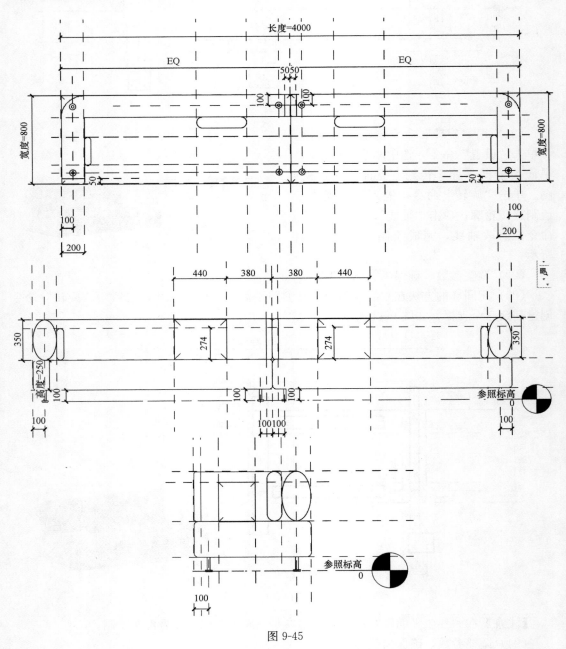

图 9-45

【注意】如有的尺寸标注没有复制，可用"di"快捷键标注尺寸，具体要参照图片。

（26）调整参数，确保参数可调整；如弹出警告对话框，单击删除。

用同样的方法绘制沙发中间 250mm×250mm 的靠枕，如图 9-46，图 9-47 所示。

图 9-46

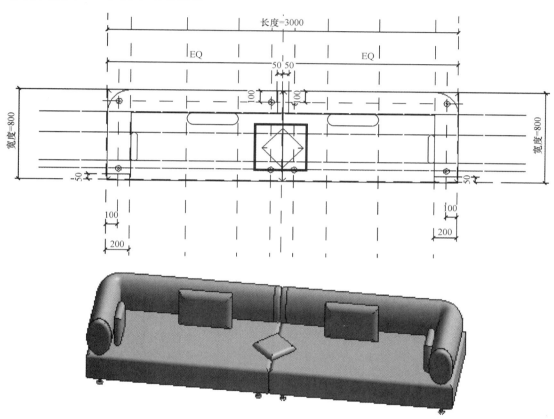

图 9-47

【注意】1）要选择坐垫上边缘的参照平面作为绘图平面；并在绘制时锁定。2）绘制完成后用"旋转"命令达到与水平线成角度的效果，更不易出错。

添加材质参数。

（27）添加参数　打开三维视图，选中坐垫，单击"属性"面板＞"材质"栏后面的，弹出"关联族参数"对话框，单击"添加参数"命令，弹出"参数属性"对话框，在名称栏里命名名称为"坐垫材质"，单击确定。同样的方法添加靠背材质、靠枕材质 a、靠枕材质 b、支撑材质并分别以"靠背材质"、"靠枕材质 a"、"靠枕材质 b"、"支撑材质"，如图 9-48 所示。

（28）指定材质　单击"属性"面板＞"族类型"命令，单击"坐垫材质"行后的，在弹出的对话框中新建"坐垫-织物"材质；调整"图形"列表下的"着色"，如图 9-49 所示。

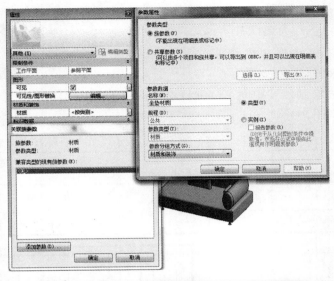

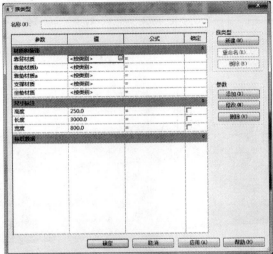

图 9-48

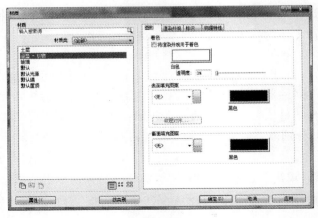

图 9-49

单击"渲染外观",替换材质,多次单击"确定"完成材质调整,如图 9-50 所示。

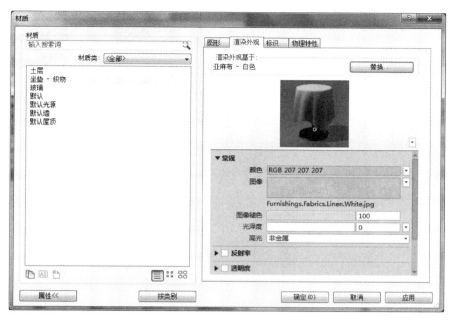

图 9-50

(29)用同样的方法指定靠背材质、靠枕材质 a、靠枕材质 b、支撑材质,并分别以"靠背-织物"、"靠枕 a-织物"、"靠枕 b-织物"、"支撑-金属"为新建的材质名称,渲染外观分别指定为"织物"类型下"亚麻布-软呢"、"亚麻布 – 米色"、"天鹅绒-红色 1"、"金属-钢"类型下"抛光",如图 9-51 所示。

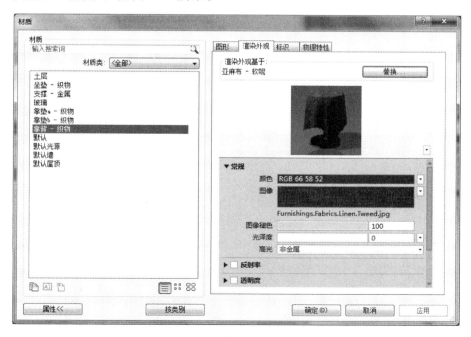

图 9-51

（30）在三维视图中，观察效果，如图 9-52 所示。

9.3.2 创建公制家具-双人床

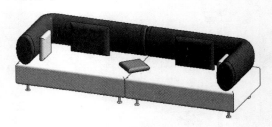

本节重点：

1）放样命令的应用

2）放样命令与拉伸命令的结合

3）不同形体的关联锁定

1. 创建公制家具-双人床（课下作业）

图 9-52

（1）单击"应用菜单"＞"新建"＞"族"。

（2）在"新建-选择样板文件"对话框中，选择"公制家具.rft"，单击打开，如图 9-53 所示。

图 9-53

用放样及拉伸命令制作床板

（3）绘制参照平面 打开"参照标高"视图，单击"创建"选项卡＞"基准"面板＞"参照平面"命令，单击左键开始绘制，再次单击结束一条参照平面的绘制，具体定位不重要，如图 9-54 所示。

（4）定位参照平面 单击"注释"选项卡＞"尺寸标注"面板＞"对齐"命令或快捷键"di"，标注参照平面，连续标注会出现 EQ，单击 EQ，切换成 EQ，使三个参照平面间距相等，如图 9-55 所示。

（5）添加参数 选择刚放置的横向尺寸标注，点击左上角的"标签"栏选择"添加参数"，弹出"参数属性"对话框，选择"族参数"，在"参数数据"下的"名称"选项中对参数输入名称"宽度"，单击"确定"；同样的方法添加长度参数，并修改参数来定位参照平面和确保参照平面的可调整，如图 9-56 所示。

（6）确定床板距地高度 打开立面"前"视图，单击"参照平面"，绘制两条水平参照平面，单击"对齐"命令或快捷键"di"，标注参照平面；选择 290 的尺寸标注，点击左上角的"标签"栏选择"添加参数"，弹出"参数属性"对话框，选择"族

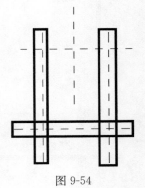

图 9-54

参数"，在"参数数据"下的"名称"选项中对参数输入名称"高度"，单击"确定"；如图 9-57 所示。

（7）用"放样"命令制作床板边缘

在立面"前"视图中，单击"创建"选项卡＞"工作平面"面板＞"设置"命令，在工作平面对话框中，选择"拾取一个工作平面"，单击"确定"；在视图中单击"参照标高"来选择工作平面；在"转到视图"对话框中，选择"楼层平面：参照标高"，单击"打开视图"，如图 9-58 所示。

单击"创建"选项卡＞"形状"面板＞"放样"命令，进入放样绘图模式，单击"放样"＞"绘制路径"命令，选择 ▢ 绘制路径，且和参照平面锁定，单击 ✔ 完成路径绘制，如图 9-59 所示。

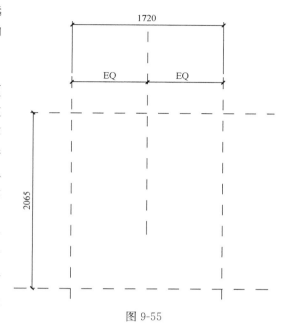

图 9-55

图 9-56

单击"放样"面板＞"编辑轮廓"命令，在弹出的对话框中单击"打开视图"，进入立面"右"视图，进行轮廓的绘制，如图 9-60 所示。

单击 ▢ 绘制矩形，并与参照平面锁定，单击 ⌐ 绘制圆角，如图 9-61 所示。

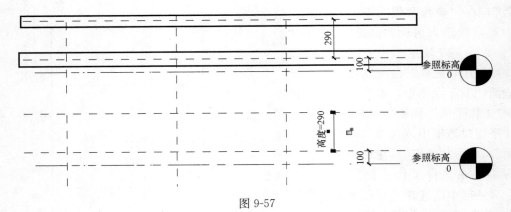

图 9-57

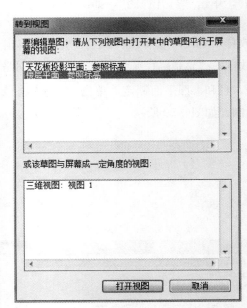

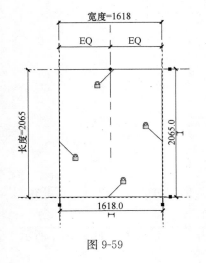

图 9-58

图 9-59

图 9-60

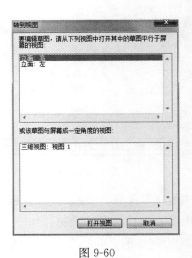

两次单击完成放样。调整参数，确保床板的"长度"、"宽度"、"高度"可调整。

（8）用"拉伸"命令制作床板面　打开"参照标高"视图，单击"创建"选项卡＞"形状"面板＞"拉伸"命令，进入拉伸绘图模式，单击 ⬚，拾取床板边缘内侧，且与床板边缘锁定，完成绘制，如图 9-62 所示。

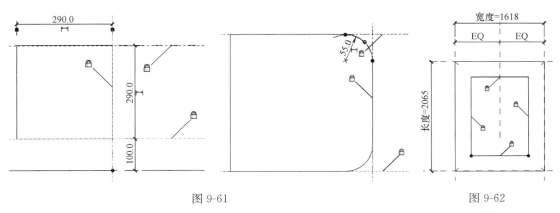

图 9-61　　　　　　　　　　　　　　　　　　图 9-62

打开立面"前"视图，选中刚拉伸绘制的形体，拉伸上部与床板边缘上部对齐锁定，如图 9-63 所示。

打开三维视图，单击"修改"选项卡＞"几何图形"面板＞"连接"命令，单击床板边缘，再单击床板面，来连接两者，如图 9-64 所示。

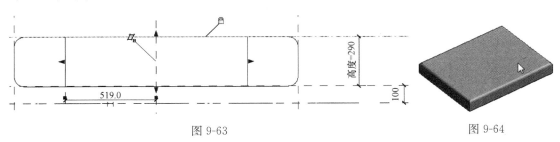

图 9-63　　　　　　　　　　　　　　　　　　图 9-64

调整参数，确保床板整体可调整。

用放样及拉伸命令制作床垫

（9）用"放样"命令制作床垫边缘　打开立面"右"视图，单击"参照平面"命令，绘制水平参照平面，"di"快捷键，标注刚放置的参照平面和其下的一条参照平面，如图 9-65 所示。

单击"设置"命令，在弹出的对话框中选择"拾取一个平面"，单击确定，单击刚绘

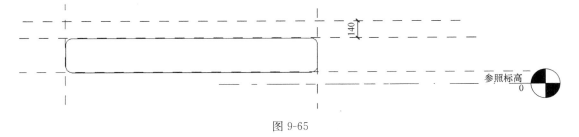

图 9-65

235

制的参照平面下方的水平参照平面，转到视图"楼层平面：参照标高"；单击"放样"命令，用和创建床板边缘同样的方法绘制路径，如图 9-66 所示。

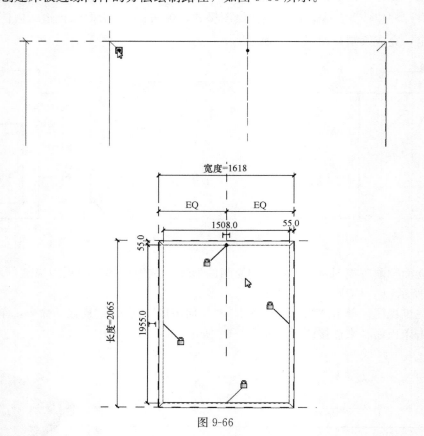

图 9-66

单击 ✔ 完成路径绘制，单击"编辑轮廓"命令，绘制轮廓，如图 9-67 所示。

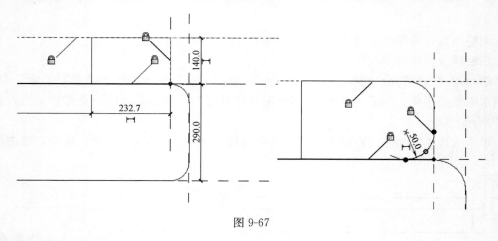

图 9-67

完成放样，调整参数，确保参数可调整。

（10）用"拉伸"命令绘制床垫面　打开"参照标高"视图，单击"拉伸"命令，绘制拉伸轮廓，且与刚绘制的床垫边缘锁定，完成绘制，打开立面"前"视图，拉伸刚绘制的床垫面，使其上部与上部的参照平面对齐且锁定，如图 9-68 所示。

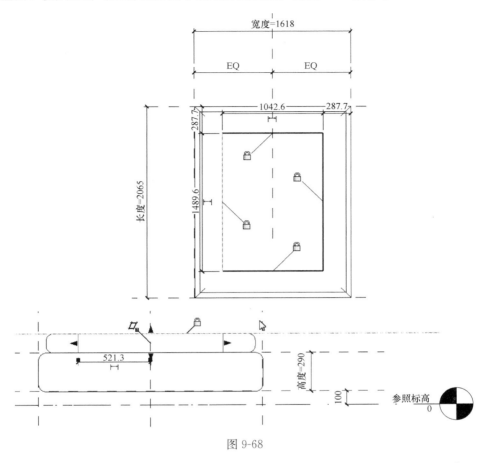

图 9-68

　　打开三维视图，单击"连接"命令，连接床垫边缘与床垫面；再次测试参数；完成床垫的绘制，如图 2-69 所示。

图 9-69

2. 用"拉伸"命令创建靠背

　　（1）绘制参照平面　打开立面"右"视图，绘制参照平面，距离左侧参照平面 95mm，"di"快捷键进行标注，如图 9-70 所示。

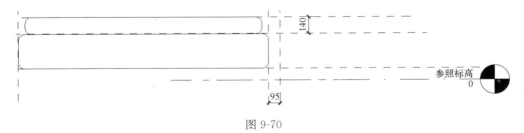

图 9-70

　　（2）绘制拉伸轮廓　打开立面"前"视图，单击"设置"，拾取参照平面作为绘图平面，转到立面"右"视图，单击"拉伸"命令，绘制拉伸轮廓，且与参照平面锁定，完成拉伸，如图 9-71 所示。

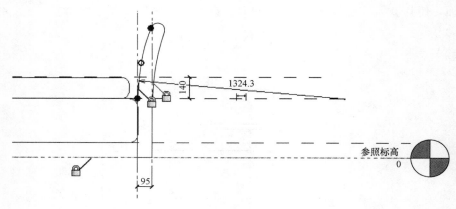

图 9-71

（3）调整拉伸　打开立面"前"视图，调整拉伸，且与两边参照平面对齐锁定，如图 9-72 所示。

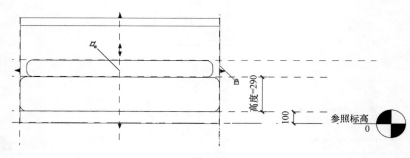

图 9-72

图 9-73

测试参数，确保参数可调整，如图 9-73 所示。

3. 用"放样"与"拉伸"命令创建枕头

（1）绘制参照平面　打开立面"前"视图，绘制参照平面，"di"快捷键，对参照平面进行标注；打开"参照标高"视图，绘制参照平面，"di"快捷键，对参照平面进行标注，如图 9-74 所示。

（2）用"放样"命令绘制枕头边缘　打开立面"前"视图，单击"设置"命令，选择参照平面作为绘图平面，如图 9-75 所示。

转到"楼层平面：参照标高"视图，单击"放样"命令，绘制路径，"di"快捷键进行标注，如图 9-76 所示。

完成路径绘制，绘制轮廓（矩形具体长度不重要，但不能太长，以免超过 1/2 路径，致使无法生成放样），且与参照平面锁定，如图 9-77 所示。

（3）用"拉伸"命令绘制枕头面　打开"参照标高"视图，单击"拉伸"命令，捕捉枕头边缘内侧，绘制拉伸轮廓，且与枕头边缘锁定，如图 9-78 所示。

238

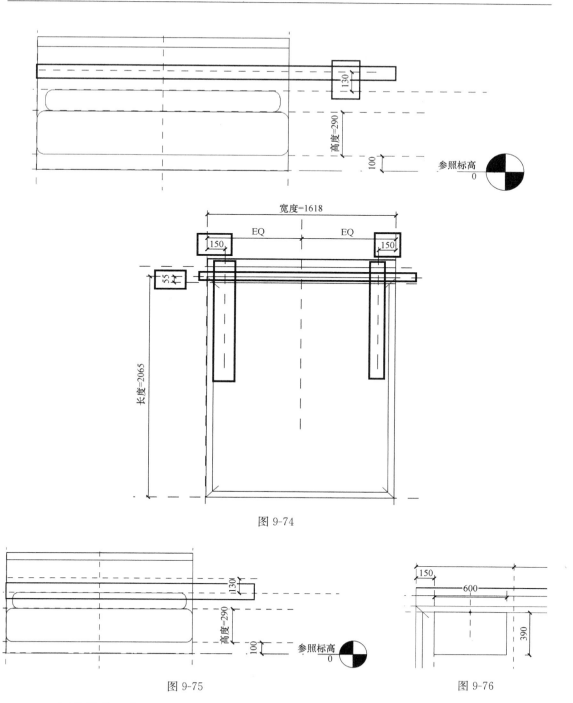

图 9-74

图 9-75

图 9-76

（4）调整拉伸　打开立面"前"视图，调整枕头面，连接枕头边缘和枕头面，如图 9-79 所示。

（5）用同样的方法绘制另一个枕头，或在"参照标高"视图中用"镜像"命令，复制另外一个枕头，但注意与参照平面锁定和枕头边缘与枕头面的连接；测试参数，确保参数可调整，如图 9-80 所示。

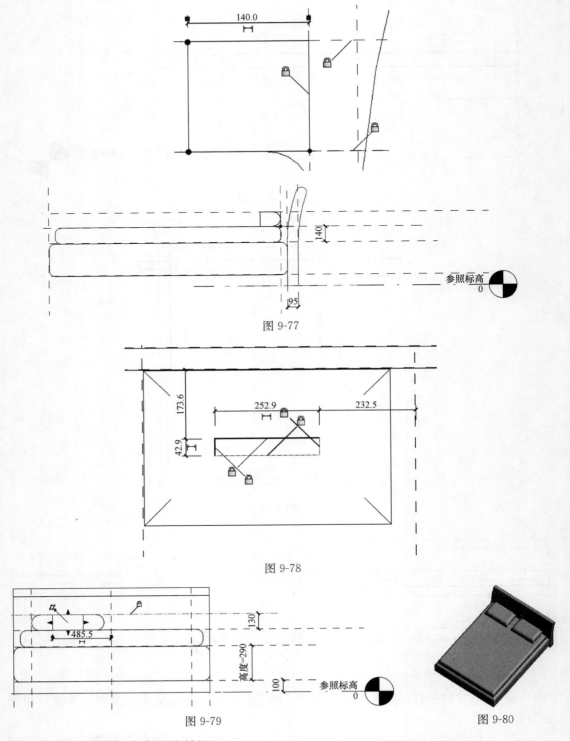

图 9-77

图 9-78

图 9-79

图 9-80

4. 用"拉伸"命令制作被褥

（1）绘制参照平面　打开"参照标高"视图，绘制四条参照标高，"di"快捷键标注尺寸，如图 9-81 所示。

（2）用"拉伸"命令绘制　打开立面"右"视图，单击"拉伸"命令，进入绘图模式，单击命令，绘制拉伸轮廓，轮廓具体弧度不重要，但绘制的下部曲线需与靠背上部的弧线重合，使其与现实情况相符合，两条曲线垂直距离约 18mm，完成拉伸轮廓，如图9-82所示。

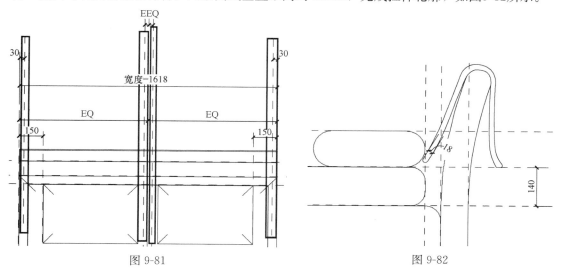

图 9-81　　　　　　　　　　　　　　　　图 9-82

（3）调整拉伸　打开立面"前"视图，调整拉伸与左右两边相应参照平面对齐锁定，用"镜像"命令复制另一个被褥，用"对齐"命令或"al"快捷键与左右两边相应参照平面对齐锁定，如图 9-83 所示。

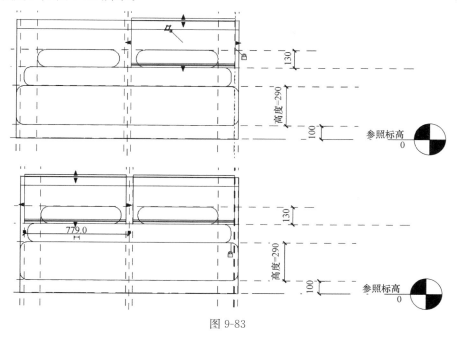

图 9-83

（4）测试参数，确保参数可调整，如图 9-84 所示。

5. 用"放样"命令绘制床饰

（1）绘制参照平面　打开立面"右"视图，绘制参照平面，"di"快捷键进行标注，如图 9-85 所示。

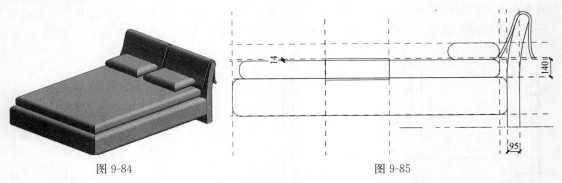

图 9-84   图 9-85

（2）用"放样"命令绘制床饰　打开立面"右"视图，单击"设置"命令，拾取参照平面作为绘图平面，转入立面"前"视图，如图 9-86 所示。

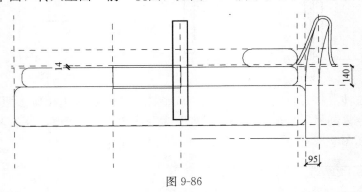

图 9-86

单击"放样"命令，进入绘图模式，绘制放样路径，且锁定，如弹出警告对话框，单击"取消"，如图 9-87 所示。

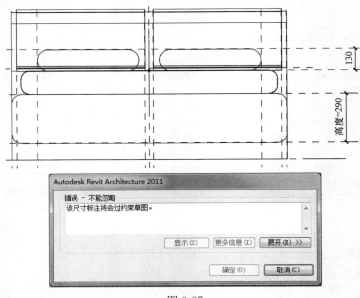

图 9-87

【注意】先沿床垫上边缘线绘制水平线，使插入点在水平线上，这样更容易控制不易出错；用"拾取线"命令，绘制两边曲线。

单击"绘制轮廓"，绘制放样轮廓，且锁定，完成放样，如图 9-88 所示。

（3）测试参数，确保参数可调整，如图 9-89 所示。

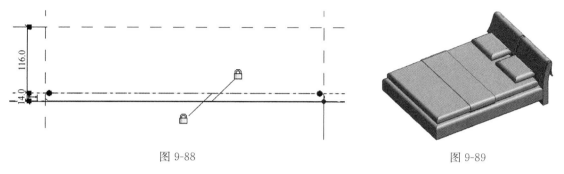

图 9-88

图 9-89

6. 添加材质参数

（1）添加参数　打开三维视图，选中全部，单击"属性"面板＞"材质"栏后面的，弹出"关联族参数"对话框，单击"添加参数"命令，弹出"参数属性"对话框，在名称栏里命名名称为"材质"，单击确定，如图 9-90 所示。

图 9-90

（2）调整材质　单击"属性"面板＞"族类型"命令（图 9-91），单击"材质"栏后的，在弹出的对话框中新建"织物"材质；调整"图形"列表下的"着色"，如图 9-92 所示。

单击"渲染外观"，替换材质，调整颜色，多次单击"确定"完成材质调整，如图 9-93所示。

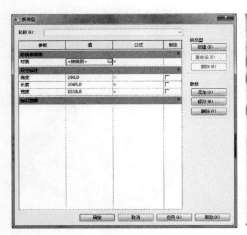

图 9-91   图 9-92

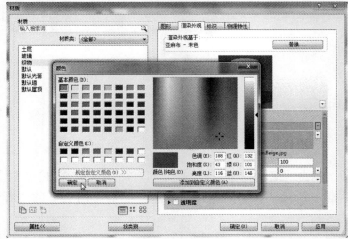

图 9-93

【注意】单击"图形"下的源文件，可更方便地找到更多的材质，如图 9-94 所示。

（3）在三维视图中，观察效果，如图 9-95 所示。

图 9-94 　　　　　　　　　　　　　　　　图 9-95

9.4　绘制二维家具

本节重点：

1）参数的添加；

2）用"符号线"命令绘制形体。

1. 创建公制家具

（1）单击"应用菜单"＞"新建"＞"族"。

（2）在"新建-选择样板文件"对话框中，选择"公制家具.rft"，单击打开，如图 9-96所示。

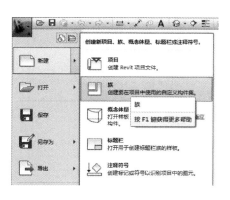

图 9-96

2. 绘制床板

（1）绘制参照平面　打开"参照标高"视图，单击"创建"选项卡＞"基准"面板＞

245

"参照平面"命令，绘制参照平面，具体位置不重要，如图 9-97 所示。

（2）定位参照平面　单击"注释"选项卡＞"尺寸标注"面板＞"对齐"命令或快捷键"di"，标注参照平面，连续标注会出现 EQ，单击 EQ，切换成 EQ，使三个参照平面间距相等，如图 9-98 所示。

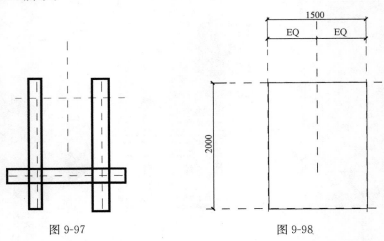

图 9-97　　　　　　　　　　　　　　图 9-98

（3）添加参数　选择刚放置的横向尺寸标注，点击左上角的"标签"栏选择"添加参数"，弹出"参数属性"对话框，选择"族参数"，在"参数数据"下的"名称"选项中对参数输入名称"宽度"，单击"确定"；同样的方法添加长度参数，并修改参数来定位参照平面和确保参照平面的可调整，如图 9-99 所示。

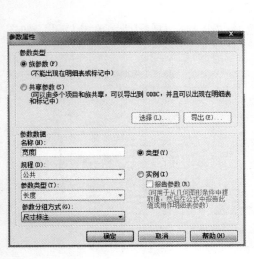

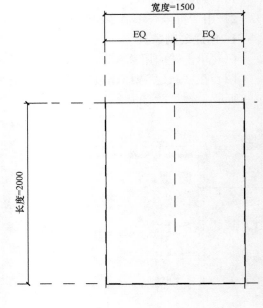

图 9-99

（4）调整参数，确保参数可调整。

（5）绘制床板　单击"注释"选项卡＞"详图"面板＞"符号线"命令，选择"直线"

和"矩形"绘制轮廓，并与参照平面锁定，完成绘制，如图 9-100 所示。

（6）调整参数，确保参数可调整。

3. 绘制被褥

（1）单击"参照平面"命令，绘制参照平面，并标注尺寸。单击"符号线"命令，绘制被褥，如图 9-101 所示。

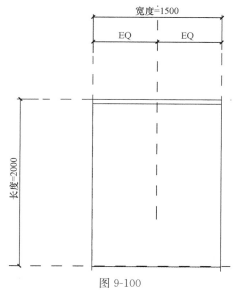

图 9-100

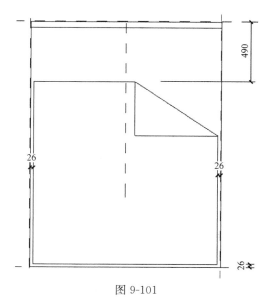

图 9-101

（2）调整参数，确保参数可调整。

4. 绘制枕头及抱枕

（1）绘制枕头　单击"符号线"命令，绘制枕头；选择刚绘制的枕头，单击"修改｜线"选项卡＞"修改"面板＞"镜像-拾取轴"命令，拾取轴线，绘制另一个枕头，如图 9-102 所示。

（2）绘制抱枕　单击"符号线"命令，绘制抱枕，单击"复制"命令，复制另一个抱枕，并修改线，如图 9-103 所示。

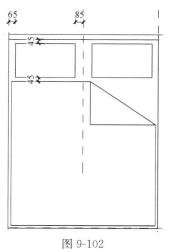

图 9-102

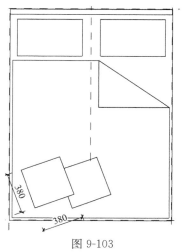

图 9-103

5. 绘制床头柜

（1）单击"符号线"命令，绘制床头柜，单击"镜像-拾取轴"命令，复制另一边的床头柜，如图 9-104 所示。

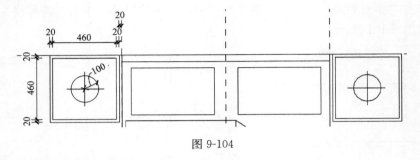

图 9-104

（2）调整参数，确保参数可调整，如图 9-105 所示。

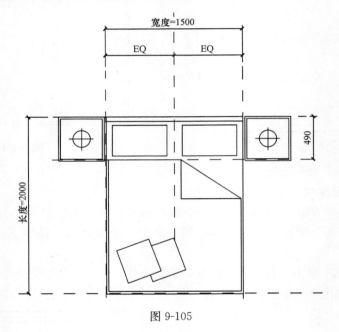

图 9-105

9.5 创建结构类族

本节重点：

1）创建上弦杆、下弦杆、腹杆；

2）腹杆的定位。

9.5.1 创建桁架族

1. 创建桁架

（1）单击"应用菜单"＞"新建"＞"族"。

（2）在"新建-选择样板文件"对话框中，选择"公制结构桁架 . rft"，单击打开，如

图 9-106 所示。

图 9-106

2. 绘制上弦杆

（1）单击"创建"选项卡＞"详图"面板下＞"上弦杆"命令，绘制上弦杆，如图 9-107所示。

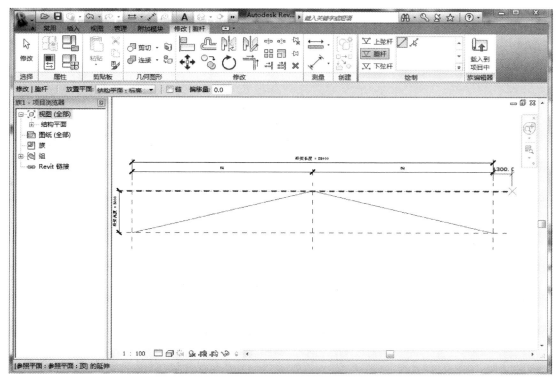

图 9-107

【注意】1）把绘制杆件时出现的锁锁定，此时的锁是把上弦杆和参照面锁定，锁定后杆件才会和参照面连动。2）绘制完上弦杆、下弦杆、腹杆左侧、整体完成后都要改变"桁架宽度"、"桁架高度"来测试之前绘制的杆件是否会和"桁架宽度"及"桁架高度"连动。

同样的方式绘制下弦杆，同时把下弦杆和下面的参照面锁定，如图 9-108 所示。

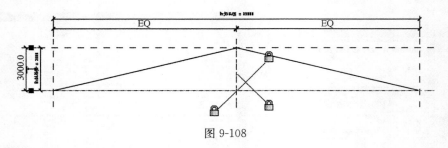

图 9-108

3. 绘制腹杆

（1）首先要绘制参照平面　单击"创建"选项卡＞"基准"面板下＞"参照平面"命令，绘制参照平面，参照面的具体定位不重要，如图 9-109 所示。

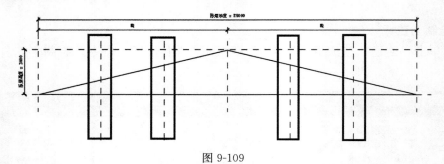

图 9-109

（2）标注尺寸，为参照平面准确定位　单击"创建"选项卡＞"尺寸标注"面板＞"对齐"命令，或快捷键"di"，对左侧的四个参照平面进行标注，连续标注会出现 EQ 并单击 EQ ，切换成 EQ ，使四个参照平面间距相等，同样的方法对右侧的四个参照平面进行标注，如图 9-110 所示。

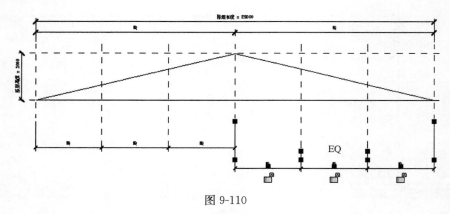

图 9-110

（3）依据按照平面绘制左侧腹杆　单击"腹杆"绘制左侧腹杆，如图 9-111 所示。

（4）腹杆定位　单击"尺寸标注"面板下＞"对齐"命令或快捷键"di"，"Tab"键切换，单击选中三个交点对三个交点进行标注定位，并单击 EQ 击切换成 EQ ，如图 9-112 所示。

250

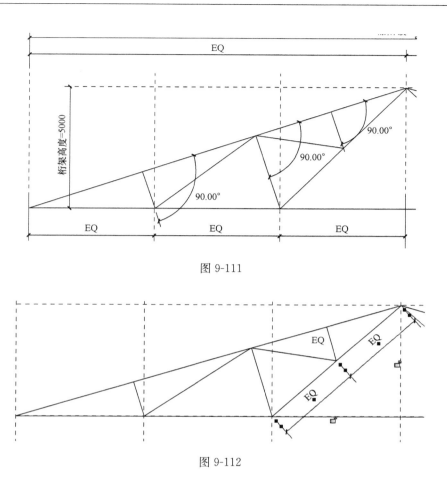

图 9-111

图 9-112

（5）依据按照平面绘制左侧腹杆　与绘制左侧腹杆相同的方法绘制右侧腹杆，如图 9-113 所示。

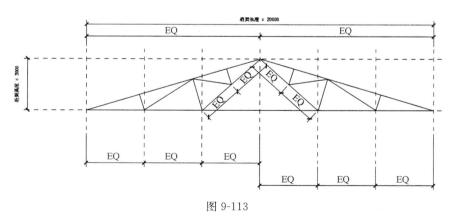

图 9-113

4. 把桁架载入项目

（1）新建项目　单击"应用菜单">"新建">"项目"，选择系统默认样板，或手动选择想要的样板，新建项目，如图 9-114 所示。

（2）桁架载入项目　单击"载入项目"命令，弹出对话框，选择新建的项目，单击确定，把桁架载入到新建的项目中，如图 9-115 所示。

图 9-114　　　　　　　　　　　　　　　　　　　图 9-115

（3）在项目中绘制桁架　单击左键绘制，再次单击结束绘制，在三维视图中观察绘制效果，如图 9-116 所示。

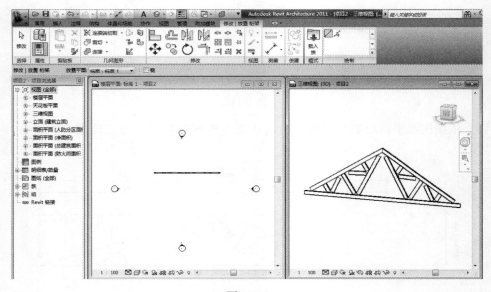

图 9-116

（4）单击"应用菜单"＞"保存"，选择保存的位置，单击确定，完成保存。

9.5.2　创建梁

本节重点：

1）尺寸参数的添加；

2）材质参数的添加；

3）材质的指定。

1. 创建工字钢梁

（1）单击"应用菜单"＞"新建"＞"族"。

（2）在"新建-选择样板文件"对话框中，选择"公制结构框架—梁和支撑.rft"，单击打开，如图 9-117 所示。

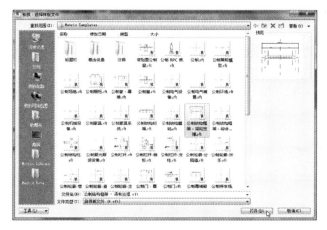 

图 9-117

2. 修改原有样板

修改可见性　删除在梁中心的线和两条参照平面。选中梁形体，单击"拉伸｜修改"选项卡＞"设置"面板＞"可见性设置"命令，在弹出的"族图元可见性设置"对话框中，勾选"粗略"，单击"确定"，此时梁形体为黑色显示，而不再是灰色，如图 9-118 所示。

【注意】梁中心的线只在"粗略"状态下显示，而"拉伸"命令创建的梁形体在"中等"和"精细"状态下显示，现在做出的修改是使其更符合国内的使用习惯。

修改拉伸

打开立面"右"视图，选中拉伸形体，单击"修改｜拉伸"选项卡＞"模式"面板＞"编辑拉伸"命令，进入拉伸绘图模式，修改拉伸轮廓，如图 9-119 所示。

3. 添加尺寸参数

（1）添加参数　单击"注释"选项卡＞"尺寸标注"面板＞"对齐"命令，为水平参照平面标注尺寸；选中刚放置的"300"尺寸标注，点击左上角的"标签"栏选择"添加参数"，弹出"参数属性"对话框，选择"族参数"，在"参数数据"下的"名称"选项中对参数输入名称"高度"，单击"确定"，完成高度参数的添加。用同样的方法添加"宽度"参数。如图 9-120 所示。

（2）单击"对齐"命令，或"di"快捷键，为三个垂直参照平面标注尺寸，并单击 EQ ，使其变成 EQ 。"宽度"、"高度"参数都调整为 400mm，单击 ✔ ，完成拉伸修改，如图 9-121 所示。

（3）调整参数，确保参数可调整。

253

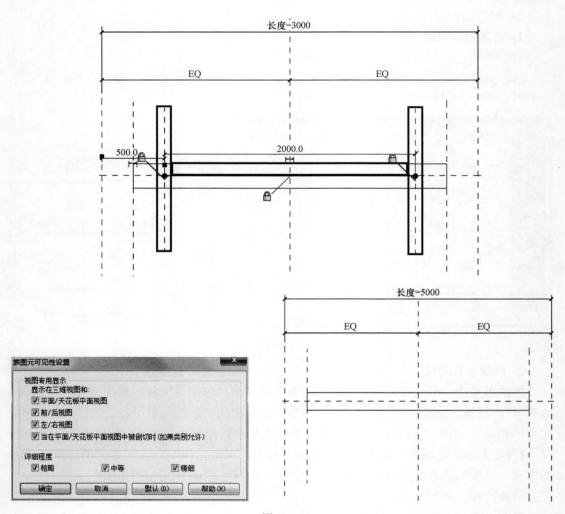

图 9-118

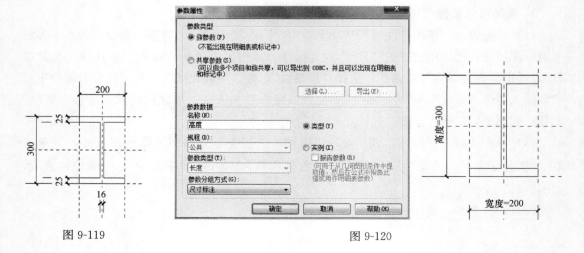

图 9-119

图 9-120

4. 添加材质参数

选中梁形体，单击"属性"面板＞"材质"栏后面的，弹出"关联族参数"对话框，单击"添加参数"命令，弹出"参数属性"对话框，在名称栏里命名名称为"梁材质"，单击确定，完成材质参数的添加，如图 9-122 所示。

5. 指定材质

选择材质　单击"属性"面板＞"族类型"命令，打开"族类型"对话框，单击"材质"后的，打开"材质"对话框；选择"金属-钢"作为梁材质，两次单击"确定"，完成材质的指定，如图 9-123 所示。

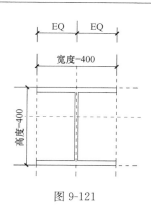

图 9-121

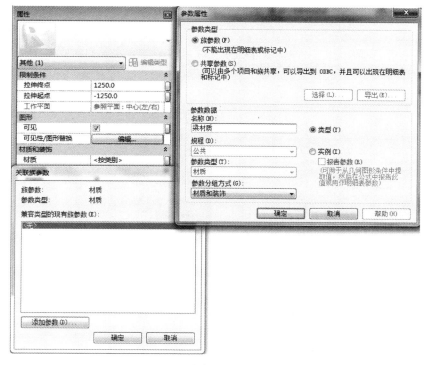

图 9-122

打开三维视图观察效果，如图 9-124 所示。

9.5.3　创建矩形梁

本节重点：

1）尺寸参数的添加；

2）材质参数的添加；

3）材质的指定。

1. 创建梁

（1）单击"应用菜单"＞"新建"＞"族"。

（2）在"新建-选择样板文件"对话框中，选择"公制结构框架—梁和支撑 . rft"，单击打开，如图 9-125 所示。

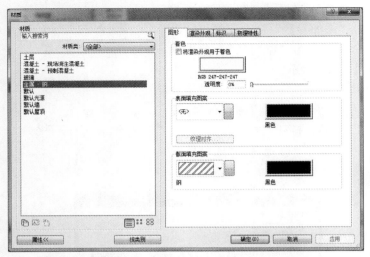

图 9-123

图 9-124

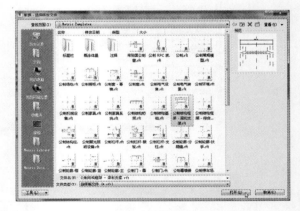

图 9-125

2. 修改原有样板

（1）修改可见性　删除在梁中心的线和两条参照平面。选中用"拉伸"命令创建的梁形体，单击"拉伸 | 修改"选项卡＞"设置"面板＞"可见性设置"命令，在弹出的"族图元可见性设置"对话框中，勾选"粗略"，单击"确定"，此时梁形体为黑色显示，而不再是灰色，如图 9-126 所示。

【注意】梁中心的线只在"粗略"状态下显示，而"拉伸"命令创建的梁形体在"中等"和"精细"状态下显示，现在做出的修改是使其更符合国内的使用习惯。

添加尺寸参数

（2）添加参数　单击"注释"选项卡＞"尺寸标注"面板＞"对齐"命令，为水平参照平面标注尺寸；选中刚放置的尺寸标注，点击左上角的"标签"栏选择"添加参数"，弹出"参数属性"对话框，选择"族参数"，在"参数数据"下的"名称"选项中对参数输入名称"高度"，单击"确定"，完成高度参数的添加。用同样的方法添加"宽度"参数。

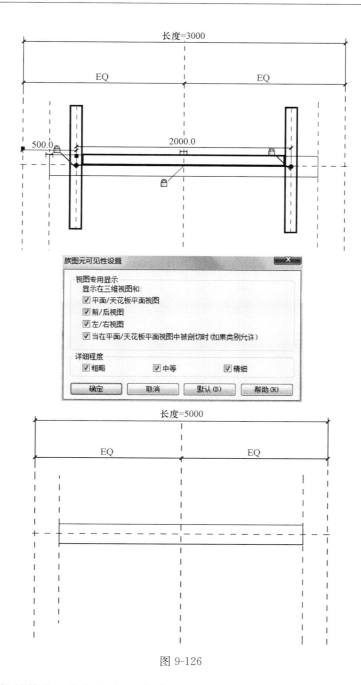

图 9-126

单击 ✔ ，完成拉伸修改，如图 9-127 所示。

（3）调整参数，确保参数可调整。

添加材质参数

选中梁形体，单击"属性"面板＞"材质"栏后面的，弹出"关联族参数"对话框，单击"添加参数"命令，弹出"参数属性"对话框，在名称栏里命名名称为"梁材质"，单击确定，完成材质参数的添加，如图 9-128 所示。

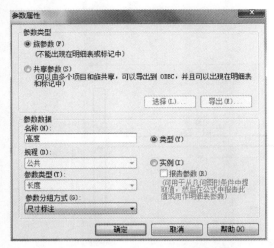
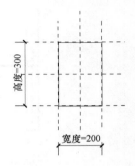

图 9-127

图 9-128

3. 指定材质

选择材质 单击"属性"面板＞"族类型"命令，打开"族类型"对话框，单击"材质"后的，打开"材质"对话框；选择"混凝土-现场浇注混凝土"作为梁材质，两次单击"确定"，完成材质的指定，如图 9-129 所示。

打开三维视图观察效果，如图 9-130 所示。

9.5.4 创建结构柱

本节重点：

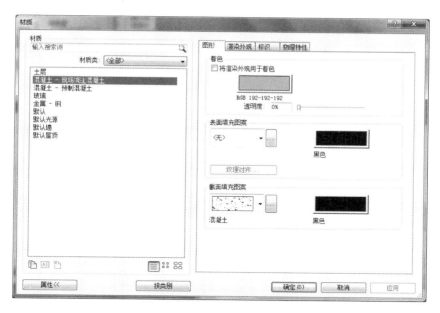

图 9-129

1）原有族样板的修改；
2）用"拉伸"命令绘制柱形体；
3）材质参数的添加。

1. 创建 L 形钢柱

（1）单击"应用菜单"＞"新建"＞"族"。

（2）在"新建-选择样板文件"对话框中，选择"公制结构柱 . rft"，单击打开，如图 9-131 所示。

图 9-130

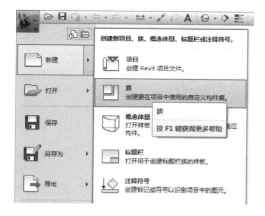

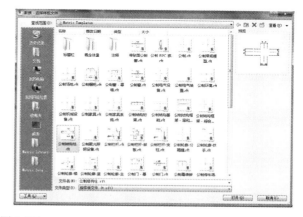

图 9-131

2. 修改原有族样板

在"楼层平面：低于参照标高"视图中删除原有族样板中的参数，并移动两条参照平

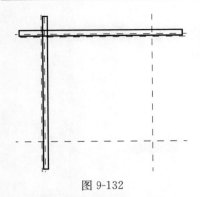

图 9-132

面，具体位置不重要，另外"族类型"中的参数不删除，如图 9-132 所示。

标注尺寸　单击"注释"选项卡＞"尺寸标注"面板＞"对齐"命令，或"di"快捷键，标注尺寸，单击刚放置的尺寸标注，添加参数，如图 9-133 所示。

【注意】"宽度"和"深度"参数是原有的，只需单击选项卡"标签"下的"宽度""深度"参数即可。而"厚度"参数需要新建，且于"厚度"作为"名称"，单击"确定"，如图 9-134 所示。

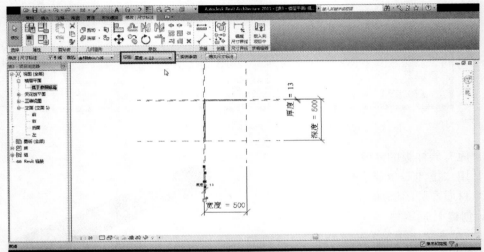

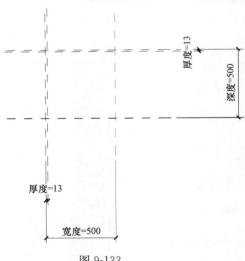

图 9-133

3. 用"拉伸"命令创建结构柱形体

（1）设置绘图平面　打开立面"前"视图，单击"创建"选项卡＞"工作平面"面板＞"设置"命令，在弹出的对话框中，选择"拾取一个平面"，单击"确定"；

将鼠标放在"低于参照标高"线上，按
"Tab"键，选中参照标高，并单击；转到
"楼层平面：低于参照标高"视图，如图 9-135
所示。

（2）绘制拉伸轮廓 单击"创建"选项卡＞
"形状"面板＞"拉伸"命令，进入绘图模式，绘
制拉伸轮廓，并与参照平面锁定，单击 ✔，完
成拉伸绘制，如图9-136所示。

（3）调整拉伸 打开立面"前"视图，选
中刚绘制的矩形形体，向上拉伸并与"高于参
照标高"锁定，如图 9-137 所示。

调整参数，确保参数可调整。

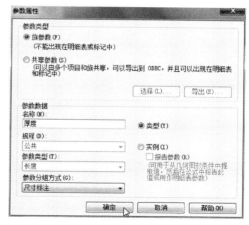

图 9-134

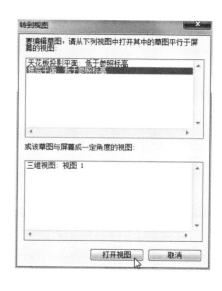

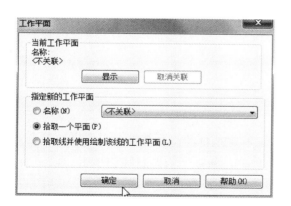

图 9-135

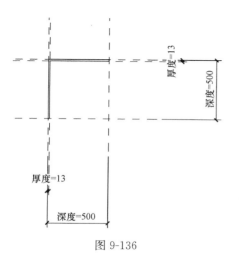

图 9-136

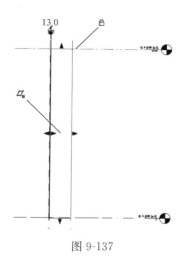

图 9-137

261

4. 添加材质参数

选中 L 形形体，单击"属性"面板＞"材质"栏后面的，弹出"关联族参数"对话框，单击"添加参数"命令，弹出"参数属性"对话框，在名称栏里命名名称为"材质"，单击确定，完成材质参数的添加，如图 9-138 所示。

图 9-138

5. 指定材质

创建材质　单击"属性"面板＞"族类型"命令，打开"族类型"对话框，单击"材质"后的，打开"材质"对话框，单击"复制"，新建"钢"材质；单击"确定"，完成材质的创建，如图 9-139 所示。

图 9-139

修改渲染外观 单击"渲染外观",替换材质,在"渲染外观库"对话框中,选择"金属—钢"作为类别,并单击"缎光拉丝",两次单击"确定",完成材质的指定,如图9-140 所示。

打开"平面楼层：低于参照标高"视图和三维视图观察效果,如图 9-141 所示。

图 9-140   图 9-141

9.5.5 创建圆形钢柱

本节重点：

1)"拉伸"命令的使用；

2)圆形中心与参照平面的锁定；

3)圆柱的截面填充。

1. 创建柱

(1) 单击"应用菜单">"新建">"族"。

(2) 在"新建-选择样板文件"对话框中,选择"公制结构柱.rft",单击打开,如图9-142 所示。

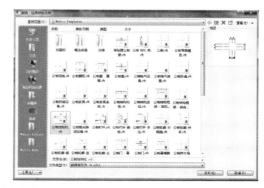

图 9-142

2. 修改原有族样板　在"楼层平面：低于参照标高"视图中删除原有族样板中不需要的参数及参照平面，另外"族类型"中的参数也要删除，如图 9-143 所示。

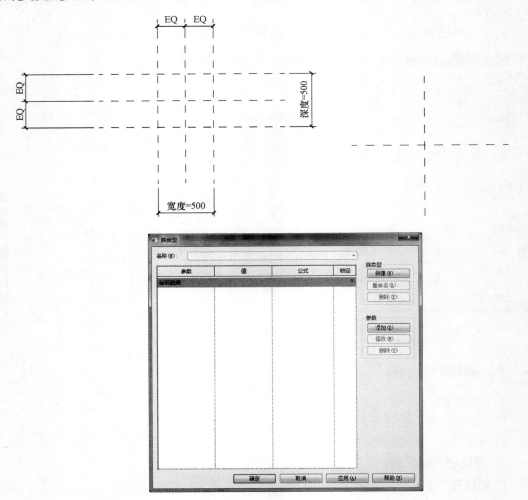

图 9-143

3. 用"拉伸"命令创建结构柱形体

（1）设置绘图平面　打开立面"前"视图，单击"创建"选项卡＞"工作平面"面板＞"设置"命令，在弹出的对话框中，选择"拾取一个平面"，单击"确定"；将鼠标放在"低于参照标高"线上，按"Tab"键，选择参照标高，并单击；转到视图"楼层平面：低于参照标高"，如图 9-144 所示。

（2）绘制拉伸轮廓　单击"创建"选项卡＞"形状"面板＞"拉伸"命令，进入绘图模式，单击，在参照平面的交点上单击绘制半径为 300mm 的圆形轮廓，如图 9-145 所示。

（3）锁定圆形形体中心　选中刚绘制的圆形轮廓，单击"属性"面板，勾选"使中心标记可见"；单击"修改"面板＞"对齐"命令，或"al"快捷键，把圆形中心与水平参照平面、垂直参照平面锁定，如图 9-146 所示。

（4）添加半径参数　单击"注释"选项卡＞"尺寸标注"面板＞"径向"命令，或

图 9-144

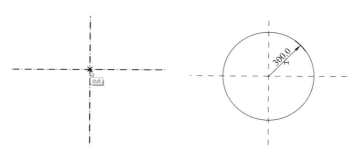

图 9-145

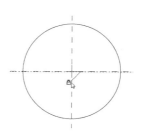

图 9-146

"di"快捷键，标注圆形半径；选中刚放置的尺寸标注，点击左上角的"标签"栏选择"添加参数"，弹出"参数属性"对话框，选择"族参数"，在"参数数据"下的"名称"选项中对参数输入名称"半径"，单击"确定"，完成参数的添加。单击 ✔，完成拉伸绘制，如图 9-147 所示。

（5）调整拉伸　打开立面"前"视图，选中刚绘制的圆形形体，向上拉伸并与"高于参照标高"锁定，如图 9-148 所示。

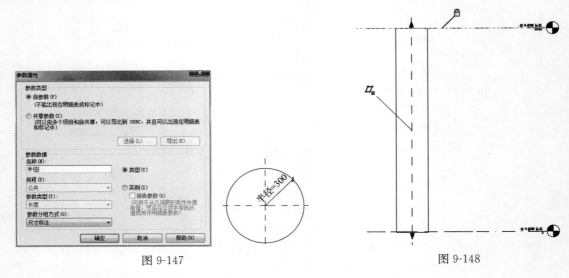

图 9-147　　　　　　　　　　　　　　　　　　图 9-148

（6）调整参数，确保参数可调整。

添加材质参数

选中圆形形体，单击"属性"面板＞"材质"栏后面的，弹出"关联族参数"对话框，单击"添加参数"命令，弹出"参数属性"对话框，在名称栏里命名名称为"材质"，单击确定，完成材质参数的添加，如图 9-149 所示。

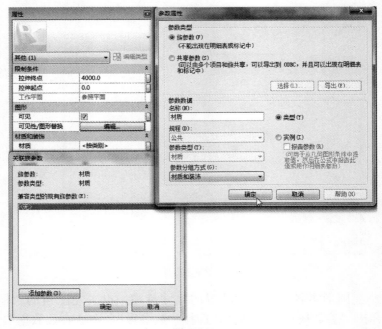

图 9-149

4. 指定材质

（1）创建材质　单击"属性"面板＞"族类型"命令，打开"族类型"对话框，单击
"材质"后的，打开"材质"对话框，单击"复制"，新建"钢"材质；单击"确定"，
完成材质的创建，如图 9-150 所示。

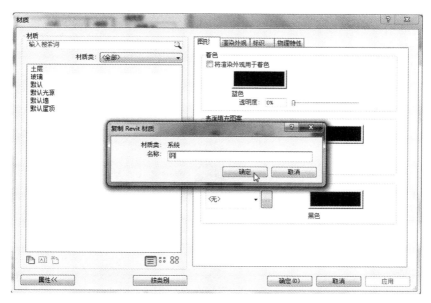

图 9-150

（2）修改渲染外观　单击"渲染外观"，替换材质，在"渲染外观库"对话框中，选
择"金属—钢"作为类别，并单击"缎光拉丝"，两次单击"确定"，完成材质的指定，如
图 9-151 所示。

打开三维视图观察效果，如图 9-152 所示。

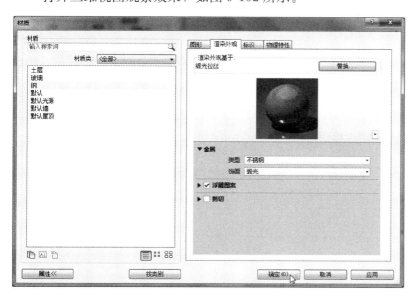

图 9-151

图 9-152

9.5.6 创建钢筋混凝土柱

本节重点：

1）用"拉伸"命令绘制柱形体；

2）材质参数的添加；

3）材质的指定。

1. 创建柱

（1）单击"应用菜单">"新建">"族"。

（2）在"新建-选择样板文件"对话框中，选择"公制结构柱.rft"，单击打开，如图 9-153 所示。

 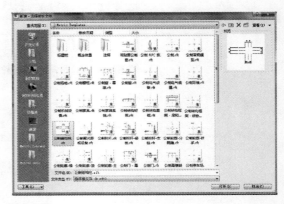

图 9-153

2. 用"拉伸"命令创建结构柱形体

（1）设置绘图平面 打开立面"前"视图，单击"创建"选项卡>"工作平面"面板>"设置"命令，在弹出的对话框中，选择"拾取一个平面"，单击"确定"；将鼠标放在"低于参照标高"线上，按"Tab"键，选中参照标高，并单击；转到"楼层平面：低于参照标高"视图，如图 9-154 所示。

 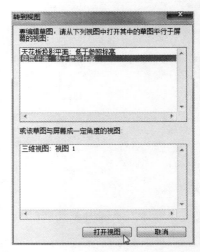

图 9-154

（2）绘制拉伸轮廓 单击"创建"选项卡＞"形状"面板＞"拉伸"命令，进入绘图模式，绘制拉伸轮廓，并与参照平面锁定，单击 ✔，完成拉伸绘制，如图 9-155 所示。

（3）调整拉伸 打开立面"前"视图，选中刚绘制的矩形形体，向上拉伸并与"高于参照标高"锁定，如图 9-156 所示。

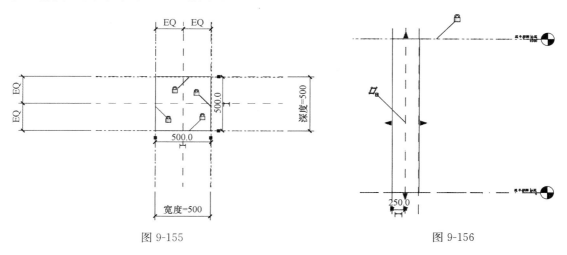

图 9-155   图 9-156

（4）调整参数，确保参数可调整。

添加材质参数

选中矩形形体，单击"属性"面板＞"材质"栏后面的，弹出"关联族参数"对话框，单击"添加参数"命令，弹出"参数属性"对话框，在名称栏里命名名称为"材质"，单击确定，完成材质参数的添加，如图 9-157 所示。

图 9-157

3. 指定材质

（1）创建材质 单击"属性"面板＞"族类型"命令，打开"族类型"对话框，单击"材质"后的 ⋯ ，打开"材质"对话框，单击"复制"，新建"钢筋混凝土"材质；单击"确定"，完成材质的创建，如图 9-158 所示。

图 9-158

（2）修改渲染外观 单击"渲染外观"，替换材质，在"渲染外观库"对话框中，选择"混凝土—现场浇筑"作为类别，并单击"平面抛光-灰色"，两次单击"确定"，完成材质的指定，如图 9-159 所示。

打开三维视图观察效果，如图 9-160 所示。

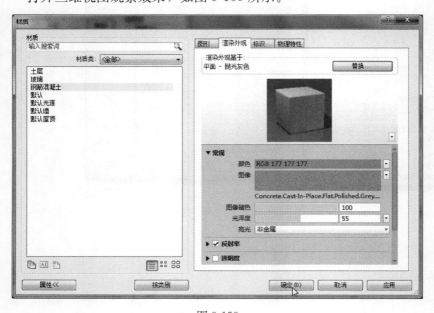

图 9-159

图 9-160

9.5.7　创建多立克柱式

本节重点：

1）用"融合"命令对柱主体的创建；

2）用"空心放样"对柱主体创建凹槽。

1．创建公制柱

（1）单击"应用菜单"＞"新建"＞"族"。

（2）在"新建-选择样板文件"对话框中，选择"公制柱．rft"，单击打开，如图9-161所示。

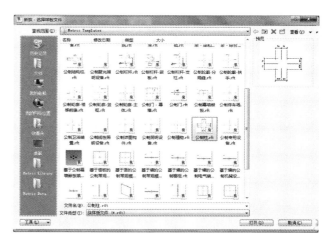

图 9-161

2．修改原有样板

（1）打开"参照平面"视图，在绘图区中删除原有样板中不需要的参数，如图 9-162所示。

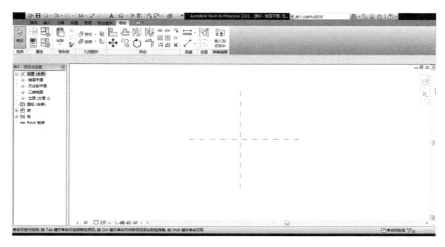

图 9-162

（2）删除"族类别"中的参数　单击"修改"选项卡＞"属性"面板＞"族类型"命

令，打开"族类型"对话框，分别单击"尺寸标注"下的"深度"、"宽度"，单击"删除"，删除"族类型"中的参数，如图 9-163 所示。

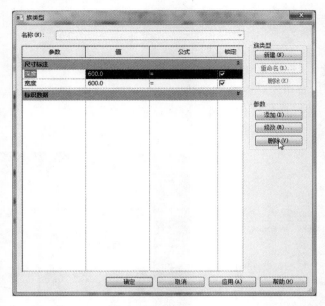

图 9-163

3. 绘制参照平面

打开立面"前"视图，单击"创建"选项卡＞"基准"面板＞"参照平面"命令，在"高于参照标高"下绘制两条参照平面；单击"注释"选项卡＞"尺寸标注"面板＞"对齐"命令，或"di"快捷键，标注尺寸，并锁定尺寸标注，如图 9-164 所示。

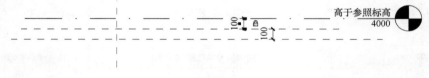

图 9-164

4. 用"融合"命令创建柱主体

（1）设置绘图平面 打开立面"前"视图，单击"创建"选项卡＞"工作平面"面板＞"设置"命令，在弹出的对话框中，选择"拾取一个平面"，单击"确定"；将鼠标放在"低于参照标高"线上，按"Tab"键，选中参照标高，并单击；转到"楼层平面：低于参照标高"视图，如图 9-165 所示。

（2）绘制融合底部 单击"创建"选项卡＞"形状"面板＞"融合"命令，进入融合绘图状态，单击 ⊙，在参照平面的交点上单击绘制半径为 330mm 的圆形轮廓，如图 9-166 所示。

（3）锁定融合底部圆形形体中心 选中刚绘制的圆形轮廓，单击"属性"面板，勾选"使中心标记可见"；单击"修改"面板＞"对齐"命令，或"al"快捷键，把圆形中心与水平参照平面、垂直参照平面锁定，如图 9-167 所示。

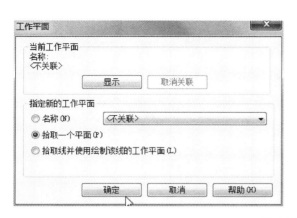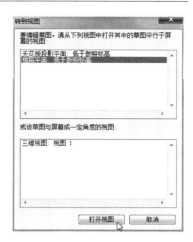

图 9-165

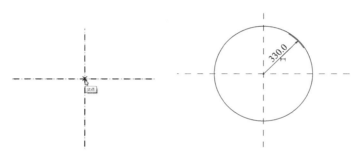

图 9-166

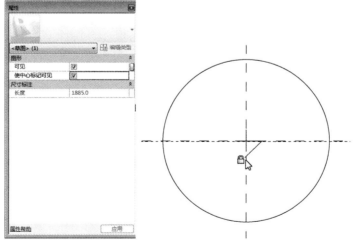

图 9-167

（4）添加融合底部形体半径参数　单击"注释"选项卡＞"尺寸标注"面板＞"径向"命令，或"di"快捷键，标注圆形半径；选中刚放置的尺寸标注，点击左上角的"标签"栏选择"添加参数"，弹出"参数属性"对话框，选择"族参数"，在"参数数据"下的"名称"选项中对参数输入名称"底部半径"，单击"确定"，如图 9-168 所示。

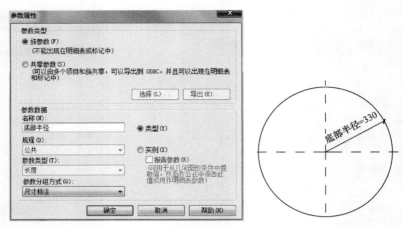

图 9-168

（5）单击"编辑顶部"，用同样的方法绘制融合顶部的圆形轮廓，圆形轮廓半径为280mm，在属性面板勾选"使中心标记可见"，并与参照平面锁定。单击，完成融合编辑，如图 9-169 所示。

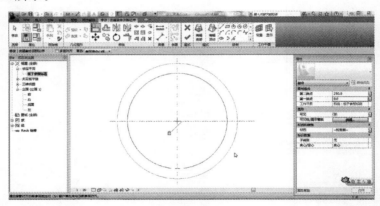

图 9-169

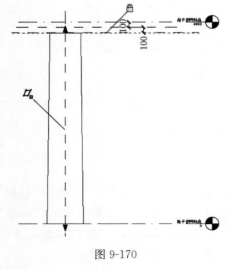

图 9-170

（6）调整融合形体　打开立面"前"视图，选中刚绘制的融合形体，向上拉伸并与参照标高锁定，如图 9-170 所示。

5. 用"旋转"命令创建柱头

（1）设置绘图平面　打开立面"前"视图，单击"设置"命令，选择名称为"中心（左＼右）"的参照平面为绘图平面，转到"立面：右"视图，如图 9-171 所示。

（2）绘制旋转轮廓　单击"创建"选项卡＞"形体"面板＞"旋转"命令，进入绘图模式，绘制旋转轮廓，并与参照平面锁定。完成轮廓后，单击"轴线"，用"拾取线"工具，拾取名称为"中心（左＼右）"的参照平面为轴线，并与参照平面锁

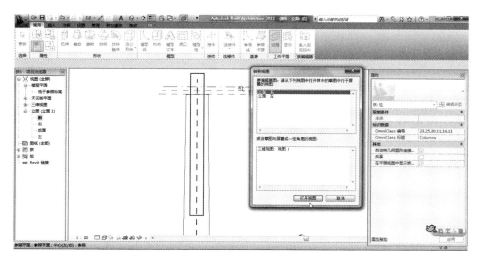

图 9-171

定，单击 ✔ 完成绘制，如图 9-172 所示。

（3）调整"高于参照标高"，确保形体的关联可调。

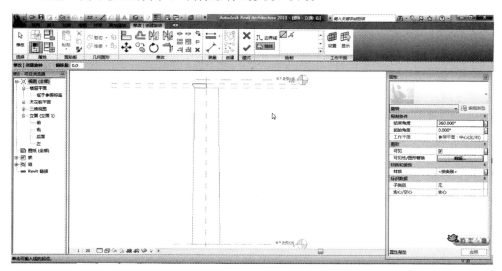

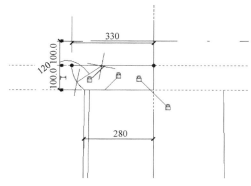

图 9-172

用"拉伸"命令创建

（4）设置绘图平面　打开立面"前"视图，单击"设置"命令，选择融合形体上部边缘的参照平面为绘图平面，转到"楼层平面：低于参照标高"视图。如图 9-173 所示。

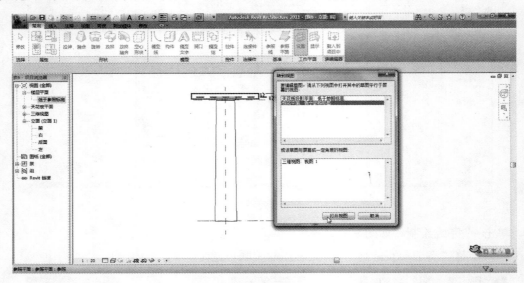

图 9-173

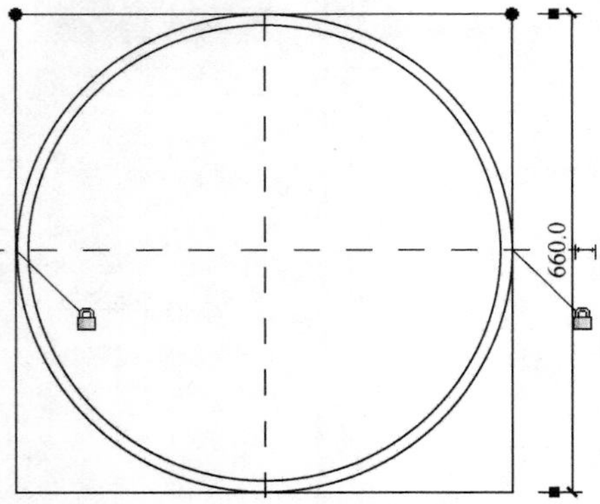

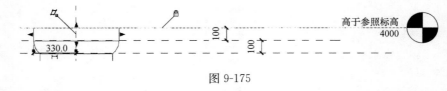

图 9-174

（5）绘制拉伸轮廓　单击"拉伸"命令，用"直线"工具，绘制拉伸轮廓，并锁定，完成拉伸绘制，如图 9-174 所示。

（6）调整拉伸形体　打开立面"前"视图，调整形体上部，并与"高于参照标高"锁定，如图 9-175 所示。

（7）调整"高于参照标高"，确保形体的关联可调。

用"空心融合"命令绘制柱主体上的凹槽

（8）设置绘图平面　打开立面"前"视图，单击"设置"命令，按 Tab 键，选择参照平面，而不是"低于参照标高"为绘图平面，转到"楼层平面：低于参照标高"视图。如图 9-176所示。

图 9-175

（9）绘制融合底部轮廓　单击"创建"选项卡＞"形体"面板＞"空心形状"命令下拉菜单＞"空心融合"按钮，进入绘图模式。绘制轮廓，如图 9-177 所示。

（10）绘制顶部轮廓　单击"编辑顶部"，绘制顶部轮廓，完成空心融合；此时空心融

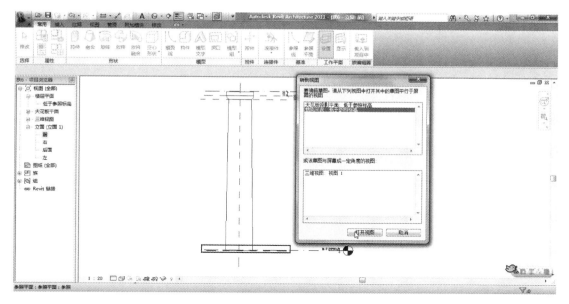

图 9-176

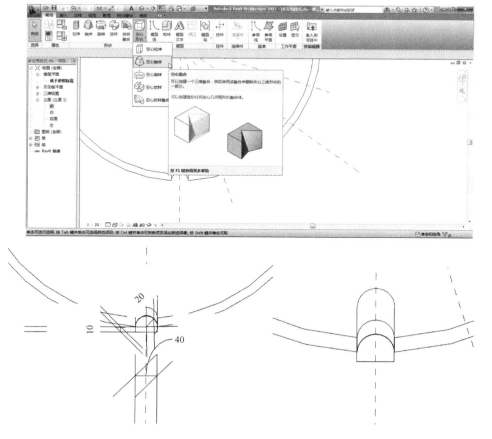

图 9-177

合会与柱实体自动剪切，如没有自动剪切，可单击"剪切"命令，分别选择空心融合和柱主体，完成剪切，如图 9-178 所示。

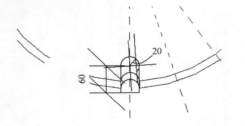
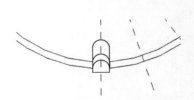

图 9-178

【注意：】如果弹出无法保持连接的对话框时，可适当把尺寸标注为 60mm 的直线，长度改为 70mm、80mm 或 100mm 等适当的长度。

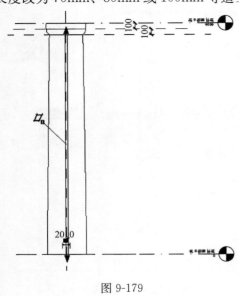

图 9-179

（11）调整空心融合　打开立面"前"视图，选择空心融合的形体，向上拉伸，并与参照平面锁定，如图 9-179 所示。

（12）复制其余的凹槽　打开"低于参照标高"视图，单击"参照平面"命令，绘制 4 条参照平面，每条参照平面角度为 18°；选中刚创建的空心融合形体，单击"修改"面板＞"镜像-拾取轴"命令，复制其余空心融合形体，如图 9-180 所示。

6. 添加尺寸参数

（1）选中一个空心融合形体，进入编辑融合底部状态，绘制经过圆形中心的水平参照平面，"di"快捷键，标注刚绘制的参照平面与空心融合底部轮廓圆弧的尺寸，选中刚放置的尺寸标注，点击左上角的"标签"栏选择"添加参数"，弹出"参数属性"对话框，选择"族参数"，在"参数数据"下的"名称"选项中对参数输入名称"凹槽"，单击"确定"，如图 9-181 所示。

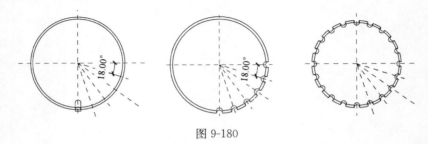

图 9-180

（2）为尺寸参数添加公式　单击"族类型"命令，打开族类型对话框，为凹槽参数添加公式，如图 9-182 所示。

（3）用同样的方法同样的参数为其余的空心融合形体添加参数，如图 9-183 所示。

（4）调整半径参数，确保参数可调整。

（5）打开三维视图，观察效果，如图
9-184所示。

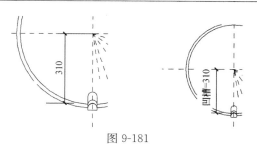

图 9-181

7．添加材质参数

选中所有实体形体，单击"属性"面板＞
"材质"栏后面的，弹出"关联族参数"对话
框，单击"添加参数"命令，弹出"参数属性"
对话框，在名称栏里命名名称为"材质"，单击确定，完成材质参数的添加，如图 9-185 所示。

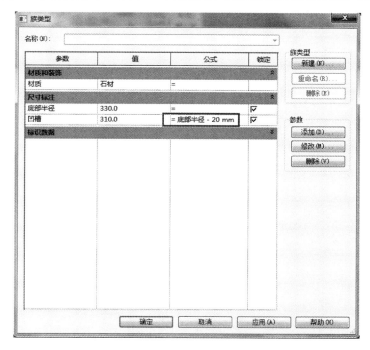

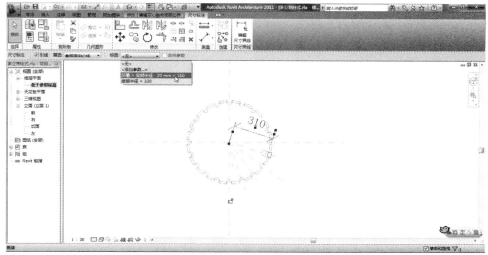

图 9-182

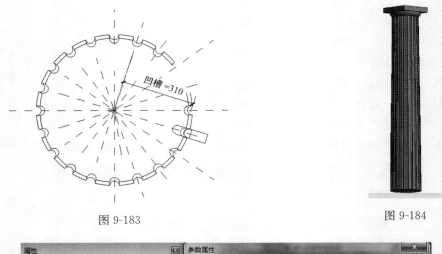

图 9-183   图 9-184

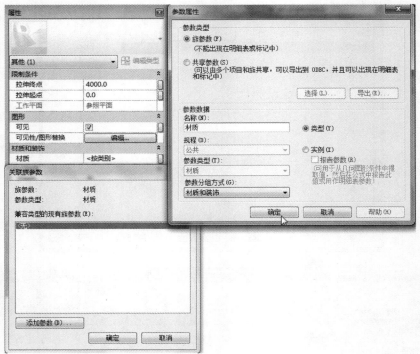

图 9-185

8. 指定材质

（1）创建材质　单击"属性"面板＞"族类型"命令，打开"族类型"对话框，单击"材质"后的，打开"材质"对话框，单击"复制"，新建"石材"材质；单击"确定"，完成材质的创建，如图 9-186 所示。

（2）修改渲染外观　单击"渲染外观"，替换材质，在"渲染外观库"对话框中，选择"石料"作为类别，并单击"精细抛光-石膏"，多次单击"确定"，完成材质的指定，如图 9-187 所示。

打开三维视图观察效果，如图 9-188 所示。

图 9-186

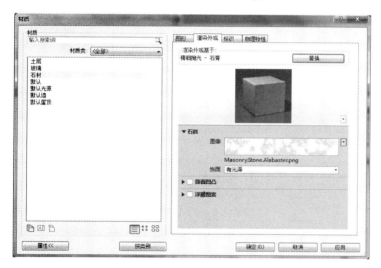

图 9-187

图 9-188

9.5.8 创建栏杆类族

1. 创建栏杆族

（1）单击"应用菜单">"新建">"族"。在"新建-选择样板文件"对话框中，选择"公制栏杆.rft"单击打开。如图 9-189 所示。

（2）绘制参照平面 进入右立面视图，绘制四条参照平面，垂直的两条参照平面与原有垂直参照平面的距离为"25"，水平参照平面随意设置（图 9-190）。为水平参照平面添加尺寸，并锁定。

创建栏杆形状 进入"参照标高"平面视图，单击"创建"选项卡>"形状"面板中>"旋转"命令，进入"实心旋转"草图绘制模式。单击"创建"面板中的"工作平面"面

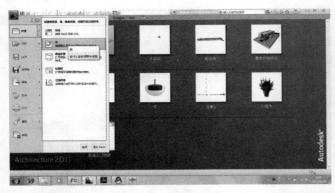

图 9-189

板下的"设置"命令，设置工作平面，进入右视图，绘制栏杆轮廓，锁定上下直线到绘制的水平参照平面上，绘制完毕后，单击"绘制"面板下＞"轴线"命令，选择""按钮，在视图中单击原有垂直参照平面，确定为轴线，设置旋转属性，完成旋转，如图 9-191 所示。

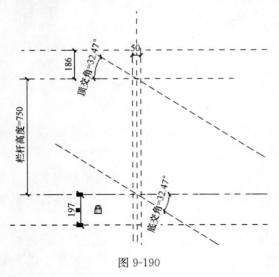

图 9-190

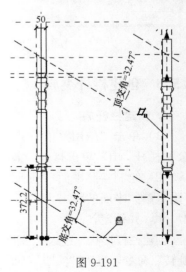

图 9-191

（3）削剪实体模型

此工作的目的是使栏杆以楼梯等倾斜的构件作为主体时，斜参照平面的夹角能自动适应栏杆主体的坡度。

单击"创建"选项卡＞"形状"面板＞"空心—拉伸"命令，进入"空心拉伸"草图绘制模式，绘制拉伸轮廓。绘制完毕后，将它们各边与对应的参照平面锁定。单击"拉伸属性"命令，设置"拉伸起点"为"－30"，"拉伸终点"为"30"，确定，如图 9-192 所示。

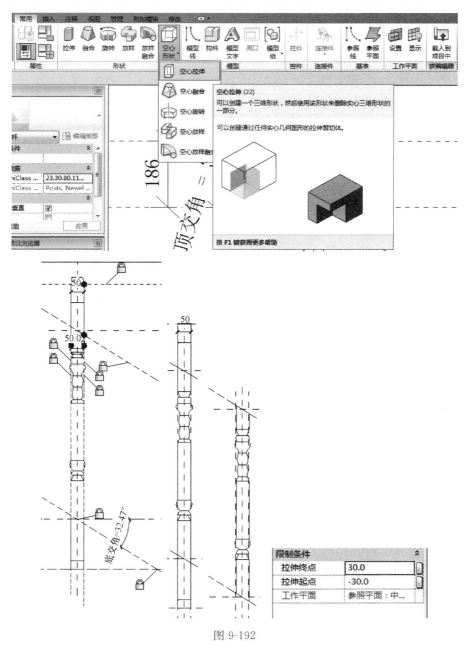

图 9-192

（4）载入项目中测试并应用

制作好的"栏杆"载入到项目中。单击"创建"选项卡＞"楼梯坡道"面板＞"扶手"命令，进入扶手绘制模式。绘制一条水平扶手。

单击"创建"选项卡＞"楼梯坡道"面板＞"楼梯"命令，绘制一段楼梯。

单击"属性"面板＞"编辑类型"命令，打开"类型属性"对话框。单击"栏杆位置"后的"编辑"按钮，打开"编辑栏杆位置"对话框，将"主样式"下的"栏杆族"设为刚制作好的栏杆，确定三次"完成扶手"，如图 9-193 所示。

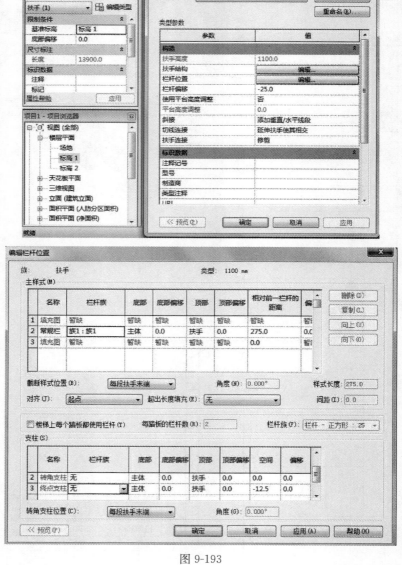

图 9-193

【注意】打开"编辑栏杆位置"对话框时，取消勾选"楼梯上每个踏板都是用栏杆"。绘制结果如图 9-194 所示。

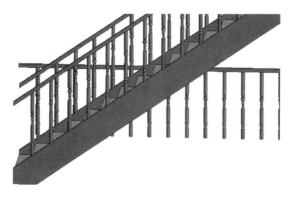

图 9-194

2. 创建栏杆支柱

（1）单击"应用菜单"＞"新建"＞"族"。在"新建-选择样板文件"对话框中选择"公制栏杆-支柱 . rft"单击打开。如图 9-195 所示。

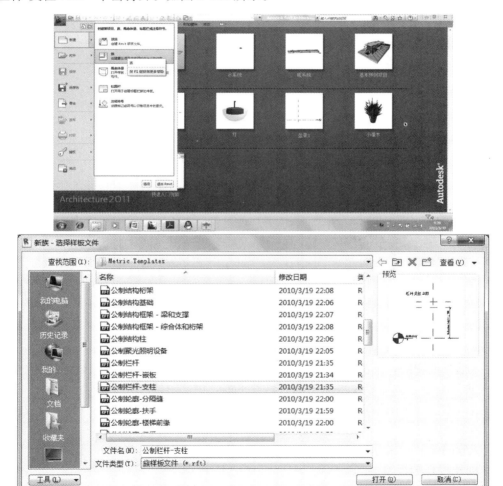

图 9-195

（2）绘制参照平面　分别进入前立面视图和右立面视图，绘制如图 9-196 所示的参照平面。

（3）创建支柱形状

用放样绘制支柱底座　进入参照标高视图，单击"创建"＞"形状"面板＞"放样"命令，选择"绘制路径"，绘制如图 9-197 所示的路径。

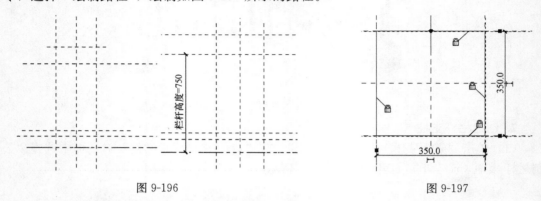

图 9-196　　　　　　　　　　　　　　　　　　图 9-197

绘制轮廓，如图 9-198 所示，完成放样。

进入参照标高视图，绘制如图 9-199 所示的拉伸。

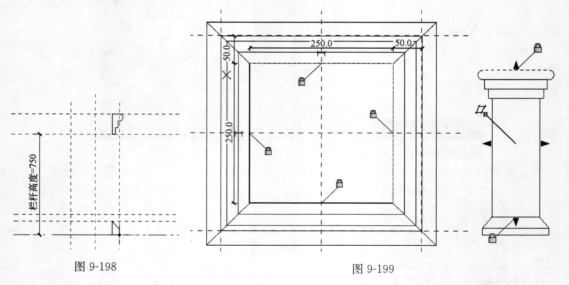

图 9-198　　　　　　　　　　　　　　图 9-199

进入前立面视图，单击"创建"选项卡＞"形状"面板下＞"空心形状"下拉菜单＞"空心拉伸"命令，选择参照平面名称"参照平面：中心（前/后）"绘制如图 9-200 所示形状；进入右立面视图编辑拉伸，左端与参照平面锁定，拉伸起点输入 100，完成空心拉伸，如图 9-201。

完成族的绘制，保存文件。

3. 创建栏杆嵌板族

（1）单击"应用菜单"＞"新建"＞"族"，如图 9-202。在"新建-选择样板文件"对话框中选择"公制栏杆-嵌板.rft"单击打开，如图 9-203。

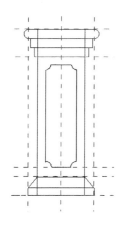

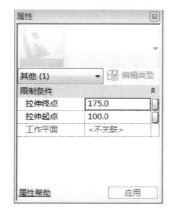

图 9-200

图 9-201

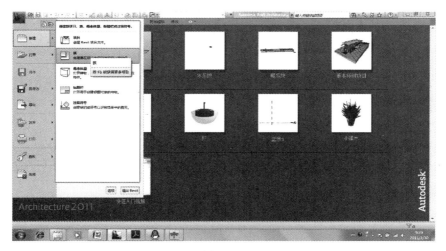

图 9-202

图 9-203

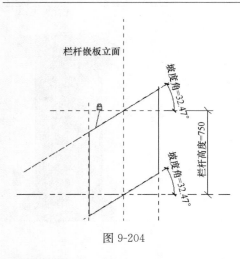

栏杆嵌板立面

图 9-204

（2）进入"参照标高"平面视图，单击"创建"选项卡＞"工作平面"面板＞"设置"命令，设置"立面：左"为工作平面。单击"创建"选项卡＞"形状"面板＞"拉伸"命令，进入"拉伸"草图绘制模式，绘制拉伸轮廓。（如图 9-204 所示）。

【注意】绘制完毕后，将正上方的顶边与对应的参照平面锁定，其余的边不要锁定。

单击"属性"面板，设置"拉伸起点"为"－3"，"拉伸终点"为"3"，确定，完成拉伸。

（3）为嵌板添加参数：

选择刚绘制的嵌板，单击"属性"面板＞"材质"栏后面的，弹出"关联族参数"对话框，单击"添加参数"命令，弹出"参数属性"对话框，在名称栏里命名名称为"嵌板材质"，单击确定，完成材质参数的添加参数（图 9-205）。

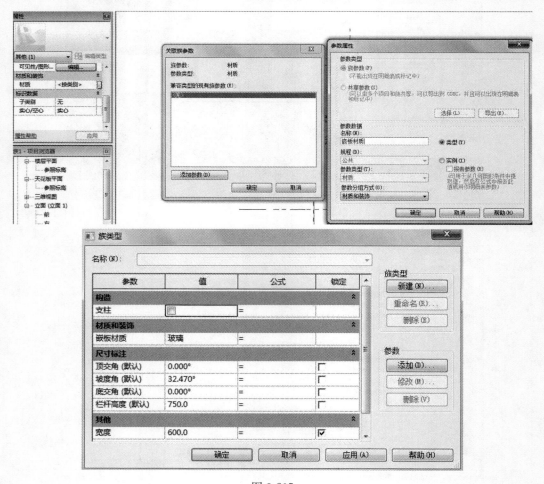

图 9-205

288

（4）同第二步，用"拉伸"绘制拉伸模型。选择⌧将偏移值设为"－150"，拾取嵌板边缘线，标记尺寸，但不要锁定；继续选择⌧将偏移值设为"－200"，拾取嵌板边缘线，标记尺寸，不锁定。拉伸起点－20，拉伸终点20，完成绘制，如图9-206所示。

（5）载入项目中得到以下结果，如图9-207所示。

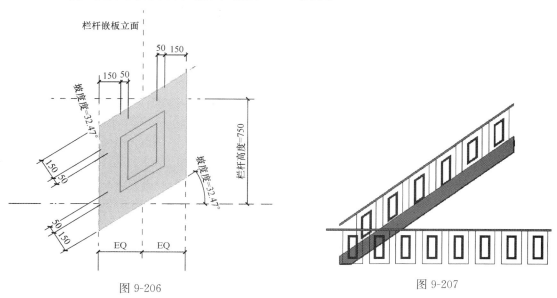

图 9-206　　　　　　　　　　　　　　　　图 9-207

（6）小结：

在利用"公制栏杆—嵌板.rft"样板文件制作栏杆的过程中，会发现需要锁定的地方几乎没有，出现这样的情况主要是因为角度参数相对比较复杂，不能简单地锁定边，将出现约束过多的问题，如图9-208所示的扶手嵌板族需要锁定（标注）各个端点与参照线的相对位置。

【注意】在设定线或者短点与参照平面的相对位置时，不能用均分，即 EQ 来定位。

栏杆族的拓展

我们平时绘制某些物体时可能是在一条直线或者弧线上重复的单元，这样我们就可以用栏杆来绘制，例如在某一道路边绘制树，只要做好了相应的栏杆族，在项目中就可以用扶手来解决。

（7）新建公制栏杆族，进入参照标高平面视图

（8）单击"插入"选项卡＞"从库中载入"面板＞"载入族"命令，选择"植物"文件夹＞"RPC 树—落叶树"打开，如图9-209所示。

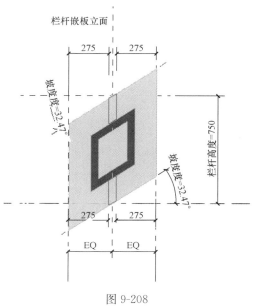

图 9-208

289

图 9-209

（9）在"项目浏览器"＞"族"＞"植物"＞"RPC 树—落叶树"中选择"杨叶桦—3.1 米"拖出，中心与参照平面中心重合，如图 9-210 所示。

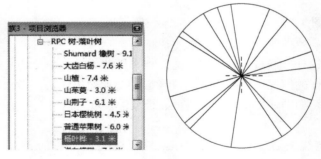

图 9-210

（10）保存文件，载入到项目中。

绘制一条扶手，单击"属性"面板＞"编辑类型"命令，打开"类型属性"对话框，复制栏杆名称，改名为"5m"，编辑扶手结构，如图 9-211。编辑栏杆结构，如图 9-212 所示。完成绘制，效果如图 9-213 所示。

【注意】由于创建的扶手中，扶手是不可以删除的，所以我们把扶手调节到地平线上，扶手材质设为透明，轮廓也可以用轮廓族做一个，这样在 3D 图中就只可以看见一条线了，在渲染图中就看不到扶手了。

9.5.9 创建门族

本节重点：

1）创建门框，门扇，亮子；

2）在嵌套族中添加参数，并关联参数；

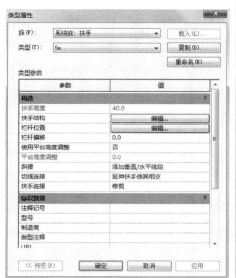

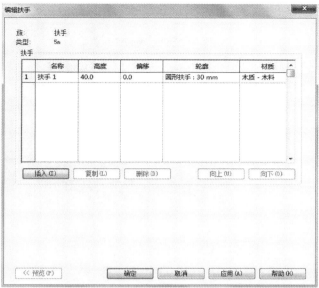

图 9-211

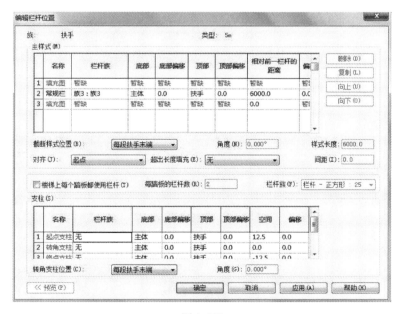

图 9-212

3）设置平开门的二维表达；

4）绘制门框。

1. 创建四扇平开门

（1）选择族样板　单击应用程序菜单

图 9-213

下拉按钮，选择"新建"＞"族"命令，打开"新族-选择样板文件"对话框，选择"公制门.rft"，单击"打开"如图 9-214，图 9-215 所示。

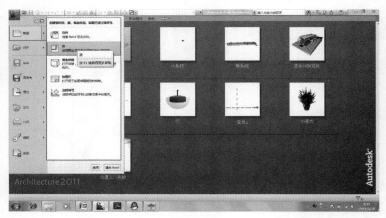

图 9-214

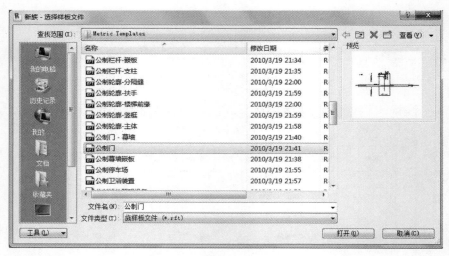

图 9-215

（2）定义参照平面与内墙的参数，以控制窗户在墙体中的位置　进入参照平面视图，选择"创建"选项卡＞"基准"面板＞"参照平面"命令，绘制参照平面，并命名"新中心"如图 9-216 所示。

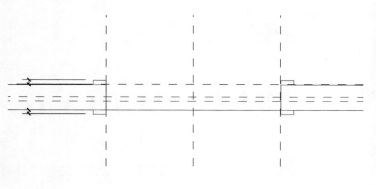

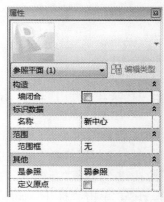

图 9-216

选择"注释"选项卡＞"尺寸标注"面板＞"对齐"命令，为参照平面"新中心"与内墙标注尺寸，选择此标注点击左上角的"标签"栏选择"添加参数"，弹出"参数属性"对话框，选择"族参数"，在"参数数据"下的"名称"选项中对参数输入名称"窗户中心距内墙距离"，并设置其"参数分组方式"为尺寸标注，选择"实例"，"确定"完成参数的添加。可调节距离以验证参数添加是否正确，如图 9-217 所示。

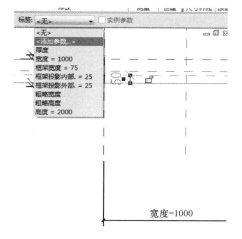
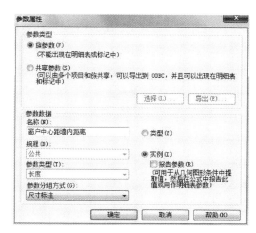

图 9-217

【注意】将该参数设置为"实例"参数，能够分别控制同一类窗在结构层厚度不同的墙中的位置。

2. 设置工作平面

选择"创建"选项卡＞"工作平面"面板＞"设置"命令，弹出"工作平面对话框"。单击"名称"按钮，在下拉菜单中单击"新中心"，弹出"转到视图"对话框。选择"立面：外部"选项打开视图，如图 9-218 所示。

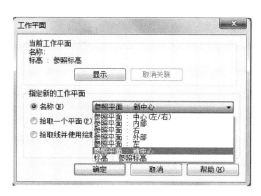
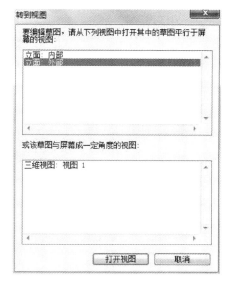

图 9-218

3. 创建实心拉伸

选择"创建"选项卡＞"形状"面板＞"拉伸"命令，单击"绘制"面板中▢的按钮绘制矩形框轮廓与四边锁定，如图 9-219 所示。

重复使用上述命令，并在选项栏中设置偏移值为−50，利用修剪命令编辑轮廓，如图 9-220 所示。

【注意】此时并没有为门框添加门框参数，现在的门框宽度是一个 50 的定值，可以通过标注尺寸添加参数的方式为窗框添加宽度参数，如图 9-221 所示，方法与添加"窗户中心距内墙距离"参数相同。

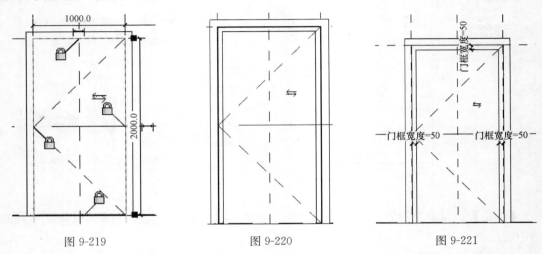

图 9-219   图 9-220   图 9-221

在属性面板上设置拉伸起点，终点分别为−30，30，并添加门框材质参数，完成拉伸，如图 9-222 所示。

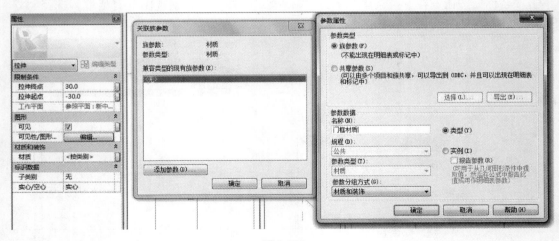

图 9-222

进入"参照标高"视图，添加门框厚度参数，如图 9-223 所示。

选择"创建"面板＞"属性"面板＞"族类型"工具，测试高度，宽度，门框宽度和窗户中心距内墙距离参数，如图 9-224 所示。完成后分别将文件保存为"平开门门框 .rfa"

和"平开门门扇.rfa"。

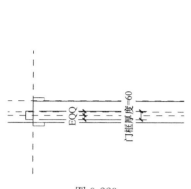

图 9-223

图 9-224

4. 创建平开门门扇

（1）打开"平开门门扇"族。

单击"应用菜单栏"下拉列表框中"打开-族"选项，选择已保存的"平开门门扇.rfa"，单击"确定"按钮；或者双击"平开门门扇.rfa"，进入族编辑器工作界面。

（2）编辑门框

选择创建好的门框，选择"修改\拉伸"上下文选项卡＞"模式"面板＞"拉伸编辑"命令，修改门框轮廓并添加门框宽度参数，如图 9-225 所示。

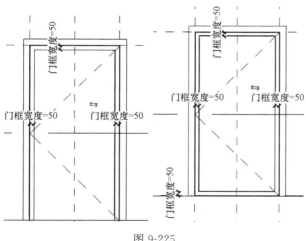

图 9-225

（3）创建玻璃。

选择"创建"选项卡＞"形状"面板＞"拉伸"命令，单击"绘制"面板中按钮，绘制矩形框轮廓与门框内边四边锁定，如图 9-226 所示。

【注意】保证此时的工作平面为参考平面"新中心"。

设置玻璃的拉伸终点，拉伸起点，设置玻璃的可见性\图形替换，添加玻璃材质，如图 9-227 和图 9-228 所示，完成拉伸并测试各参数的关联性。

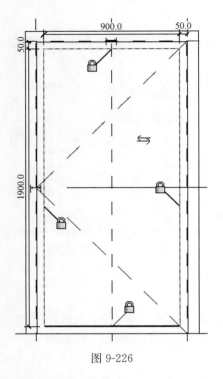

图 9-226

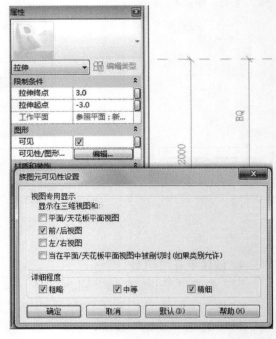

图 9-227

图 9-228

在项目浏览器的族列表中用鼠标右键单击墙，复制"墙1"生成"墙2"，在删除"墙1"，如图 9-229 所示。弹出警告，单击"确定"。

由于默认的门样板中已经创建好了门套及相关参数，还创建了门的里面开启线，此时删除不需要的参数，如图 9-230 所示。

【注意】删除墙1后"高度参数"一起被删掉，这样必须再次添加"高度"参数，如图 9-231 所示。

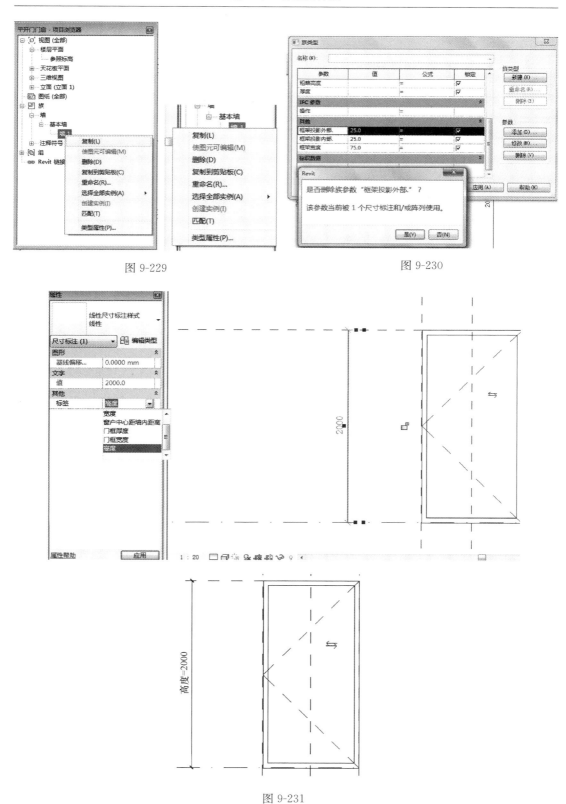

图 9-229　　　　　　　　　　　　　图 9-230

图 9-231

297

进入"参照标高"视图为门扇添加门扇厚度参数，如图 9-232，完成"平开门门扇"并保存文件。

【注意】此门扇会以嵌套方式进入到推拉门门框中，单击参照平面"新中心"，在弹出的"属性"面板中将"是参照"选择为"强参照"，如图 9-233 所示。

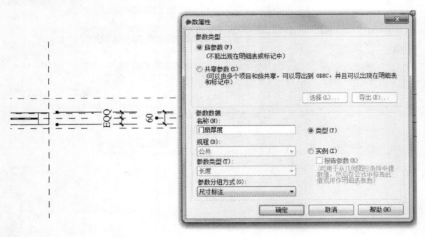

图 9-232   图 9-233

5. 绘制亮子

（1）选择族样板

单击"应用菜单栏"下拉菜单中"新建-族"选项，打开"新族-选择样板文件"对话框。选择"公制常规模型.rft"，单击"确定"按钮。

（2）绘制参照平面添加亮子宽度

进入参照标高平面，绘制两条参照平面并添加宽度参数，如图 9-234 所示。

6. 创建亮子框

拾取参照中心线设置为拉伸的参照平面，进入"前立面"视图，绘制亮子框轮廓并添加亮子框宽度，高度，厚度参数，如图 9-235 所示。

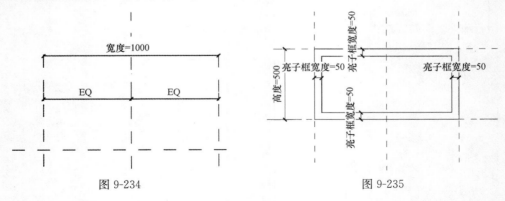

图 9-234   图 9-235

设置拉伸起点，终点分别为−30，30，并添加亮子框材质，进入"参照标高"。添加"亮子框厚度"参数，完成拉伸后测试各参数的关联性，如图 9-236 所示。

【注意】图中参数设置灰色表示在完成拉伸编辑后设置的参数，黑色表示在当前状态下设置的参数。创建中梃并添加玻璃。

进入参照标高视图，绘制两条参照平面，分别为中心线到边线的中心线，如图 9-237 所示。

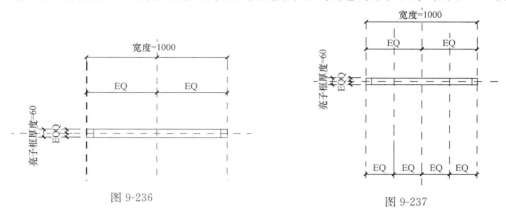

图 9-236

图 9-237

同样的方式用实心拉伸命令创建亮子竖梃，并添加竖梃宽度，厚度，材质，中梃可见参数，设置竖梃默认不可见，如图 9-238 所示。

图 9-238

进入参照标高视图，用"复制"命令复制中梃到先前绘制的参照平面上，并关联，如图 9-239 所示。

【注意】中梃的厚度可以与亮子框厚度相同，方法是用对齐命令单击亮子框的一边然后单击中梃的拉伸边，出现锁后锁定，如图 9-240 所示。

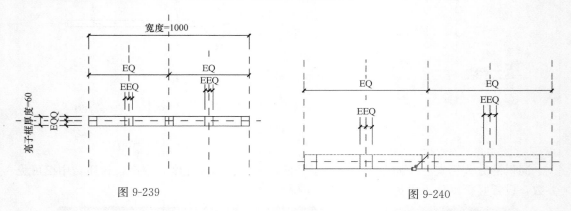

图 9-239   图 9-240

进入前立面视图，创建实心拉伸，将轮廓四边锁定，设置拉伸起点，终点分别为−3，3，添加玻璃材质，如图 9-241 所示，完成拉伸并测试各参数的正确性。

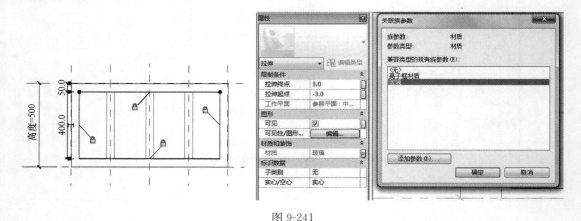

图 9-241

在族类型中测试各参数值，并将其载入至项目中测试可见性，如图 9-242 所示，无错误后保存为亮子。

7. 创建平开门

（1）嵌套平开门扇，亮子。

打开先前完成的"平开门门框"族，进入"外部"立面视图，删除默认的立面开启方向，完成后如图 9-243 所示。

将"亮子"，"平开门门扇"载入到"平开门门框"中。进入"参照标高"视图，在项目浏览器中选择"族-门-平开门门扇"直接拖入绘图区域，是参照平面"新中心"在门扇的中心线上，使用对齐命令，将门扇的中心线与"新中心"锁定，如图 9-244 所示。

进入"外部"立面视图，用对齐命令将"平开门门扇"的下边和左边分别与参照标高和门框内边锁定，如图 9-245 所示。

图 9-242

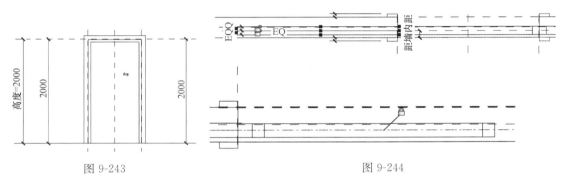

图 9-243　　　　　　　　　　　　　　　　图 9-244

【说明】为了能便于操作，现将门宽度和高度分别设为 4000 与 2200，如图 9-246 所示。

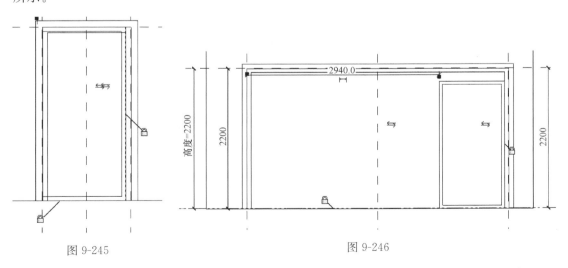

图 9-245　　　　　　　　　　　　　　图 9-246

进入"内部"或"外部"立面视图，绘制一条参照平面，并添加参数"亮子高度"，如图 9-247 所示。

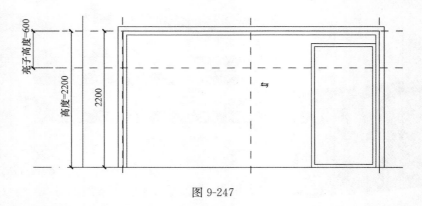

图 9-247

进入"参照标高"视图，在项目浏览器中选择"族-常规模型-亮子"直接拖入绘图区域，用对齐命令将其中心与参照平面"新中心"锁定。进入"外部"立面视图，用对齐命令将"亮子"的下边和右边分别于参照平面和门框内边锁定，如图 9-248 所示。

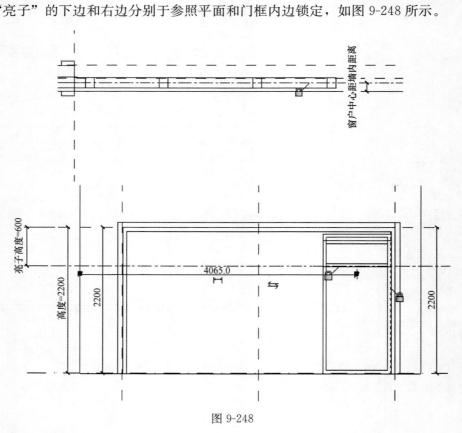

图 9-248

关联平开门门扇，亮子参数。

选择平开门门扇，在类型属性栏中设置并关联其参数，如图 9-249 所示。

门框材质——"门框材质"

玻璃材质——参加"玻璃材质"参数

高度——添加"门扇高度"参数

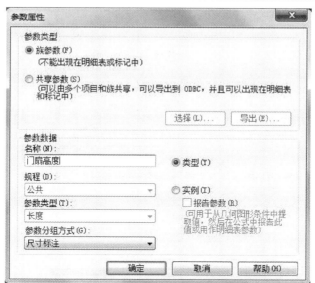

图 9-249

宽度——添加"门扇宽度"参数

门框宽度——添加"门扇框宽度"参数

门扇厚度——添加"门扇框厚度"参数

完成关联后文字将显灰，如图 2-250 所示。

同理将亮子的参数做关联。

实例属性里添加"亮子可见"参数，如图 9-251 所示。

图 9-250

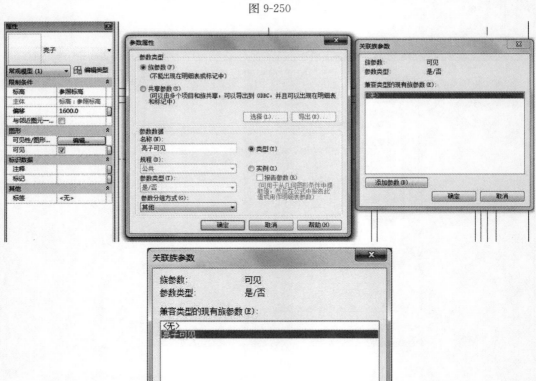

图 9-251

类型属性里，参数添加如下

玻璃——玻璃材质

亮子框材质——门框材质

高度——添加"亮子高"参数

宽度——添加"亮子宽"参数

亮子框宽度——门框宽度

亮子框厚度——门框厚度

中梃宽度——添加"中梃宽度"参数

中梃可见——添加"中梃可见"参数

参数设置如图 2-252 所示。

编辑参数公式

单击"族类型"命令编辑如下公式

门扇宽度＝(宽度/2－2∗门框宽度)/2＋门扇框宽度/2

门扇高度＝if(亮子可见,高度－亮子高度,高度－门框宽度)

亮子高＝亮子高度－门框宽度

亮子宽＝宽度－2∗门框宽度

图 9-252

【注意】参数公式须用英文书写，即英文字母，标点，各种符号都必须为英文书写格式，否则会出错。

在外立面上画两条参照平面，分别为左右两端参照平面，到中心参照平面的中心线，选择门扇单击"修改\门"上下文选项卡＞"修改"面板＞"镜像"命令，镜像门扇，用对齐命令，是门扇左边与中心线对齐并锁定，如图 9-253 所示。

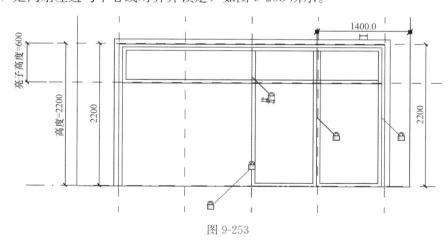

图 9-253

单击右边门扇，按住"Ctrl"不放单击左边门扇，选择中心线同上镜像，锁定，如图 9-254 所示。

8. 设置平开门的二维表达

绘制平开门的平面表达

选择图元，选择"可见性"面板中的"可见性设置"命令，分别做如下设置：选择亮

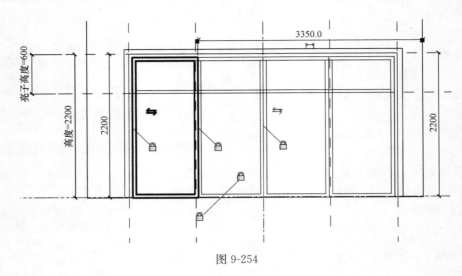

图 9-254

子的"平面/天花板平面视图"为可见性，如图 9-255 所示。

单击"注释"选项卡＞"详图"面板下的＞"符号线"命令，在"子类别"面板中，下拉倒三角，选择"平面打开方向【截面】"，绘制如图 9-256 所示的门开启线。

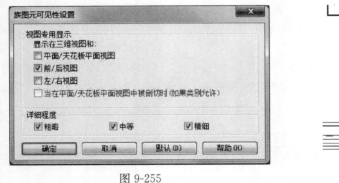

图 9-255

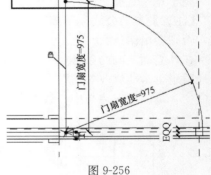

图 9-256

两次镜像，完成平面表达，如图 9-257 所示。

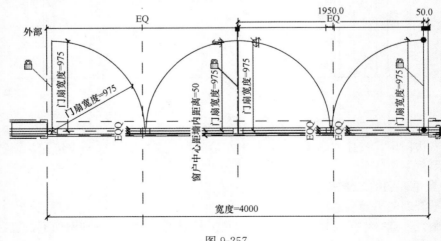

图 9-257

【注意】绘制开启线的时候将半径与长度定义为"门扇宽度"参数，并锁定边线在门扇边线上，镜像的开启线也如此。

载入项目中测试二维表达，如图 9-258 所示。

设置平开门的立面，剖面二维表达，选择"注释"选项卡＞"详图"面板＞"符号线"命令绘制二维线，如图 9-259 所示。

M4022

图 9-258

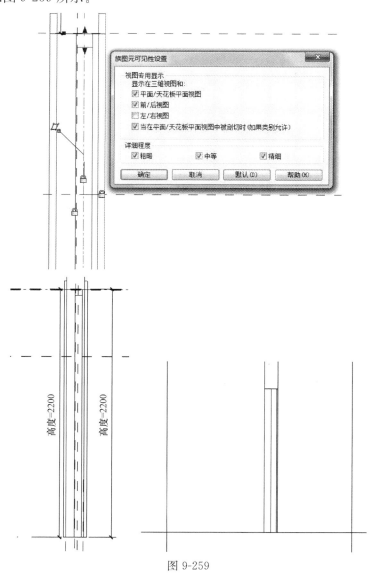

图 9-259

载入项目中测试得到结果如图 9-260 所示。

9.5.10　创建窗族

本节重点：

1）窗族创建的原理；

图 9-260

2）定位关系：以参照平面的交点定位；

3）窗族在项目中的平面剖显示；

4）以某一实例介绍窗族创建方法步骤。

1. 打开样板文件

选择族样板　单击应用程序菜单下拉按钮，选择"新建"＞"族"命令，打开"新族-选择样板文件"对话框，选择"公制窗.rft"，单击"打开"。利用参照平面对窗户进行定位。

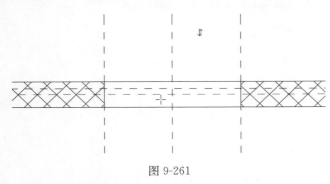

图 9-261

打开"项目浏览器"＞"楼层平面：参照标高"视图，单击"创建"选项卡＞"工作平面"面板＞"参照平面"命令，如图 9-261 所示绘制参照平面。

【注意】为参照平面命名的方式为，选择需要命名的参照平面，在属性面板"名称"栏填写参照平面的名称，如图 9-262 所示。

设置工作平面，拾取一个参照平面，进入"立面-内部"视图。

单击"创建"选项卡＞"形状"面板＞"拉伸"命令。如图 9-263 所示。

图 9-262

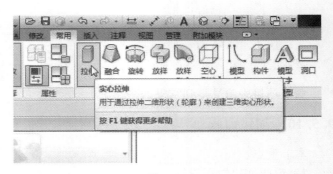

图 9-263

绘制窗框，创建时注意使编辑的窗框轮廓与洞口参照面相关联，并锁定，如图 9-264 所示；利用左上角所示的"偏移"命令完成窗框轮廓的编辑。

【注意】利用"创建"命令里的"拉伸"、"放样"、"旋转"等命令是需要注意"参考平面"的选择，在 revit 的建模逻辑中，参考平面是建模定位的先决条件，同理，再创建窗框时既可以以立面为参考平面创建模型，也可以以平面创建模型，创建完后再进行相应调整，相应环节可以参考"体量命令"一节。

2. 设置窗框的相应参数

同理以图示所示创建四条参考平面，拖拽调整窗框使之与这四条参照平面相关联锁定。如图 9-265 所示。

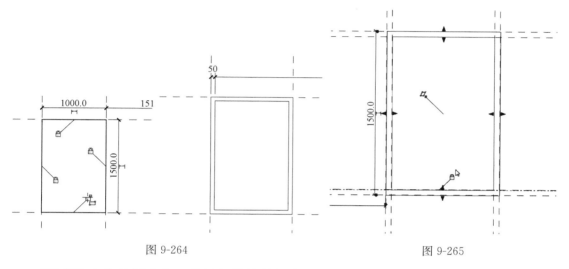

图 9-264　　　　　　　　　　　　　　　　　　　　图 9-265

【注意】在族的创建中，进行相关构件锁定关联时，最好与相应的参照平面相锁定，不要直接的进行构件间的相互关联，否则设置的参数一多，容易出错而关联混乱。

对参照平面进行标注，然后如图 9-266 所示添加参数

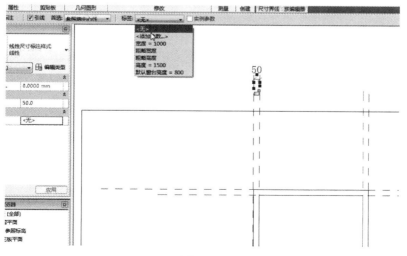

图 9-266

参数名称为"窗框宽度"，如图 9-267 所示。【注意】将该参数设置为"实例"参数能够分别控制同一类窗在结构层厚度不同的墙中的位置。

然后点击确定，则窗框的参数设定完毕，同理然后对窗框的其他三边设定参数，全部完成后点击标注参数，输入数值进行调节检验，看窗框是否跟着参数一起变动，如图 9-268，图 9-269，图 9-270 所示：

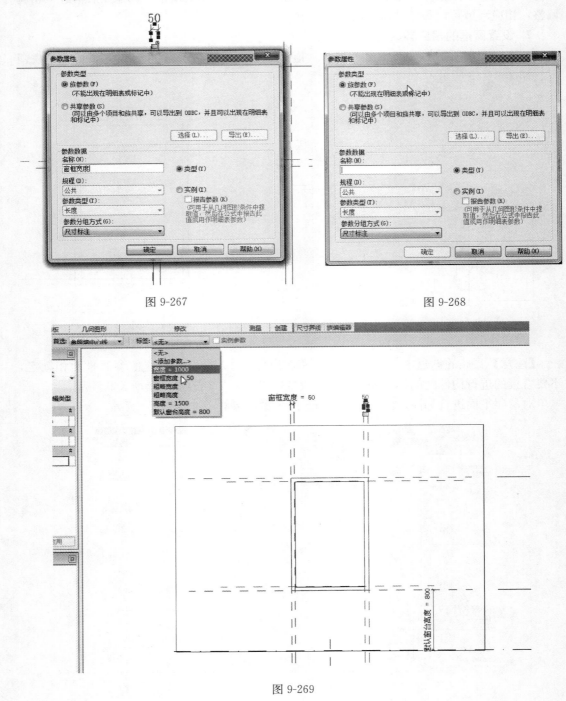

图 9-267　　　　　　　　　　　　　　　　　　　　图 9-268

图 9-269

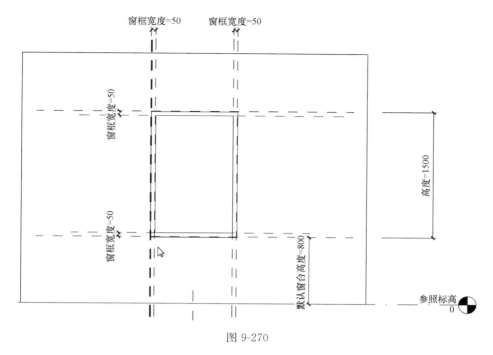

图 9-270

立面确定锁定完毕后，再回到"项目浏览器"中的"楼层平面：参照标高"对窗框的平面定位进行调节锁定，作如图参考平面，然后利用"尺寸标注"对窗框上下两边与参考平面进行标注。如图 9-271 所示。

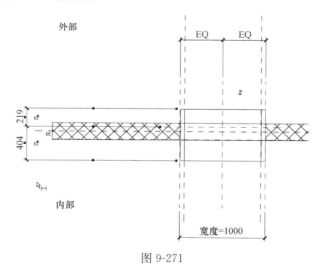

图 9-271

用鼠标左键点击"EQ"，利用中心参数锁定窗框中心线，则变成如图 9-272 所示。

然后同上面讲的参数设定方法，利用尺寸标注，对窗框厚度进行参数设定，完成后如

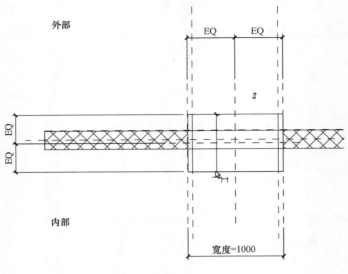

图 9-272

图 9-273 所示。

完成后同理对窗框厚度进行参数调节，看参数设定，关联是否正确，调节完成后如图 9-274 所示。

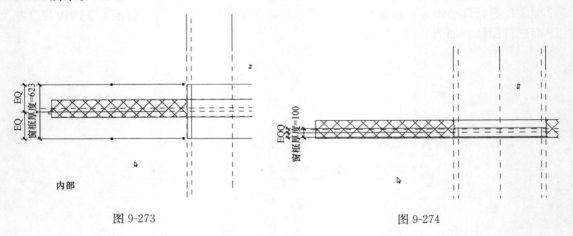

图 9-273   图 9-274

然后对窗框（也是窗户）的中心参照平面进行定位，如图 9-275 设置参数。

设置完后，同理上面所述进行检查调节，则窗框的编辑定位完毕。

【注意】在窗族的创建中，最后对窗户的中心位置的定位设置一个参数，这样便于在项目中进行定位调整，对中心定位时多用 EQ 参数进行定位，同时，在族的编辑中应该养成每做完一个构件设定完相关参数后，则进行调节检验，确保每一步的有效性，避免后面进行参数设置时出现混乱，不容易修改查证。

同窗框的编辑参数设置一样，进行玻璃的调节设置，在参数的设置中可以根据项目的实际需要进行参数的设定，有时参数的设定并不是越多越好，应该以简洁有效为最佳。

操作过程如图 9-276、图 9-277 所示，原理同上：

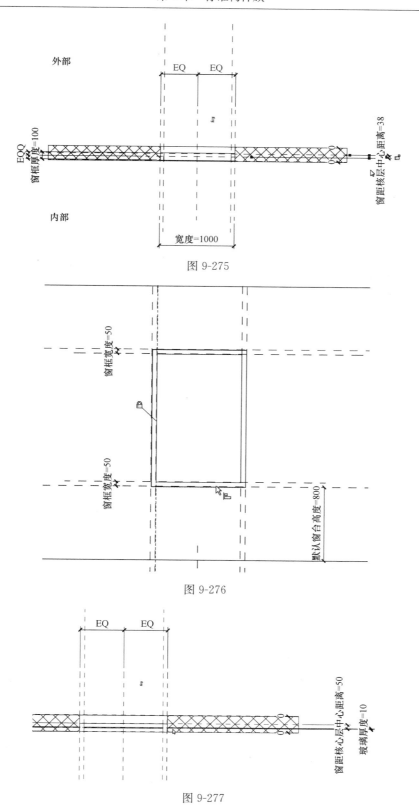

图 9-275

图 9-276

图 9-277

【注意】玻璃边界锁定关联的对象是参考平面，而不是窗框边界，参数设定时标注的是参考平面，而不是窗框。

给玻璃定位时同窗框定位的方法，利用 EQ 参数将其与窗的中心线相关联。然后检验调节看玻璃是否随着窗的中心线的移动而移动。

3. 嵌套族的运用

编辑完窗框和玻璃后，然后进行亮窗与窗扇的编辑，因为在族的编辑中，涉及到参数与参考平面的使用，一旦参数与构件较为复杂时，参数的设置就会显的多而繁乱，很容易常常出错，修改的时候甚至不知道哪条边与哪条边相锁定关联，在此我们引入一种比较方便也不容易出错的方法，嵌套族的使用。

嵌套族，顾名思义，即是将一个族嵌入到另一个族中，举例说明将 A 族嵌入到 B 族中后，A 族在 B 族中则作为一个整体出现，它的参数信息可以在 B 族中得到共享（后面会详细说明），而在进行定位关联时，只需对 A 族的边界或者中心在 B 族中进行定位后，则 A 族的整个模型也得到定位，使用起来方便，不容易发生混乱。

回到该实例中来，具体步骤如下；

首先做如图 9-278 所示的参考平面，定位亮窗高

单击"创建"选项卡＞"形状"面板＞"拉伸"命令进行亮窗横挺的编辑拉伸，并与刚刚所绘参照平面与窗框内边界所在的参考平面相关联锁定，如图 9-279 所示。

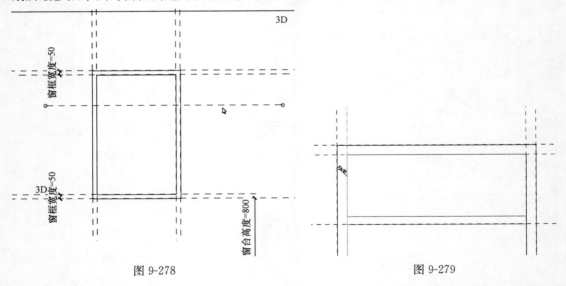

图 9-278   图 9-279

【注意】这里需要注意的是编辑拉伸的方式不同将会影响你在窗框里定位的以及参数设置的不同，这里的拉伸方式是以两条短边构成的截面，以长边为拉伸方向的拉伸。

然后设置"横挺宽度"参数，如图 9-280 所示。

调节检验后进入"项目浏览器"中的"楼层平面---参照标高"进行横挺的平面调整并设定参数，原理同窗框，过程如图 9-281 所示。

设置横挺厚度，定位横挺中心，使其与窗户中心线关联锁定，有时在实际项目中也不一定需要设置该参数，当不需要设置参数时，编辑完横挺后，可以标注一个数值尺寸，然后将其锁定即可。

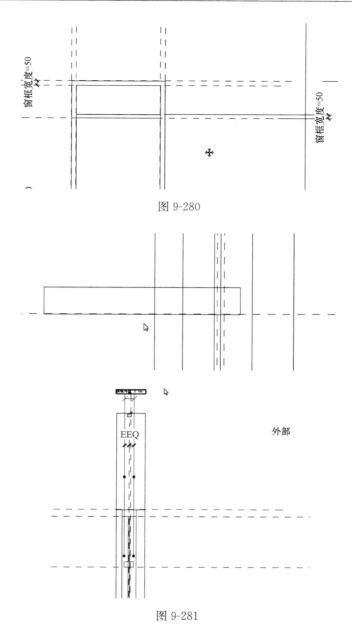

图 9-280

图 9-281

选择"创建"选项卡＞"属性"面板＞"族类型"命令，测试高度、宽度、门框宽度、窗距核心层中心距离等参数，完成后分别将文件保存为"多扇窗.rfa"，如图 9-282 所示。

4. 创建嵌套所需要的窗扇

单击应用程序菜单下拉按钮，选择"新建"＞"族"命令，打开"新族-选择样板文件"对话框，选择"公制窗.rft"，单击"打开"。

这里因为是要做嵌套用的窗扇，所以我们只需做一个窗框即可，原理同上，完成窗框。

点击"项目浏览器"下的"族"前的"＋"，如图所示依次点开各子项目，然后鼠标左键单击"墙1"，再单击鼠标右键，选择"复制"，复制一面墙，显示为"墙2"，再选择

315

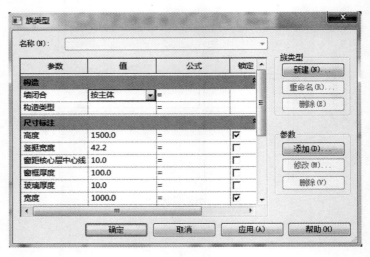

图 9-282

"墙 1"，单击鼠标右键，选择删除，将"墙 1"删掉，此时弹出对话框如图 9-283 所示。

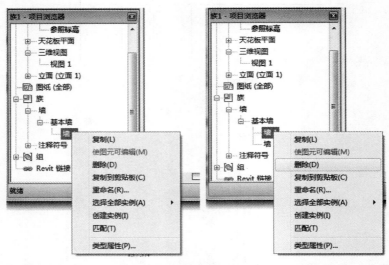

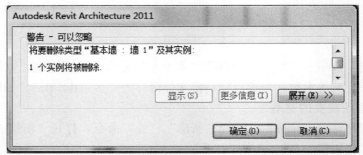

图 9-283

单击确定，此时如图显示，墙被删掉，保存文件为"单扇窗扇.rfa"。

【注意】在族环境中，打开"多扇窗.rfa"族，在打开"单扇窗扇.rfa"基础上，如

图 9-284 所示，点击"载入项目浏览器"。

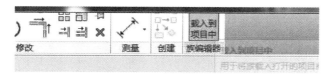

图 9-284

载入后如图 9-285 所示放置。

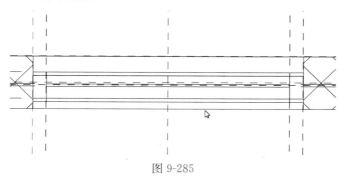

图 9-285

转到"项目浏览器"中的"立面---项目"视图中，点击载入的"单扇窗扇.rfa"族
使用"修改'里的"对齐"命令，如图 9-286 所示。

图 9-286

将"单扇窗扇"的两边与窗框内边所在的参考平面相锁定关联，如图 9-287 所示。

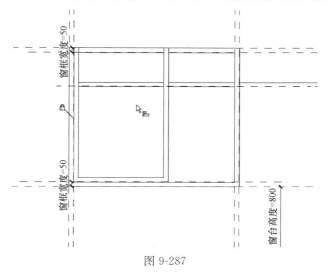

图 9-287

给横挺所关联的参考平面赋予参数"亮窗高"如图 9-288 所示。

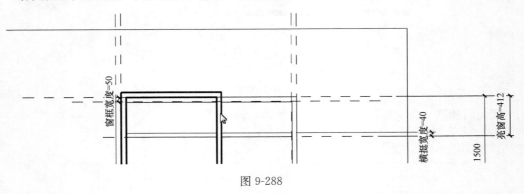

图 9-288

设定完后，点击"单扇窗扇 . rfa"族，如图 9-289 所示，选择该族的"编辑类型"对话框。

弹出"类型属性"对话框如图 9-290 所示。

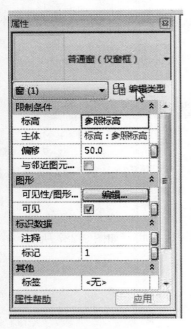

图 9-289

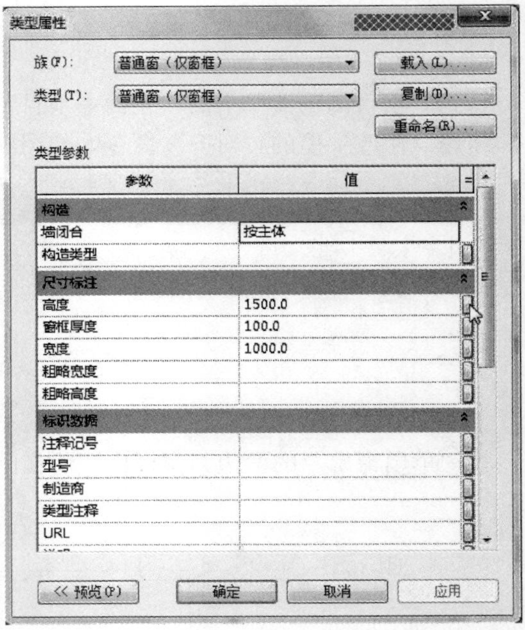

图 9-290

点击参数后的"关联参数"即如图鼠标所在位置，弹出"关联参数"对话框如图 9-291所示。

点击"添加参数"在弹出的"参数属性"对话框中输入新的名称"亮窗高"，点击确定，如图 9-292 所示。

返回"关联族参数"对话框选择刚才所命名的参数，点击"添加参数"则类型属性对话框中，"高度"参数显示为灰色，表示该族参数已经成功与"多扇窗族"的类型属性关联，同理将"窗框厚度"、"宽度"分别关联到"多扇窗族"的"单扇窗厚"、"单扇窗宽"类型属性中，如图 9-293 所示。

图 9-291

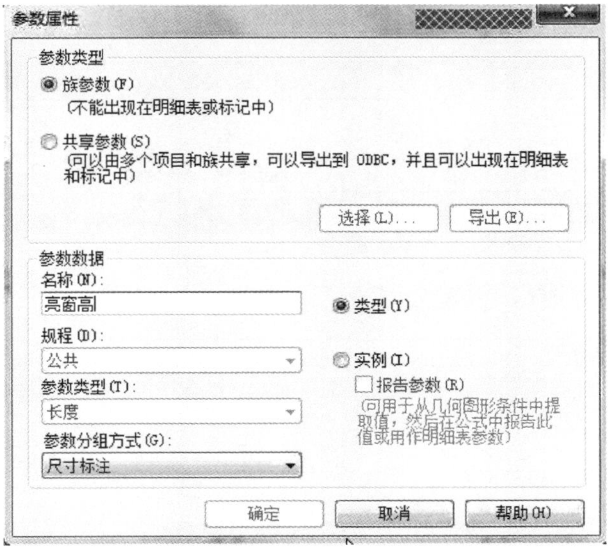

图 9-292

点击"多扇窗族"的类型属性对话框，如图 9-294 所示。

在"单扇窗高"后的"公式"一栏中编辑公式"高度-亮窗高-窗框宽度"，点击确定如图 9-295 所示进行检验调整，看参数是否关联成功，再调节单扇窗宽与单扇窗厚。

完成后，点击单扇窗，在"修改"命令栏里选择"阵列"命令，如图 9-296 所示。

点击窗扇开始阵列，在左上角的选项栏里，进行如图 9-297 所示进行设置：

图 9-293

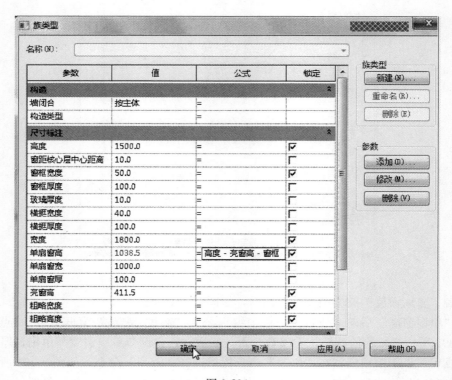

图 9-294

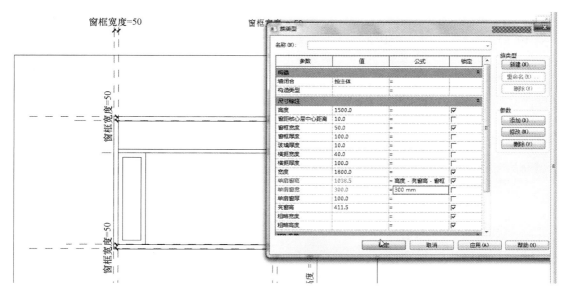

图 9-295

图 9-296

图 9-297

完成后点击出现的阵列数，添加参数，如图 9-298 所示。

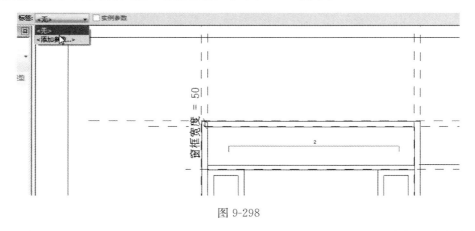

图 9-298

　　进入参数属性对话框中，输入名称"单扇数"完成后点击确定，则完成单扇窗数量的参数添加，如图 9-299 所示。

单击窗扇 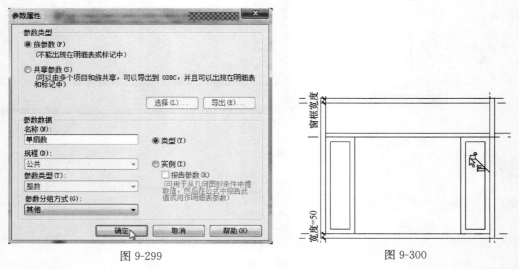，点击"修改"选项卡＞"修改"面板＞"成组"命令，选择"编

辑组"命令，进入组的编辑中，将窗扇的两边与窗框内边所在的参考平面对齐锁

定，如图 9-300 所示。

图 9-299

图 9-300

点击完成，完成组的编辑。再进入"类型属性"对话框中对"单扇宽"进行参数设
置，输入公式（宽度－2＊窗框宽度）/单扇数，如图 9-301 所示，完成后点击应用，然后

图 9-301

改变"单扇数"后的数值，检验窗扇的参数设置是否正确。

此时窗扇则完全嵌套进来。

【注意】进行参数公式的编辑时，注意符号要用英文符号，并注意大小写，公式里出现的参数要是项目中有效的参数。

利用嵌套族进行亮窗竖挺的编辑：

作如图 9-302 所示参考平面，并将其与第二扇窗扇的边界锁定关联。

标注该参考平面与窗框内侧参考平面，给予参数"亮窗挺间距"，同理在类型属性中对"亮窗挺间距"编辑公式＝单扇窗宽＊2。

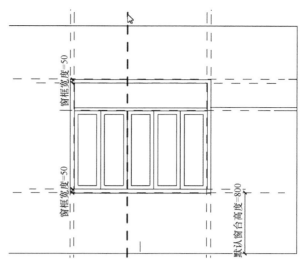

图 9-302

单击应用程序菜单下拉按钮，选择"新建">"族"命令，打开"新族-选择样板文件"对话框，选择"公制窗.rft"，单击"打开"。

同理利用"创建"选项中的"拉伸"命令创建一个矩形体量，并赋予相关参数，如图所示：，点击中心的参考平面，在左边的"属性"栏下拉菜单中的"其他—是参照"里选择"强参照"，如图 9-303 所示。

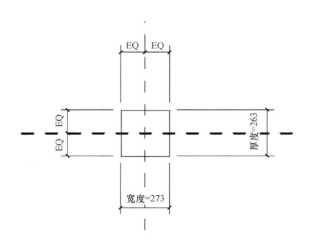

图 9-303

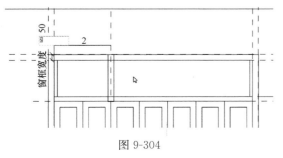

图 9-304

完成后载入到"多扇窗族.rfa"中如图 9-304 所示，同理窗扇，进行阵列。

然后进行竖挺数的参数设置，方法同窗扇，完成后，进入窗挺的组编辑中，将窗挺中心与亮窗挺间距的参照平面相锁定，如图 9-305 所示。

完成后点击完成组的编辑，然后在

323

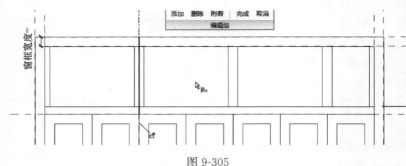

图 9-305

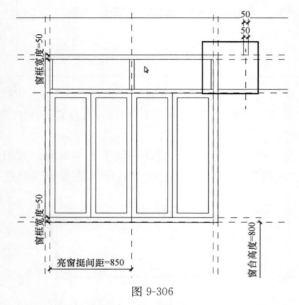

图 9-306

窗框的右侧，手动复制添加一个竖挺，但注意此族不在阵列族里面。如图9-306所示。

完成后进行调节检验，看窗挺数的设置是否正确，然后在类型属性中，对窗挺数的参数进行公式编辑，输入公式＝（宽度－2×窗框宽度）/亮窗挺间距＋0.9，如图 9-307 所示。

点击确定，然后回到平面视图中对窗挺进行平面定位调节。

5. 材质参数的添加

以添加窗框的材质参数为例，点击窗框"属性"对话框中的"材质"右边的下拉菜单如图 9-308 所示。

弹出关联族参数对话框，同理添加参数，进行材质的设置，窗扇，窗挺，玻璃的材质添加同理，如图 9-309 所示。

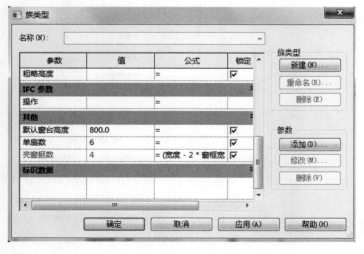

图 9-307

图 9-308

6. 进行过梁的编辑

过梁因为只需要在剖切图中显示，所以同样利用嵌套族，嵌套一个最后对族在项目中的可见性进行调节编辑，进入"楼层平面—参考标高"，点击"插入"中的"载入族"命令，如图 9-310 所示。

【注意】过梁断面族可以利用新建族里的"公制详图构件"创建断面，具体做法原理同上，在此不再重复。

导入过梁断面族后，同窗扇与窗挺在窗户的剖切面上进行定位，调节设置参数，并进行检验。

图 9-309

导入一个"过梁截面族.rfa"

图 9-310

7. 窗族的平立剖可见性设置

点击"楼层平面——参照标高"进入平面视图，分别点击窗框，玻璃，窗挺，在属性栏里点击如图 9-311 所示。

进行"可见性/图形"编辑，进入对话框进行如图 9-312 所示勾选。

进入"楼层平面--参照标高"利用"注释"里的"符号线"绘制窗户的平面显示线，如图 9-313 所示。

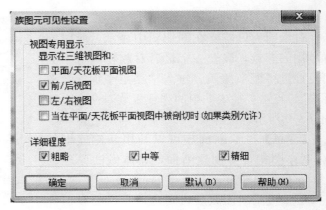

图 9-311　　　　　　　　　　　　　　　　图 9-312

图 9-313

完成平面绘制，立面剖切同理。

【注意】详图线的绘制完成后，因为是平立剖的显示需要，不需要设置参数，也就不用去和窗框相锁定，只需与窗洞口锁定即可，完成后进行调节，并载入到项目中进行检验。

完成后在项目中的显示如图 9-314 所示。

最后"多扇窗"的效果如图 9-315 所示。

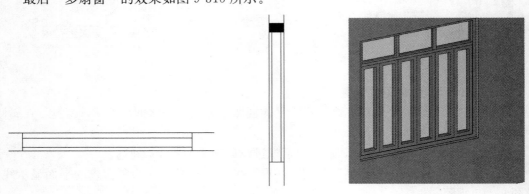

图 9-314　　　　　　　　　　　　　　　　　　图 9-315

9.5.11　创建幕墙嵌板类族

本节重点：

1）利用公制门创建幕墙嵌板门；

2）修改常规门族；

3）修改常规门族，使之可以在幕墙嵌板族里面使用。

打开一个门族，这里以 revit 里自带的门族"M-单-玻璃1"为例来进行修改。单击应用程序菜单下拉按钮，选择"打开＞族"命令，双击打开"门"文件夹，选择"M-单-玻璃1"，单击确定，如图 9-316 所示。

先删除门里的最外层贴面，便于后面的操作。修改门族里的尺寸标签参数属性。将宽度和高度均修改为实例参数。将右上角的实例参数选项打钩，如图 9-317 所示。

删除门族里的墙体。打开项目浏览器，在族里面找到墙体1，单击右键，复制新建墙体2，再右键删除墙体1，因为不删除门族中的墙体，门族在嵌板中是无法使用的，如图9-318所示。

图 9-316

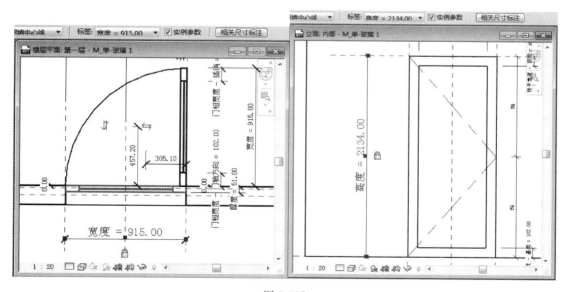

图 9-317

将文件另存为"嵌套门"。

载入到公制幕墙嵌板族中，创建一个双扇嵌板门

新建一个公制幕墙嵌板族。单击应用程序菜单下拉按钮，选择"新建＞族"命令，打开"新族-样板文件"对话框，选择"公制幕墙嵌板"，单击确定。

将"嵌套门"族载入进公制幕墙嵌板族中，如图 9-319 所示。可以看到此门是可以直接自由拉伸的，不需要再通过修改参数来调整门族的高宽。

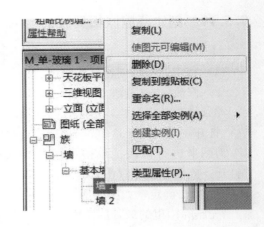

图 9-318

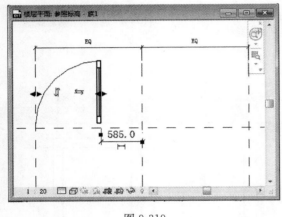

图 9-319

将门拉到参照平面处，与参照平面对齐，注意门的开启方向。利用镜像命令创建另一扇门。在参照平面视图和内部（或外部）立面视图中，将门的轮廓线与参照平面对齐锁定，如图 9-320 所示。

保存文件为"双扇幕墙嵌板门"。

载入到项目中进行测试。

新建一个项目，在里面画一面幕墙。调整幕墙参数如图 9-321 所示（此参数可以随意调整）。将刚创建的"双扇幕墙嵌板门"载入进项目中。

利用 Tab 键选择嵌板，将嵌板替换成"双扇幕墙嵌板门"，如图 9-322 所示。

再次调试幕墙参数，可以看到嵌板门跟着幕墙网格一起变化，则公制门创建幕墙门成功，如图 9-323 所示。

（拓展）创建基于面的公制家具-嵌板

这里以创建基于面的公制卫浴装置为例，利用幕墙嵌板创建一个带卫浴装置的完整卫生间。

利用体量创建卫生间墙面和楼板。

新建一个项目。

单击应用程序菜单下拉按钮，选择"新建＞项目"命令，打开项目里自带的项目样板文件，单击确定。

9.5.12 创建体量

进入 F1 视图，单击"体量和场地"选项卡＞"概念体量"面板＞"内建体量"命令，新建体量名称为"卫生间"，如图 9-324 所示，单击确定。

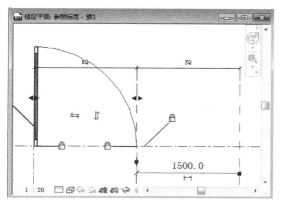
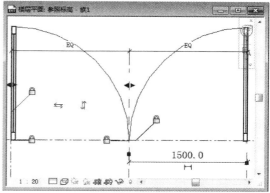

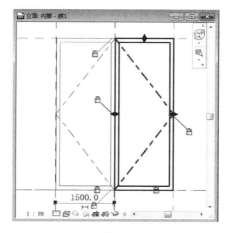

图 9-320

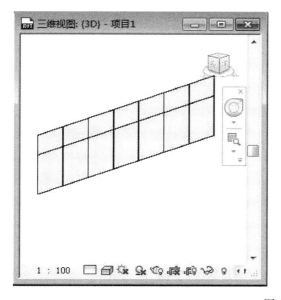
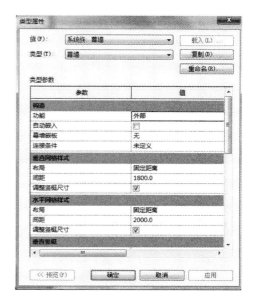

图 9-321

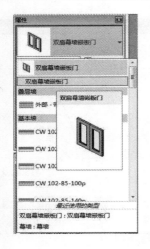

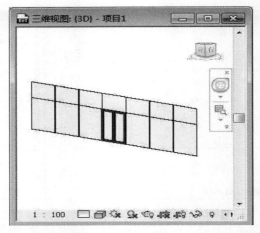

图 9-322

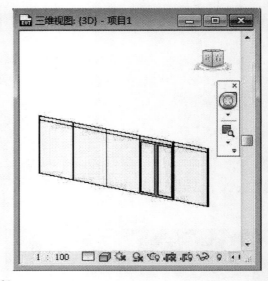

图 9-323

图 9-324

（1）单击"创建"选项卡＞"绘制"面板＞"矩形"命令，绘制如图 9-325 所示的体量轮廓线。点击体量轮廓线，单击"修改 线"选项卡＞"形状"面板＞"创建形状"下拉菜单＞"实心形状"，生成体量。进入立面视图，将体量高度更改为 3100mm，如图 9-326 所示，完成体量。

（2）生成楼板和墙体。

单击体量，单击"修改 体量"选项卡＞"模型"面板＞"体量楼层"命令，弹出体量楼层对话框，如图 9-327 所示，勾选 2F，单击确定。（注：1F 楼板用幕墙系统创建。）

单击"体量和场地"选项卡＞"面模型"面板＞"楼板"命令，拾取 2F 体量楼层，选择常规 200mm 楼板，单击"修改 放置面楼板"＞"多重选择"＞"创建楼板"，2F 楼板创建成功，如图 9-328 所示。

用同样的办法创建墙体。单击"体量和场地"选项卡＞"面模型"面板＞"墙"命令，选择普通砖 200mm，拾取体量的四个面，创建墙。用幕墙系统创建 1F 楼板。

进入东立面视图，调整 2F 标高为 3100。得到模型如图 9-329 所示。

（3）卫生间雏形创建成功。保存项目为"卫生间模型"。

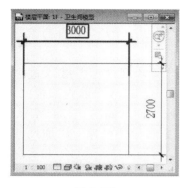

图 9-325

图 9-326

图 9-327

图 9-328

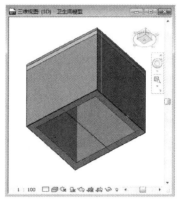

图 9-329

（4）利用基于面的公制常规模型创建马桶幕墙嵌板。

单击应用程序菜单下拉按钮，选择"新建＞族"命令，打开"新族-样板文件"对话框，选择"基于面的公制常规模型"，单击"打开"。单击"插入"选项卡＞"从库中载入"面板＞"载入族"命令，载入"卫浴装置"文件夹里的"M_座便器-家用-三维"。

在项目浏览器里，选择族里的"M_座便器-家用-三维"，将座便器拖入到参照平面交点处。将参照平面与座便器族里的参照线对齐，如图 9-330 所示。保存文

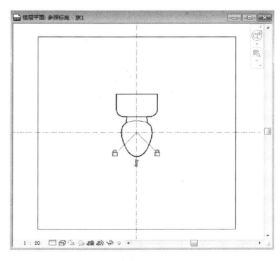

图 9-330

件为"马桶常规模型"。

单击应用程序菜单下拉按钮，选择"新建＞族"命令，打开"新族-样板文件"对话框，选择"公制幕墙嵌板"，单击"打开"。

单击"创建"选项卡＞"形状"面板＞"拉伸"命令，设置工作平面，出现工作平面对话框（如图9-331所示），单击确定，拾取水平参照平面，弹出转到视图对话框（图9-332），选择"立面：内部"视图，单击确定。选择矩形命令，绘制一个矩形，并与参照平面对齐锁定，如图9-333所示，单击完成。

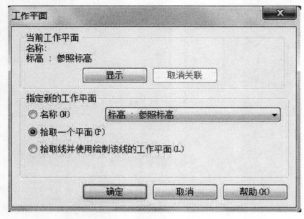

图 9-331

将"马桶常规模型"载入进公制幕墙嵌板里。进入立面内部视图，画两条参照平面，如图9-334所示，并对参照平面标注尺寸，添加尺寸标签参数"马桶离墙距离1"和"马桶离墙距离2"，如图9-335所示。

在项目浏览器里找到"马桶常规模型"族，将此拖入新画的两条参照平面的交点处，对齐锁定，如图9-336所示。

打开参照平面视图，将刚拉伸创建的面板轮廓线与参照平面和马桶的参照线对齐锁定，并定义面板厚度参数，如图9-337所示。最后得到的三维视图如图9-338所示。

保存文件为"马桶幕墙嵌板"。载入到项目"卫生间模型"中。

在项目中调整幕墙嵌板。

在项目"卫生间模型"中，进入三维视图，利用过滤器隐藏已经创建好的墙体，便于观察卫生间内部。调整地面幕墙系统的参数，如图9-339所示。

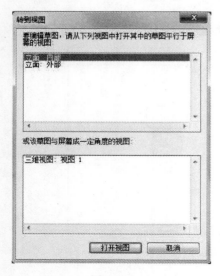

图 9-332

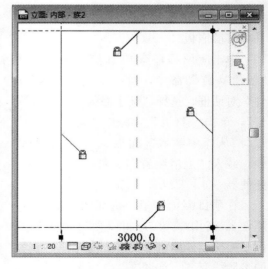

图 9-333

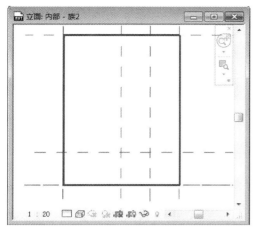

图 9-334

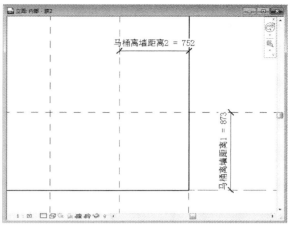

图 9-335

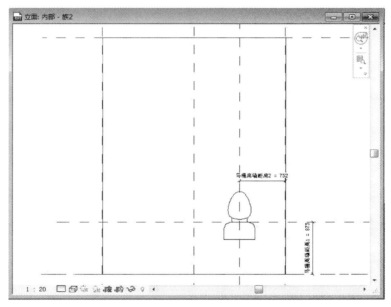

图 9-336

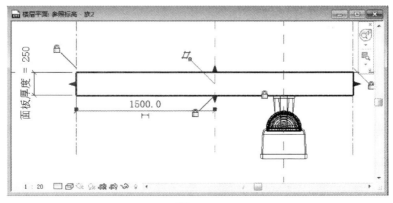

图 9-337

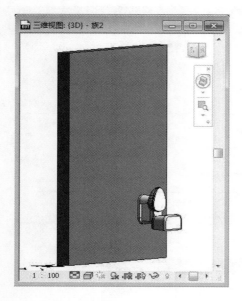

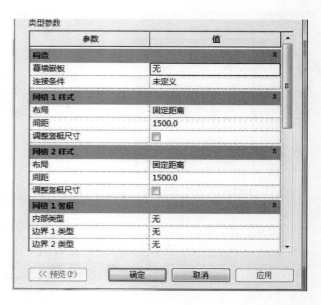

图 9-338 图 9-339

利用 Tab 键选择地面楼板的其中之一个系统嵌板，将其替换成载入进入的马桶幕墙嵌板，并在类型属性对话框调整其参数，使之符合卫生间的正常布置，如图 9-340 所示。则马桶幕墙嵌板创建成功。

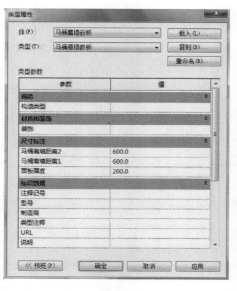

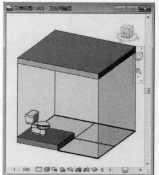

图 9-340

继续创建洗澡间幕墙嵌板和梳妆台幕墙嵌板。

创建洗澡间幕墙嵌板和梳妆台幕墙的嵌板的过程与创建马桶幕墙嵌板的过程一样。

将创建好的幕墙嵌板均载入项目中进行测试调整。

调整幕墙系统网格，将中间网格进行编辑，单击"修改 幕墙系统网络"选项卡＞"幕墙网络"面板＞"添加/删除线段"命令，得到网格如图 9-341 所示。

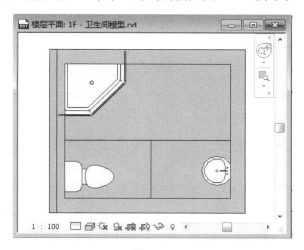

图 9-341

添加门窗，创建完整的卫生间模型。

最后得到的卫生间模型如图 9-342 所示。

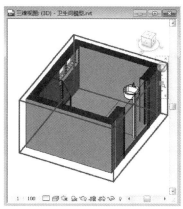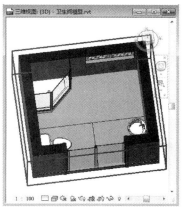

图 9-342

9.5.13　公制聚光照明设备

本节重点：

1）绘制灯罩；

2）灯具位置调整；

3）可见性及平面表达；

4）灯具材质设置；

5）渲染设置；

6）光域参数调整；

7）创建基于天花板的公制照明设备。

1. 打开样板文件

单击应用程序菜单下拉按钮，选择"新建＞族"命令，打开"新族-选择样板文件"对话框，选择"基于天花板的公制照明设备"族样板，单击"打开"。

调整天花板标高

进入前立面视图，选中图中的基本天花板、光源标高参照平面和光源，一起移动到参照标高处，对齐锁定天花板和参照标高，如图 9-343 所示。这样做的目的是为了将族载入进项目中后，灯具会位于天花板下。

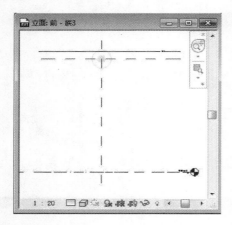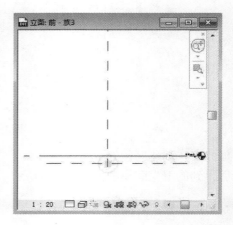

图 9-343

2. 创建支座和灯罩

绘制支座：

进入楼层平面参照标高视图，单击"创建"选项卡＞"形状"面板＞"旋转"命令，进入"修改 创建旋转"的草图绘制模式。

单击"工作平面"面板＞"设置"命令，弹出"工作平面"对话框，选择"拾取一个平面"，单击水平参照平面，弹出"转到视图"对话框，选择"立面：前"，"打开视图"，进入前立面视图。

在天花板下绘制一参照平面，距离天花板 15mm。单击"创建旋转"上下文选项卡＞"绘制"面板＞"边界线"命令，绘制支座轮廓线，并将轮廓线分别与天花板和参照平面对齐锁定。设置"旋转属性"，将"结束角度"设为"360"，"起始角度"设为"0"，并给支座添加一个"支座材质"参数（需要在材质里新建"支座材质"，如图 9-344、图 9-345 所示）。

单击"轴线"命令，选择"拾取线"按钮，拾取垂直参照平面。完成旋转，支座如图 9-346 所示。

绘制灯罩：同理绘制灯罩（如图 9-347 所示）。注意：灯罩必须是空心的光才能透出来。

3. 可见性及平面表达

选择"支座"，单击"修改旋转"上下文选项卡＞"形状"面板＞"可见性设置"按钮，弹出"族图元可见性设置"对话框，取消勾选"平面/天花板平面视图"，单击确定。同理，设置灯罩的可见性（图 9-348）。

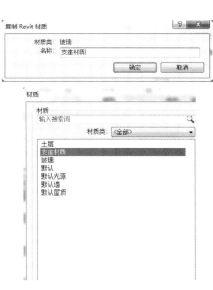

图 9-344

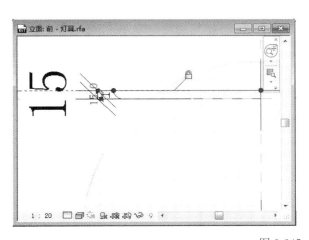

图 9-345

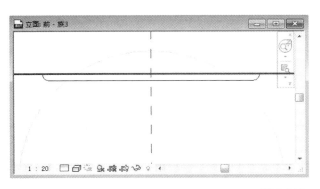

图 9-346

进入"参照标高"平面视图，单击"注释"选项卡＞"详图"面板＞"符号线"命令，拾取最里圈圆和最外圈圆。（图 9-349）。

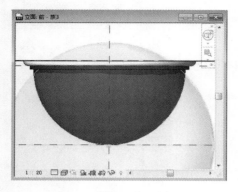

图 9-347

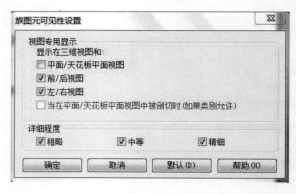

图 9-348

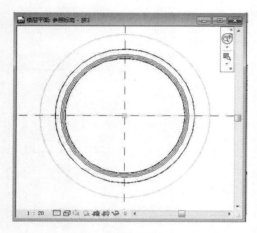

图 9-349

4. 调整灯具材质：

单击"族类型"命令，为支座和灯罩分别添加材质。新建两种材质"支座材质"和"灯罩材质"，渲染外观如图 9-350 所示。将灯具载入到项目中，进入天花板视图，单击"创建"选项卡＞"构建"面板＞"构件"命令下拉菜单"放置构件命令，放置灯具。然后分别为灯罩和支座设置材质。单击"属性"面板＞"编辑类型"命令，设置材质（图 9-351）。将支座材质设置为"灯具材质"，灯罩材质设置为"灯罩材质"。

左图为支座材质，右图为灯罩材质。

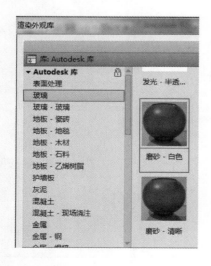

图 9-350

5. 渲染：

进入三维视图，单击视图左下角按钮，打开"渲染"对话框。因为只是看一下效果，将"质量"设为"低"。"输出设置"设为"屏幕"，"照明方案"设为"室内：仅人造光"，设置"背景样式"。勾选"区域"，在三维视图中调整区域，最后单击"渲染"，完成效果如图 9-352 所示。

6. 调整光域参数。

单击灯具，打开"类型属性"对话框，可以在光域参数栏里调整光源的相关参数，如图 9-353 所示。再次渲染出的效果如图 9-354 所示。灯具创建成功。

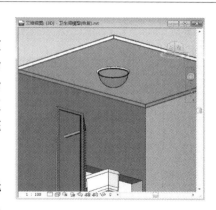

图 9-351

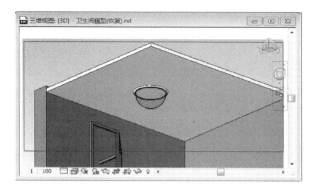

图 9-352

图 9-353

图 9-354